成长也是一种美好

大数据

理论与工程实践

陆 晟 刘振川 汪关盛等 编著

BIG DATA

THEORY AND ENGINEERING PRACTICE

人民邮电出版社

北京

图书在版编目（CIP）数据

大数据理论与工程实践 / 陆晟等 编著. -- 北京 : 人民邮电出版社, 2018.12
ISBN 978-7-115-49683-6

Ⅰ. ①大… Ⅱ. ①陆… Ⅲ. ①数据处理－研究 Ⅳ. ①TP274

中国版本图书馆CIP数据核字(2018)第231227号

◆编　　著　陆　晟　刘振川　汪关盛　等
责任编辑　朱玉芬　鄂卫华
责任印制　周昇亮
◆人民邮电出版社出版发行　　北京市丰台区成寿寺路 11 号
邮编 100164　　电子邮件 315@ptpress.com.cn
网址 http://www.ptpress.com.cn
大厂聚鑫印刷有限责任公司印刷
◆开本：720×960　1/16
印张：19.5　　2018 年 12 月第 1 版
字数：195 千字　　2018 年 12 月河北第 1 次印刷

定　价：58.00 元

读者服务热线：（010） 81055522　印装质量热线：（010） 81055316
反盗版热线：（010） 81055315
广告经营许可证：京东工商广登字20170147号

推荐序

汪关盛先生邀请我为本书写序，粗粗翻阅后，我的第一个反应是，我可能没有足够的经验和知识来写；接着，细看之下，就被它的内容吸引，书中有许多我希望了解但不知道去哪里找的信息和知识。关于本书的定位、写作过程和阅读对象等，作者团队已经做了很好的介绍，我在此就跟大家简单分享一下我对本书独到之处的一些粗浅看法。

与传统数据处理相比，大数据由于其属性和量级的不同，处理起来也需要遵循不同的理论和采用不同的手段。本书对数据的收集、存储和处理，CPU 及网络等资源的分配和同步等做了全面和详细的介绍，是一本关于大数据理论和工程实践的不多见的好书，内容比我读过的其他讨论大数据技术的书要更广泛和深入。本书有助于读者了解大数据从蓝图设计到工程落地需要考虑和到位的各层技术。

在阅读和学习的过程中，我觉得本书有以下几个特点。

1. 与现在许多为吸引眼球起个名头大的标题而缺乏实质内容的作品相比，本书的做法正好相反。书中各章节的标题看似很普通，但下面包含的内容却极为丰富，体现了作者对大数据理论和工程问题了解的深度。作者在各章节中引用了一些原创和权威资料，同时适当配置了一些程序作为例子，使我感动于他们的专业精神和为此付出的大量努力。

2. 大数据的工程理论和实施技术十分复杂，本书进行了系统的讲述。对工程的每一步、每一层均有详细介绍但内容间并不孤立，一环扣一环，上下文有机关联，从大数据的应用到配套的软、硬底层基础，一气呵成。不少技术书往往就技术论技术，本书能结合应用和应用的需求谈技术，也是它的独到和可贵之处。

3. 本书把大数据的工程理论和实践与人工智能结合起来讨论。我一直希望能把传统的数据处理与大数据、人工智能关联理解和融合，这本书的内容和设计对我有所启发。虽然这三个领域各有各的侧重点，但是最终，业务拓展、企业运营和市场开拓一定都需要基于数据的应用和技术，而不管它们需要及处理的数据类型或属性是否相同。这本书为理解大数据、大数据处理及人工智能如何互联互通搭建了一个桥梁。

数据行业经过多年的发展，已成为当前数字经济的主要部分。同时，如所有专业和行业的发展过程一样，它必然会发展出更细和更专门的子领域。我觉得这本书的出版可以加强从事各数据行业子领域的专业人士间的沟通和了解，对整个数据行业的协同发展也有很强的理论和现实意义。

胡本立

国际数据管理协会（DAMA）中国分会主席、世界银行前首席技术官

2018 年 10 月 13 日于华盛顿

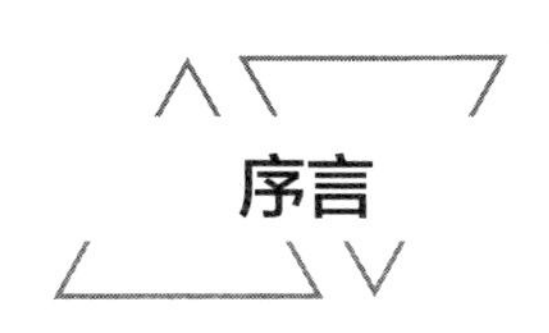

序言

2017年年初，我参加北大组织的大数据人才交流论坛时，无论是从会上的嘉宾发言中还是从会下同仁的交流中，都很容易得出一个结论，那就是大数据人才是非常非常匮乏的，各大企业、院校及组织都不得不用互相挖角的方法寻找相关人才。2017年，大数据已经发展了十多年，相关书籍也是汗牛充栋，因此，出现这种人才匮乏的状态，确实有些令人疑惑。仔细想想，也许是以下这些原因导致的：首先，大数据的应用领域扩展太快，人才的培养速度跟不上；其次，大数据技能的学习周期比较长，进入门槛较高；最后，大数据本质上是一种工程应用，在不同领域哪怕使用相同算法，或者在相同领域使用不同数据，算法都需要一个调试和优化的过程，这就要求学习者领悟原理，而不能简单地照着葫芦画瓢，而领悟原理的要求又和工程应用的实用性需求有一定差异。

到了那年四五月份的时候，和刘振川先生、甘智峰博士讨论后，我们都觉得可以把我们多年相关工作和经验总结一下，写一本比纯粹的工程应用更理论一些、比纯粹的理论介绍更实用一些的书。这样的书面向大数据工程师，帮助受过基本训练的工程师开发出系统，达到实用目的。由于我们三人知识面有局限，便又邀请了周翊博士和金洋博士加入，他们在各自的领域都有很丰富的实战经验。

晚些时候，我又认识了在国内大数据领域做过很多工作和进行过投资的潘磊先生。潘总又给我介绍了国际数据管理协会（DAMA）中国分会资深顾问汪关盛先生，还有母润坤先生。通过和他们的沟通，我们才意识到我们原本的计划是不完备的。我们一直关注数据处理，可是在实际应用中，很多时候面临的不是如何处理已有的数据，而是如何管理和治理已有的数据。“数据过多就相当于没有数据”，这句话不仅仅指我们需要用算法发现大量数据背后的价值，同时也指我们需要去芜存菁，从更有价值的数据中以更小的代价发现更高的价值。从事大数据行业一段时间的人都会有两个感受：很多时候数据源比算法有价值，获得好的数据源总能得出有价值的结论；事后再看大数据分析出的结论，往往发现那些结论很直观。这些都体现出数据治理和项目实施管理的价值。汪总和母总为我们的计划补上了最后的拼图。

经过了差不多一年半的努力，我们终于完成了规划的小目标，结果发现好像已经错过了大数据图书的热卖期。后来，人民邮电出版社的缪永合先生对我们的努力给予了认可，并支持我们把这本书出版发行。我们在此也感谢本书的编辑团队。

书中关于高速缓存、集群总线、资源调度、用户画像和广告投放的实用内容都来自刘振川先生的实践。第 6 章数据治理的内容则来自汪关盛先生的长期经验。第 7 章大数据在人工智能领域的应用是周翊博士、甘智峰博士和金澪博士的专长，他们分别贡献了语音部分、视觉部分和博弈部分的内容。母润坤先生则将他多年来实际的大数据处理和实施方法总结在了第 1 章的相应部分。

由于作者团队一直在第一线工作，理论基础研究相对比较薄弱，为了让更多读者有更深入的收获，我们梳理、借鉴了很多经典的论文和网络资源。书中也对引用和借鉴的资料标明了来源，在此对相关资料的著作者表示感谢！

研究与实践都还在不断发展中，诚挚希望有关专家与专业人士给予宝贵的意见和建议，共同推动大数据事业的快速发展！

谢谢！

陆 晟

前言

大数据是近年来炙手可热的一个词汇。无论是国家还是企业，都希望从大数据产业的发展中获益，而科学家、工程师们也希望在这个新兴的行业中获得较高的回报。因此，市面上大数据相关的书籍也快速丰富了起来，从概述类的书到具体介绍某项技术的书，应有尽有。而本书则从工程实践和基础理论角度讲述大数据的应用，为不同的大数据应用场景提供了思路。

目前，在实际应用中，人们往往通过架设 Hadoop，以及基于 Hadoop 生态的各种系统来满足大数据应用需求。然而，不是所有的大数据应用都适合用 Hadoop 的数据存储方式、系统架构和计算模型。例如，对于高实时性要求或者高并发的应用场景，Hadoop 就不适合，因此出现了许多基于 Hadoop 生态的扩展，以解决某些特定类型的问题。

近年来，大数据技术一直处于高速发展中，很多两年前非常流行的技术逐渐淡出或者销声匿迹了。作为大数据业务的开创者和领头羊，Google 公司从未停止过对技术的改进甚至颠覆，例如将数据存储从 GFS 发展到了 BigTable，也推出了 Dremel 和 Pregel 等新的计算框架。这是因为 Google 的工程师了解需求，也知道这些需求背后的技术原理，懂得根据需求权衡和选择最适合特定需求的技术路线和方案；而不是只有榔头这一个工具，导致看任何问题都像是钉子，而解决问题的手段也只有敲击这一项。

本书不是大数据技术手册，也不是某种具体技术的说明；而是面对具体应用场景时的技术考虑和权衡。在实际应用中，各类大数据应用方案没有优劣之分，只有适合或不适合的差异。甚至大部分情况下，任何选择都需要付出代价，而针对这种收益和代价的衡量及评估才是本书所关注的。此外，书中也会出现一些具体的示例代码，作者提供这些示例代码，希望体现其背后的原理，即使某段代码采用了特定的语言和系统，也不代表在该场景下推荐使用该语言及语言所依赖的系统。

本书通过探讨技术原理，帮助读者选择合适的工具，或者自行开发适合自己应用场景的工具，无论这个工具是榔头还是钻子，是刨子还是螺丝刀，甚至是目前还不存在的某种类型的工具。作者团队衷心希望本书能为国内大数据企业建立自己的技术特色和技术优势贡献微薄之力。

本书目标读者群：主要面向架构师，或者是有具体大数据问题需要解决的工程师；也适合从零开始搭建大数据架构，或者需要将现有的非大数据的需求修改成大数据方案的读者和相关专业学习者。同时，对于那些实际上正从事大数据相关工作而自己并不清楚这一点的个人或企业，本书也能给你们带来启发。

非本书的目标读者群：希望通过教科书式学习从而掌握大数据的某项具体技术的读者；希望通过一本书就知道大数据是什么，从而可以找到一份大数据工作的人士。

本书作者都长期从事大数据相关的工作，对于很多具体的技术有自己的看法和独到见解，也真正踩过很多坑。由于应用场景的不同，作者对于技术的理解和认识也可能存在差异。我们希望这本书的推出能够抛砖引玉，涌现出更多精彩著作。

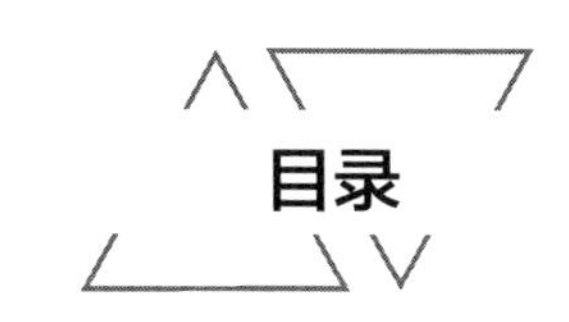

目录

第 3 章　计算资源　73

第 4 章　计算模型　107

第 5 章　大数据应用　131

第 1 章

概述

随着数据的编码和电子化存储技术的发展，大数据现已变成了一种被广泛运用的技术手段。从单一的照片、到相册、再到相册集、然后到家庭相册、再到千千万万家庭的相册；同理，从单一的文件、到文件目录、到文件系统、再到磁盘阵列……随着不断积累，数据总会朝着与日俱增的方向发展。而随着使用人数和使用场景的增加，数据的增量很快就会超过人力所能处理的范畴。个人拍摄的照片尚可自行处理和筛选，而无处不在的监控就不可能再用人工方式全面地查看了。因此，在一定程度上，各种问题最终都会转化成大数据问题。

关于大数据意义和作用的文章和著作有很多了，例如，吴军博士在《智能时代》一书中列举了大量生动的例子，我们就不再重复。我们写作本书的目的，是为了说明在工程上使用大数据时的各种具体考量。

大数据处理的特征

随着数据日积月累，需求的应用场景也会越来越丰富。那么，大数据到底是如何被处理的呢？对很多人来说，大数据只是一个概念，而工程师面对的却是待解决的实际问题。他们需要解决这些问题，至于是不是用大数据的方式，一开始未必就能确定。也许他们一开始并没有意识到需要用大数据。

当他们发现：我的天啊！数据怎么这么多！我的程序跑个基本处理竟然要五个小时！这时，就该大数据出马了。

当你发现，需要解决的问题具备几个共同特征，那么这个问题就可以运用大数据手段去解决。也就是说，这个问题基本上就可以算是大数据问题了。

我们总结了需要利用大数据技术手段处理的数据的三大特征。

第一，数据量大。至于数据量大到什么程度才算大数据，并不存在统一的硬性标准。在不同的历史时期和软硬件条件下，数据量标准也是不同的。但不管怎么说，当数据量大到用一台处理器处理不过来、多到用单一存储设备难以存下时，就需要采用大数据手段了。

第二，数据一般带有时间属性。对有些数据来说，时间是主要属性，例如，在某个时刻的设备状态监控信息。而对另外一些数据来说，虽然时间不是最重要的属性，但也是属性之一，例如，某首歌曲或者某部电影，虽然大家关注的是其内容，但是它们同时也具有产生和被使用的时间属性。

第三，数据一般具有多个属性维度。单一属性的数据虽然可能量也很大，但是从处理和分析的角度来看，数据往往可以被分为很多详细的属性，而这些属性之间的关联和关系才是最有价值的。例如，监控视频包含的也许都是单一的图像数据，而需要被处理的常常是这些图像被分析之前的元数据以及被分析之后的详细数据。例如，采集视频的时间和采集时的地理位置、图像的分辨率是元数据，而图像分析之后得到的人数、天气情况、是否存在需要关注的异常事件等，就属于含有更详细的维度的信息。

IBM 公司提出大数据有 5V 特征，分别是大量（Volume）、高速（Velocity）、真实（Veracity）、多样（Variety）和低价值密度（Value），它们可以用来说明大数据的数据量大、需要的处理速度快、对数据质量的追求高，同时数据的来源往往很不同，以及价值密度的高低与数据总量的大小成反比等特性。此外，还有人认为大数据的特征是体量大、可分析的维度多、数据完备性重要，以及数据不能够用传统方式处理。[①] 这些特性分析和理解当然是没错的，但从事物的不同角度看，关注的重点、可以进行的分类和得到的结论会不同，因此本书中提出的三项大数据特性更多关注的是大数据项目的实施属性，所以我们也称之为大数据处理的三大特征。

基本处理模型

大数据技术是一种帮助数据实现价值的技术手段。挖掘出数据中的价值，才是大数据的应用目标。大数据技术虽然是新兴的数据处理技术，但它与传统的数据仓库等技术相比，数据处理的核心模型并没有发生多大的变化。以前做过传统的数据仓库管理等工作的人转行做大数据，就会发现后者仅仅是处理步骤对应的技术产生了变化。

传统的数据类问题的解决可以分为四个基本步骤：数据采集、数据存储、数据分析和数据使用。前三个步骤都很直接，而所谓数据使用则有不同的表现形式：可能是用图表对数据进行展示；也可能是利用分析结果做出某种决策；还有可能带来另一轮的采集、存储、分析、使用过程，即在前一轮分析的基础上对结果进行新一轮处理。以前文提到的监控视频数据为例，第一轮采集的数据可能是视频流本身。这些视频数据和元数据（例如采集时间、采集地点）需要被保存下来，然后根据不同需求做出不同的分析，例如分析其中车辆的信息、车牌号码、是否违章等。至于这些数据的分析结果，可以是按时间统计的车辆通行量的图表；也可以是提交给交通管理部门的违章信息；还可以根据不同时间和不同位置的通行情况进一步分析车辆，从而画出车辆

① 这四项特性来自吴军博士所著《智能时代》一书的第二章，其中关于多维度的解释同本书的观点不同。本书强调的是数据存在多维度属性，吴博士强调的是数据可以被多维度分析。

的运行轨迹图，或者分析道路拥堵情况。

这四个步骤也构成了大数据处理的基本模型（如图 1-1 所示）。

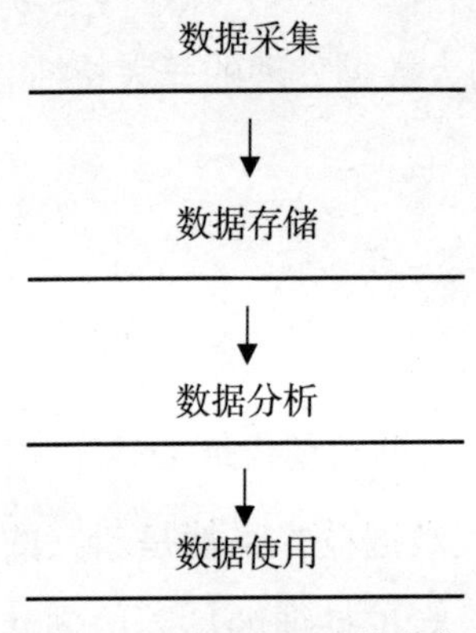

图 1-1　大数据处理的基本步骤

这个模型同具体的技术没有任何关系，只是一个概念。不过，这个概念体现了大数据处理的必要元素。其中数据的采集源可以有很多种，可以是工控设备的监控，可以是物联网的探头，也可以是日志信息或者其他公司的商业智能（Business Intelligence，BI）数据，当然也可以是某个大数据系统的分析结果。数据存储要考虑的是采集到的数据的保存问题。当然，不保存原始数据也是一种存储策略。根据需求不同，数据分析采用的形式也千差万别。有的也许是统计、有的也许需要做规划建模，而有的情况下则需要引入深度学习和其他人工智能处理方式。

从另一个维度看，这个数据处理的概念模型还可以被看作“数据—信息—知识—智慧”金字塔模型。它是一个量级由大至小、价值由低到高的数据模型。我们把大数据处理步骤的概念模型，（在一定程度上）对应放到这个金字塔数据模型当中，得到图 1-2。

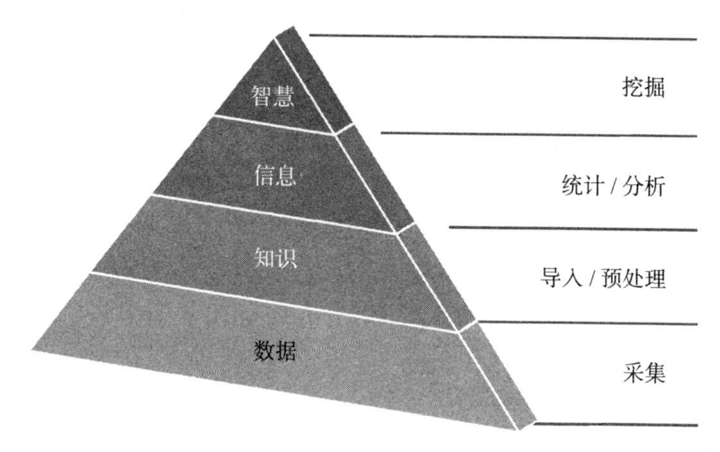

图 1-2　数据价值的金字塔模型

对应图 1-1 中的数据采集、数据存储、数据分析、数据使用四个步骤，围绕着数据价值的提升，我们需要对数据进行采集、导入 / 预处理、统计 / 分析和深度挖掘。这四个步骤对应于图 1-2 金字塔模型的四个步骤，更加偏向于工程应用。其中的导入 / 预处理是数据存储的前置核心步骤，而深度挖掘是为了提升数据价值属性和未来使用的常规方法。

采集

大数据的采集一般分为系统日志采集、网络数据采集和其他数据采集。目前很多公司都有自己的海量数据采集工具，均采用分布式架构，能满足每秒数百兆字节的日志数据采集和传输需求，如 Chukwa、Flume、Scribe、Kafka 等工具也常常用于构造数据处理总线。网络数据采集指通过网络爬虫或网站公开 API 等方式从网站上获取数据信息。对于网络流量的采集可以使用深度报文检测（Deep Packet Inspection，DPI）或深度 / 动态流检测（Deep/Dynamic Flow Inspection，DFI）等带宽管理技术进行处理。其他数据采集，如企业生产经营数据或学科研究数据等保密性要求较高的数据，可以通过与企业或研究机构合作，使用特定系统接口等相关方式采集数据。

导入 / 预处理

对海量数据进行分析时，还是应该将这些来自前端的数据导入一个大型分布式数据库或者分布式文件系统，并且可以在导入的同时做一些简单的清洗和预处理工作。在导入时使用 Storm 和 Spark Streaming 来对数据进行流式计算，满足部分业务的实时或准实时计算需求。导入与预处理过程的特点和挑战主要是导入的数据量大，每秒钟的导入量经常高达百兆字节，甚至千兆字节级别。

统计 / 分析

统计分析的主要特点和挑战是分析涉及的数据量大，其对系统资源和 I/O 会有极大的占用。可利用分布式数据库或者分布式计算集群来对海量数据进行普通的分析和分类汇总等，以满足常见的分析需求。在这方面，一些实时性需求会用到 GreenPlum、Exadata 等，而一些批处理或者基于半结构化数据的需求可以使用 Hadoop。

挖掘

数据挖掘主要是对现有数据进行基于各种算法的计算，从而起到预测（Predict）的效果，同时满足一些高级别数据分析的需求。比较典型的算法有用于聚类的 Kmeans，用于统计学习的支持向量机（Support Vector Machines，SVM）和用于分类的朴素贝叶斯（Naïve Bayes）。数据挖掘主要使用的工具有 Hadoop 的 Mahout 和 Spark 的 MLlib 等。

工程角度的大数据历史

大家都知道，科技的发展不是孤立的，苹果也不是凭空从天上掉下来的。

在它砸在牛顿脑袋上之前，它总应该是长在某棵树上的。按牛顿那句被曲解的名言所说，大家都是站在巨人的肩膀上的。

一般都认为大数据的发展源于 Google 在 2003 年年底发表的 MapReduce 一文[①]。而实际上这篇论文只是把一类大数据问题抽象化，从而建立了一套实用的计算模型，极大地促进了大数据技术的发展。

而按照前文的基本处理模型，实际上很多的必要步骤和技术要素都已经经过了长时间的发展和完善，甚至很多技术都已经应用很久了。从这个角度而言，大数据也是一种新瓶装旧酒的概念。当然，经过最近 15 年的发展，特别是和人工智能各项技术结合之后，大数据概念已经脱胎换骨，同使用某些类似技术的旧瓶概念相比，已经完全不同了。

图 1-1 中所示的大数据基本处理模型同二十多年前的日志处理和分析系统的结构几乎完全相同。当然，日志处理和分析系统的数据采集环节采集的都是日志信息；数据存储环节使用的一般是文本文件或者关系型数据库；数据分析环节有的用自行编写的脚本，有的利用 New Relic 之类的分析工具；而数据使用也许会采用类似 Crystal Report 的通用报表展示系统，当然也可以自行编写。事实上，目前的日志处理和分析已经形成了完整的框架，如使用 ELK 框架进行日志分析。其中的 E、L、K 分别代表 Elasticsearch，Logstash，Kibana，分别解决日志处理中的查询、存储和展示问题。

在数据采集环节，即使不考虑日志采集类的技术和应用，物联网也已经发展了很多年，传感器的开发和应用也有超过二十年的历史。同样的，随着摄像头的广泛部署，视频采集技术和该技术相关的传输技术也发展了二十多年，如 H.264 标准[②]发布之前就已经有了 H.263 及 H.261 等标准。

---

① Jeffrey Dean & Sanjay Ghemawat, *MapReduce: Simplified DataProcessingonLargeClusters*, OSDI 2004.

② H.264 标准是 ISO/IEC 14496 定义的 MPEG-4 的第十部分。

在数据存储领域，NAS（Network Attached Storage）和 SAN（Storage Area Network）发展了很多年。其中，大数据存储使用的很多技术是和 SAN 相通的，包括分片、寻址、容错、恢复、通信等。甚至在很多大数据应用中，人们会直接使用 NAS 服务或者专用存储设备来存储数据，如 GlasterFS 或者 EMC 的存储设备。[①] 很多云服务商甚至提供了基于存储网络（Storage Network）原理的云存储服务。同样的，大数据处理集群也采用类似策略，只是数据的访问对上层处理而言更加确定。当然，用户仍旧不需要关心具体的存储策略，直接使用即可。

在数据处理方面，大数据处理在本质上是分布式处理和相关通信技术、平台的延伸。例如，20 世纪著名的网格计算（Grid Computing）虽然和大数据常常依赖的云计算（Cloud Computing）[②]有不同点，但它们都是分布式计算（Distributed Computing）的衍生技术。至于分布式计算的发展就更加久远了，在 20 世纪六七十年代发展起来的 ARPANET（Internet 的前身）可以被看作是分布式计算的一种应用。

因此，目前快速发展的大数据技术是基于这些成熟的技术，为了解决具有前文列举的特性的特定应用问题，通过建立和目前软硬件水平相适应的存储技术、计算模型，而逐步发展起来的。

大数据的基本处理框架

从处理模型看，大数据不外乎解决了数据采集、数据存储、数据分析和

---

① 这种时候，一般不能采用本书中特指的大数据处理方式来处理数据，而会采用比较传统的文件或者关系型数据库方式。

② 云计算不完全是计算技术，更多的是资源管理和调度技术。但是云计算本身是一个多层概念，在 SaaS 层，可以被看作是一种计算技术。

数据使用的标准问题。目前，大数据处理基本都基于 Hadoop。先利用 Hadoop 的 HDFS 存储数据，然后利用 Hadoop 的 MapReduce 或者其他流式处理引擎处理数据。虽然直接使用 Hadoop 做计算的事例越来越少了，但是处理的基本框架仍旧是类似的（如图 1-3 所示）。

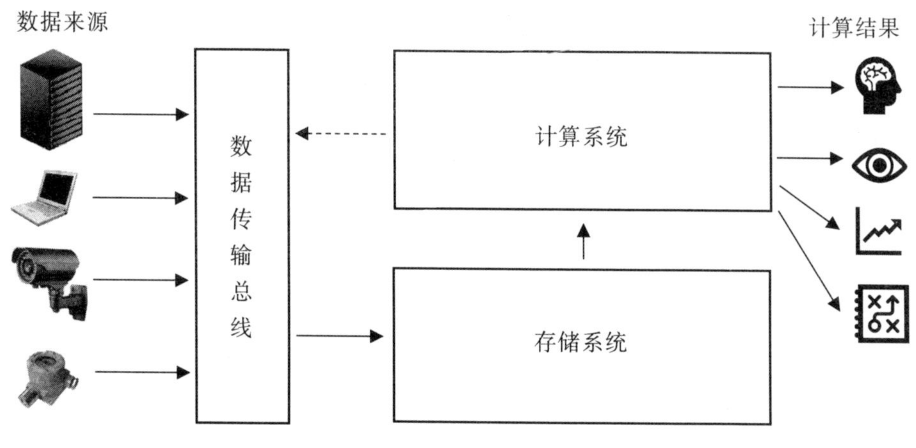

图 1-3　大数据处理框架

图 1-3 中的数据传输总线在很多情况下被标注成数据传输模块，用于把各种来源的数据存放入存储系统。而有的公司把这个模块作为总线使用，也就是计算系统获得的计算结果有可能会传回存储系统进行进一步计算，以实现前面“基本处理模型”一节中提到的数据再次使用的目的。

这个处理框架中的各个系统可以有多种选择。例如，数据传输总线目前最常用的是 Apache 的 Kafka；也可以选择阿里巴巴的 RocketMQ。对于 Google 而言，存储系统是 GFS；而对于 Hadoop 而言，存储系统就代表着 HDFS。

因此，可以用填空的方式填写以上基本处理框架，而使用 Hadoop 的解决方案可以作为某种意义上的“标准模型”（如图 1-4 所示）。

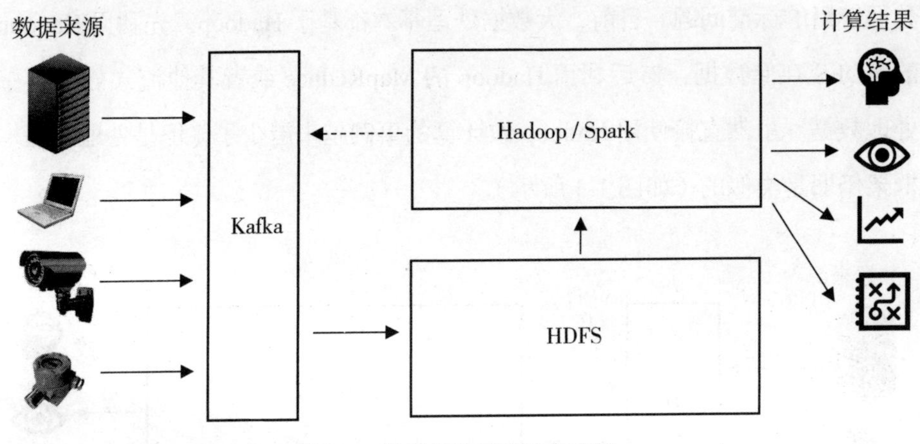

图 1-4　数据处理模型技术实现

所谓“标准模型”不是说这种用法是不可替代的，而是说，这是截至本书完成之日，使用最为广泛的大数据处理的工程技术选型。这种用法这么常见，自然有其实用性方面的考量和技术原因。

在基本框架下，数据从数据源进入体系中间的过程一般被称为 ETL。ETL 是实现数据预处理的主要技术。ETL 中的三个字母分别代表的是 Extract、Transform 和 Load，即抽取、转换、加载。ETL 原本是作为构建数据仓库的一个环节，负责将分布的、异构数据源中的数据，如关系数据、平面数据文件等抽取到临时中间层后进行清洗、转换、集成，最后加载到数据仓库或数据集市中，成为联机分析处理、数据挖掘的基础。现在越来越多地将 ETL 应用于一般信息系统中数据的迁移、交换和同步。目前市场上主流的 ETL 工具有 IBM 公司的 DataStage，Informatica 公司的 Powercenter，Oracle 公司的 ODI、OWB，以及 Teradata 的 Automation，开源的 Pentaho 的 Kettle。

目前的 ETL 通常只能运行在单机节点上。当数据量比较大的时候，ETL 的处理能力受限于单机的 CPU 频率、内存大小、硬盘容量。这种单机的 ETL 扩展比较难。大数据环境下，不仅数据容量大，而且数据增长速度快。目前单机 ETL 数据处理速度已经跟不上这种变化，正逐渐成为大数据处理和构建海量数据仓库的瓶颈。因此，为 ETL 增加集群处理的能力成为新的需求。ETL 解决大数据处理的一个合理的想法就是建立数据处理的集群，将数据处理的任务分散到多台机器上去执行。基于 MapReduce 的 Hadoop 能够很好地满足数据处理的需求。它通过把数据分散存储到多台机器上、在多台机器上并行执行任务来提高数据处理的效率。

大数据的技术实施方法

在大数据平台建设实施过程中，应该注意做好项目的准备工作，了解客户实际情况、需求、业务模式和数据类型等。业务探索必须充分基于业务需求。数据探索需要把握数据平台建设具有的应用和数据双驱动的特点。逻辑数据模型的设计，需要根据数据特点设计不同的数据模型。系统体系架构设计应以企业架构为指导，以大数据平台建设目标为导向，以具体业务需求为依据。根据逻辑数据模型，做好不同的物理存储、文件系统和物理数据库的技术选型。结合业务探索和数据探索得出的系统现状，确定数据转换加载的主要方式和策略。确定大数据平台前端应用体系架构。提供各种数据分析、元数据管理和大数据系统管理功能。根据项目的不同阶段进行验收测试。再根据试用评估结果，拓展大数据业务应用范围，最后对大数据应用进行推广。具体操作步骤如下。

项目前期准备

大数据项目启动前应深入业务场景，对实际情况和需求进行调研，了解业务模式和数据类型，确定项目的建设背景和项目的基本需求。根据调研结果，确认大数据项目范围和主要目标，明确大数据项目的建设思路和演进路线，并确认项目阶段性验收及总体验收标准，提出项目总体实施计划。在此基础上，提出项目资源需求，确认项目团队成员及其分工，提出项目存在的风险及应对策略。

业务探索

业务需求对大数据平台的成功实施极为重要，相关人员对业务需求的理解可以影响大数据平台实施过程中的每个决策，包括确立恰当的项目范围，对恰当的数据进行建模，选择恰当的产品工具等。

在业务探索阶段，先制订访谈计划，确认访谈人员、时间和访谈问题，再按照访谈计划对管理层和利益相关方进行访谈，对数据源和用户需求进行确认、筛选和分析。最后根据业务需求提炼功能需求、用户需求及非功能性需求；采用面向对象的分析方法，先根据功能需求构建功能模型，再根据用户需求构建用例模型，最后结合非功能性需求构建业务需求模型。

数据探索

数据平台建设具有应用和数据双驱动的特点，数据需求建模对大数据平台有着同等重要的地位，应采用源数据和业务需求双驱动的方式实施建设。采用面向过程的分析方法，结合面向源数据的分析思想，根据数据需求和源系统数据，确定源系统数据的范围、分类、含义、加工规则等内容，最终构建数据需求模型。

逻辑数据模型设计

根据具体数据需求及对数据的使用模式，数据仓库的数据架构可分为结构化数据、列式数据、文档数据和非结构化数据。各类数据的功能特点不一，加工存储的方式也不同，因此各层的数据模型设计方法也不尽相同。

结构化数据在数据模型和设计方式上沿袭和兼容传统的数据仓库和数据库，保证原有功能平稳迁移至大数据平台上，从而降低了开发、运维人员和终端用户的学习及使用成本。大数据平台中的结构化数据存储相较传统数据仓库而言，提供了更强的横向扩展能力，实现了更高的写入、读取效率。

列式数据提供按业务场景组织数据的能力，相同业务场景下频繁使用的数据集会被集中存放，以提升数据访问效率。

文档数据提供一种松耦合的半结构化数据访问方式，这种方式组织的数据会尽量贴合业务原貌，帮助相关人员更方便快捷地进行数据的建模和查询，更有效地应对各种复杂业务模型和业务变更。

非结构化数据主要是指采集来的文本、语音、视频等信息。大数据平台中的非数据化结构存储针对这类数据的特点，提供了大容量、访问速度快、可用性高的存储。

物理数据库设计

物理数据库设计的注意事项如下：根据不同的逻辑数据模型，做好不同的物理存储、文件系统和物理数据库的技术选型工作，选择功能强大、稳定、技术支持良好的开源或商业产品；设计合理、可扩展、高效的数据存贮结构和方式，并可根据业务发展进行调整和调优；建立完善可靠的数据灾备和恢复机制，提高系统可用性和可靠性；使用业内领先的可靠安全手段，以保证数据安全性。

系统体系结构设计

系统体系架构设计的注意事项如下：以企业架构为指导，以大数据平台建设目标为导向，以具体业务需求为依据，以同业领先实践为参考；从战略的视角，采用“自上而下规划与自下而上实现相结合”的思路；明确大数据平台所支撑的业务领域，对大数据平台的业务能力进行全局化分析、设计和扩展，确保大数据平台和其所承载应用架构的规范性、一致性、集成性、稳定性和灵活性；数据仓库架构设计过程要经过架构初步设计、创建架构模型、架构评估和架构实施四个阶段来逐步实现。

数据转换加载

数据转换加载的具体过程如下：根据逻辑数据模型，结合业务探索和数据探索出的系统现状，确定数据转换加载的主要方式和策略；确定系统中所有数据源和其更新频率、数据带宽、数据结构等特性；设计系统数据流程和处理方式，确保数据转换加载的时效性和加载过程中的正确性，以及数据的安全性。

数据分析

数据分析时是从宏观角度指导相关人员开展数据分析工作，即数据分析要做好前期规划，从而指导后期数据分析工作的开展。数据分析涉及具体的分析方法，如对比分析、交叉分析、相关分析、回归分析等。数据分析的目的越明确，分析就越有价值。明确分析目的后，需要梳理思路，搭建分析框架，把分析目的分解成若干个不同的分析要点；然后针对每个分析要点确定分析方法和具体分析指标；最后，确保分析框架的体系化（体系化，即先分析什么，后分析什么，各个分析点之间逻辑分明），以使分析结果具有说服力。

业务应用开发

确认大数据平台业务应用体系架构，并设计和开发大数据平台业务应用。大数据平台业务体系架构应满足松耦合特性，使得在复杂应用服务依赖拓扑环境下，保证业务应用服务的有序性，并提供热升级、热插拔特性。业务应用设计及其中的报表、查询和展示设计，应采用先进可靠的数据可视化手段和方式，并能在不同环境下保障用户拥有一致性体验。

元数据管理

元数据包括业务规则、数据源、汇总级别、数据别名、数据转换规则、技术配置、数据访问权限、数据用途等。元数据描述的是数据的背景、内容、数据结构及其生命周期管理。

元数据应标准化：使用元数据作为用户交流的唯一根据，确保所有用户使用一致的名词进行沟通、理解，以及解释业务问题。同时消除歧义，保证企业内信息的一致性，便于知识和经验的共享。

元数据应与业务系统无缝集成：数据装载、导入、集成过程依赖多种多样的数据源和业务系统，当元数据从不同源系统的数据集成到大数据平台时，应保证数据元素的含义是统一的。

元数据应提供周密的安全机制：在元数据层管理 ACL 和用户信息。需要设计用户角色来控制不同部门、不同地域的用户对不同粒度的数据进行访问的权限，并通过审计跟踪过程对数据访问进行安全检测。

元数据管理应提供扩展性：为了适应变化，元数据必须是可扩展的。频繁变化的语义层应当独立于应用程序，存储在元数据中。这样，一方面可以保证系统扩展的灵活性，另一方面可以很容易地添加新的元数据对象。

大数据系统管理

设计和开发大数据系统安全、稳定运行所需的运维管理体系结构，包括开发和测试性能监视程序，开发和测试数据备份与恢复程序，建立用户支持和培训材料等。

性能监视程序主要对集群运行情况的性能指标进行监测，包括 CPU 占用率、内存占用率、网络 IO 占用率、磁盘 IO 占用率和磁盘剩余容量大小等系统关键指标，以及每秒并发数、每秒事务数等业务关键指标。大数据管理平台对运行于集群中的各分布式系统提供运行监控和管理工作，主要指标包括 HDFS 剩余容量、HDFS DataNodes 实时读写块数及字节数、YARN 运行应用统计、Spark 集群事件统计、Spark 任务执行时间线。系统运行中可随时调整运行参数报警阈值。当系统性能指标下降到报警阈值时，管理系统会发出警报，通知运维人员检查系统状态。

数据备份与恢复程序主要是为了保证分布式系统的稳定运行，确定系统数据备份策略与副本数量。当工作节点失去响应时，该程序能够快速调整系统服务拓扑，调整系统数据流，并排查工作节点故障，报告运维人员修复故障或自动修复工作节点。工作节点恢复后，程序会将其重新加入集群，并完成数据迁移与负载均衡。

测试验收与试运行

根据项目的不同阶段，应按顺序进行以下几种测试。

冒烟测试：一种短流程测试。冒烟测试的对象是每一个新编译的需要正式测试的软件版本，目的是确认软件基本功能正常，可以进行后续的正式测试工作。

安装测试：确保软件在正常情况和异常情况下都能进行安装的测试。异常情况包括磁盘空间不足、缺少目录创建权限等场景。安装测试目的是核实软件在安装后可立即正常运行。安装测试包括测试安装手册和安装代码：安装手册提供安装方法，安装代码提供安装程序时能够运行的基础数据。

探索测试：指在没有产品说明书的情况下，分步骤逐项探索软件特性，记录软件执行情况，详细描述功能，综合利用静态和动态技术来进行测试。探索测试人员只靠对产品的使用来对 bug 的位置进行判断，所以探索测试又被称为自由形式测试。

负载测试：测试一个应用在重负荷下的表现。测试系统在大量并发请求下的响应在何时会退化或失败，以发现设计的错误或验证系统的负载能力。在这种测试中，测试对象将承担不同的工作量，以评测和评估测试对象在不同工作量条件下的性能行为，以及持续正常运行的能力。负载测试的目标是确定并确保系统在超出最大预期工作量的情况下仍能正常运行。此外，负载测试还要评估性能特征，例如，响应时间、事务处理速率和其他与时间相关的方面。

安全测试：测试系统在应对非授权的内部或外部用户的访问或故意破坏等情况时的能力。一般需要利用复杂的测试技术，所以对测试人员的安全技术水平有一定的要求。安全测试是检查系统对非法侵入的防范能力。安全测试期间，测试人员假扮非法入侵者，采用各种办法试图突破防线。

验收测试：指系统相关的用户或独立测试人员根据测试计划和结果对系统进行测试和接收。它让系统用户决定是否接收系统。它是一项确定产品是否能够满足合同或用户所规定需求的测试。验收测试一般有三种策略：正式验收、非正式验收或 Alpha/Beta 测试。

大数据应用系统试用和评估

试用和评估大数据应用系统，是指在完成测试基本业务功能和流程的基础上，从功能性、易用性和业务结合性三个角度，将大数据平台与传统数据仓库进行对比评估，并在系统使用一定时间后，进行系统性能、安全性和可扩展性的对比评估。我们会根据试用和评估反馈，进一步调整大数据平台和现有应用系统。

大数据应用推广

根据试用评估结果，拓展大数据业务应用范围。根据试用评估阶段得出的迁移和使用经验，将更多的业务系统迁移至大数据平台上。使用大数据平台的结构化数据分析，结合传统数据仓库的数据分析，并根据实际业务需要，利用大数据平台的非结构化数据分析和数据挖掘功能，完成传统数据仓库与大数据平台的结合。

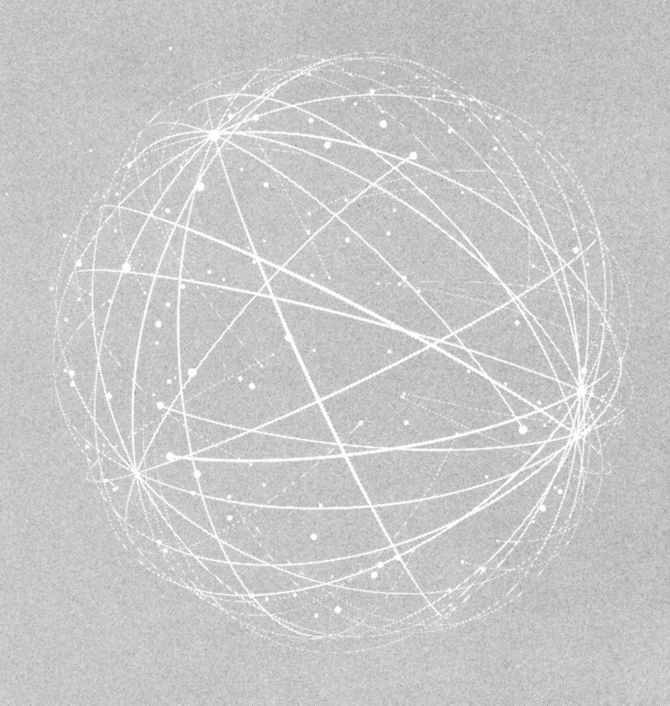

第 2 章 数据

从任何角度看，数据都是大数据处理的核心问题。在大数据处理的特征中提到的“数据量大”“存在时间属性”“数据的属性维度多”三个特征，本质上也是数据的特征。除这些特征之外，还有几个特性是大数据处理中的数据所具备的，分别是：数据往往按照时间批量到达；数据常常是不同格式的文本或者多媒体等非结构化数据，需要预处理；数据需要保留一定时间，过期数据需要清理；数据的不同维度属性都需要快速查询和分析，但是原始数据极少被修改。这些特性不仅和上述三个特征有关，而且更加具体。

这就带来了一些数据处理上的优势和劣势，也使更有针对性的设计有可能实现。例如，很多数据是按照时间来存放的，也是按时间来清理的，因此快速、批量地删除过期数据就变成了设计中需要考虑的问题。

下面，就让我们具体看看实际使用的大数据存储系统有哪些，它们在设计上是如何考虑的。

数据存储

除了一些大公司在自行使用或者对外提供自己的大数据存储系统之外，大部分用户使用的都是 Hadoop 的 HDFS。

HDFS 在设计时采用了以下假设。①

① 来自 HDFS Architecture Guide。

硬件错误：硬件错误是很常见的。HDFS 通常由成百上千的服务器构成，每台服务器存储文件系统的部分数据。由于组件的数量庞大，HDFS 出现组件故障的概率并不低。因此，能快速、自动地检测错误，并从错误中恢复是 HDFS 的核心架构设计目标。

流式数据访问：使用 HDFS 的应用程序通常使用流式访问数据。HDFS 更多地被用于批量数据访问，而不是用户交互式数据访问。HDFS 强调的是吞吐量，而不是响应延迟，所以 HDFS 没有支持通用文件系统的全部功能。

大数据集：HDFS 设计处理的典型数据量在 GB（Gigabytes，1GB 通常是 1 073 741 824 字节，约为 10 亿字节）到 TB（Terabytes，1TB 通常是 1 099 511 627 776 字节，约为 1 兆字节。注意，此处的兆是一万亿，而不是有时认为的一百万）之间，因此 HDFS 要用单一集群，在数百台机器上存储千万级的文件，并且每个文件可能都是 GB 到 TB 级别的。

简化的一致性模型：HDFS 主要考虑一次写入、多次读取的文件访问模型，也就是文件创建、写入、关闭后就不再改变。这个假设简化了数据一致性问题，并且使得高吞吐成为可能。这个假设实际上最早是 Google 的搜索引擎在抓取网页信息时体现出的处理特征。

计算靠近数据比数据靠近计算的成本要低：这是由大数据的特性决定的。数据量过大且不得不分布式存储，在各个存储数据的节点上就近计算就比把这么巨大的数据通过网络来回传递要合理、经济得多。对于计算密集型的应用，这个假设就不成立了。当然，这种情况也不必利用大数据技术。

可以在异构软硬件平台上迁移：构成集群的机器可能是分批多次购入的，因此出现硬件异构的可能性会很大。这也是为什么 Hadoop 是用 Java 开发并作为自己的编程语言的原因之一。

这些 HDFS 的设计假设中，有些是基本考虑，如用低成本硬件构建集群导致高硬件错误概率，此外，还可以考虑采用IBM的Z系列服务器[①]（如图2-1所示）用硬件保障来实现高可靠性。

图 2-1　IBM 的 Z 系列服务器

当然了，实际上使用Z系列服务器本身也体现了一种大数据处理思路。此处，我们无意给IBM做广告，仅仅是为了指出同样的问题也有不同的解决思路。类似银行、证券交易所之类的机构就倾向于选择这种硬件保障类的解决思路。

回到HDFS的假设中，有的假设不能算是基本的假设，但是对于设计也有重大影响。其中最关键的一条假设——一次写入、多次读取，隐藏了另外一条假设——这些数据是极少被修改的。

硬件不稳定的基本假设和服务器集群的构成形态，使数据冗余存储成为必然。又由于数据量大的假设，同一份数据必须被分片保存；再由于硬件不稳定和数据量大的共同作用，不同分片可以采用的副本策略也必须不同。例如，第一个分片放置在服务器1、服务器2、服务器13上，那么第二个分片可能就存放在服务器4、服务器18、服务器20上。这种分片和多副本的结构

① Z系列原指零宕机。图片来自IBM官方网站。

会破坏原有文件的顺序读取机制，这样就使得我们必须引入一个寻址机制来找到这些数据分片。

图 2-2 来自 HDFS 架构说明的网站。其在名节点（namenode）上保存了文件名、副本个数、副本存放的块编号，而在数据节点（datanode）上存放了数据分片（数据块）的副本。该图体现了数据分片、多副本存放、副本策略这三种不同的思路。至于查找分片的位置的方法以及高效获得分片的方法，会在下一节数据寻址中讨论。

数据块的副本目录

```
Namenode (Filename, numReplicas, block-ids, …)
/dir/sample/data/part-0, r: 2, {1, 3}, …
/dir/sample/data/part-1, r: 3, {2, 4, 5}, …
```

数据节点和数据副本

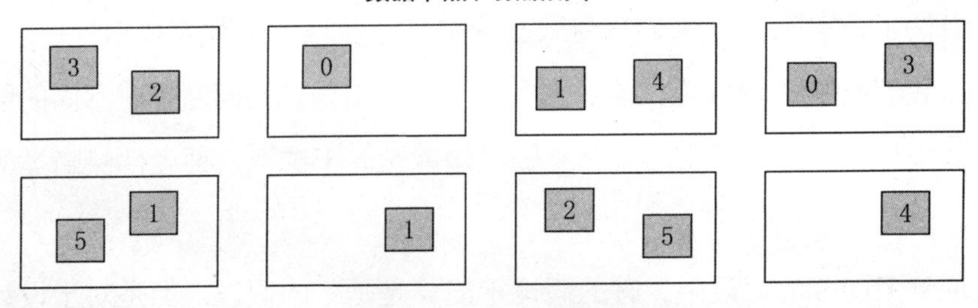

图 2-2　HDFS 存储架构

HDFS 作为 GFS 的开源版本，其假设同 GFS 的假设基本是相同的。另外，GFS 还考虑到了多个客户端并发读写一个文件时的效率问题，这也是分片的副本策略必须不同的一个原因。为了支持这种并发需求，Google 引入了名为 Chubby 的粗粒度锁机制。而这种分布式锁管理器（Distributed Lock Manager，DLM）可应用在各种分布式处理系统中。Hadoop 的 ZooKeeper 在一定程度上也可以当作分布式锁管理器使用。不同的锁管理器针对的粒度不同，有的控制文件、有的控制表。只要有并发访问的地方，都需要分布式锁管理器。而且其包括的操作也不同，简单的就是读写锁操作，复杂的包括无排斥、并发读、并发写、受保护读、受保护写、排他操作共 6 项资源锁操作。[①]

不同的分布式锁的设计虽然会有差异，可是基本的部署结构都是类似的，那就是会有一个独立的服务器作为锁服务器。当需要访问分布式资源时，就去访问这个锁服务器。当然，为了避免单点失效问题，锁服务器可能是以主从方式或者类似于 Paxos 算法[②]的分布方式构成集群的。

分布式锁和集中式本地锁的区别在于，前者的锁服务器和进行操作动作的服务器是在不同的节点上的，因此在进行加解锁操作时，就需要互相进行通信。而且锁服务器和进行操作动作的服务器都有可能出现故障，或者它们之间的通信可能会中断，这就导致加上的锁可能没有人去解除。这就使得锁的 DLM 通常会使用一个定时器或者维护管理进程（House Keeping）对时间过长的分布式锁进行清理。也就是说，分布式锁往往是有生命期的，这是和本地锁的一个很大的区别，生命期同时对程序的开发和编写也有影响。例如，那种加了锁就一直使用资源的粗暴方法就会变得不合适（当然，这种方式本来也不是种好的实现方式）。同样的，Java 这种垃圾回收（GC）机制不能控制，在数据量巨大时可能的导致超长垃圾回收时间的语言使用也需要更加谨慎地衡量。[③]

从实现角度看，分布式锁可以使用关系型数据库，也可以使用 Redis 这样的内存型名值对的高速缓存（也可以叫作数据库），或者使用 Chubby 这样的专用服务机制。为了避免单点错误，DLM 往往会由一组服务器构成。因为这些服务器是分布的，所以就可能出现不同的用户向不同的服务器请求分布式锁，从而都获得对临界资源的访问权限的问题。为了避免这种情况的发生，就要求构成 DLM 的服务器节点在自己的集群内部达成一致，且对外给出统一

① 这个设计是 DEC 的虚拟内存系统（Virtual Memory System）所使用，资料来自维基百科。

② Leslie Lamport，Paxos made simple，ACM SIGACT News (Distributed Computing Column)，2001.

③ 关于分布式锁的实践考虑参考了“魏子珺的博客”中的相关信息。

的结论。这种在分布式系统中达成一致的技术和方法就是分布式一致性算法，也是大数据涉及的集群和分布式处理场景中的一个基本问题。具体内容请参见计算资源控制章节。

在分布式锁之外，就需要解决数据存放本身的问题了。在概述这一章中已经提到，有时存储的数据也可以被放置在专用存储设备 NAS 或者 SAN 系统中。而且有的云服务提供商利用大量的服务器模拟出 NAS 的存储，这种情况一般被叫作存储网络。这些存储网络系统在设计上和大数据存储系统，如 HDFS，在很多层面上是相通的，都需要进行数据分片，再将数据分片存放在多台服务器上。两者主要的区别是，存储网络系统并不需要和计算靠得那么近，从而并不一定需要对计算节点加以了解。也就是说，对于存储网络和 SAN 系统而言，控制的仅仅是存储设备本身：通过在网络节点的多个存储设备（通常是硬盘）上分片、备份存储同一个文件的不同分片。整个网络中联接着的存储设备的各个节点都是存储节点，对外往往表现为 RAID 磁盘阵列。

数据寻址

当数据被存放之后，接下来需要解决的问题就是如何找到这些数据，这时候有两个基本的方式。

（1）制定一个通用策略。通过这个策略，数据的分片放置在了哪几个服务器或存储位置是可以被计算出来的，这就保障了任何人在任何情况下的计算都会得到一致的结论。

（2）每次存储的时候都去一个统一的地方记录存储信息。当需要使用数据时，就去存储信息的地方查询，这样就可以知道数据的分片被放置在哪里了。

这两个方式各有优缺点。第一个方式不存在查询节点，也不需要查询步骤，效率较高，同时避免由信息查询节点故障导致的问题，但是其缺点是可扩展性和容错程度较低。如果没有查询具体信息的节点，那么就必须设计一种寻址算法，而寻址算法通常会和可以使用的节点的数量相关。如果考虑增加节点，那么同时也将考虑以下问题：算法得知数据存储时是在增加节点前、还是在增加节点之后？同一个分片有没有被存放在新增节点上？同样的，当节点发生故障时，虽然有备用节点可以切换，但是其容错能力是有限的，而第二种方式就可以尽量避免扩展性的问题。反之，第一个方式的优点是第二种方式的缺点，即寻址查询会在一定程度上降低效率，查询节点的故障会导致整个系统无法运行，也就是常常提到的出现单点错误。事实上，这个问题在 Hadoop 中存在了很长时间，Hadoop 的名节点始终是一个单点，直到 2.0 版本之后，才通过主从备份的方式在一定程度上解决了这个问题。

对于第一种方式，最常见的策略是进行散列。通过散列函数确定数据分片需要存储的位置。出于性能考虑，密码级的散列函数一般不会被使用，如 MD5 或者 SHA，都使用一些比较基本的快速散列函数（如 FNV1a、Jenkins、DJB）。当然，也可以使用取模操作等常规的散列函数。而散列本质上是一个从大空间到小空间的单向函数，通常表现为：

$$\mathrm{H}(M)=D$$

其中 H 表示散列函数，M 表示原始信息，D 表示散列后的散列值。对于通常的散列函数来说，由于散列后的值 D 所许可的空间往往远大于实际使用的存储节点的数量，如最小的 D 一般也有 2 字节，也就是有 65 536 种可能，而被使用的存储节点一般为几十、几百的数量级，为了映射到具体的存储节点，还需要对计算结果 D 做一次取模操作。例如，有 N 台服务器作为存储节点，那么最终的存储节点编号就是：

$$i=\mathrm{H}(M)\ \%\ N$$

而这个 i 就是数据需要存储的节点编号。如果存储节点数量发生了变化，如从 N 变成了 $N+1$，由于 H（M）通常对应到至少 2 字节以上的空间，因此往往会远大于节点数字 N，所以最后计算出的 i 会有极大概率发生改变。也就是前文提到的节点扩展导致的问题。为了缓解这个问题，卡尔格等人在 1997 年提出了一致性散列（Consistent Hashing）的概念。[①] 当然，同样的问题在更早的时候就被天睿公司（Teradata）用散列表的方式解决过，只是它们没有使用这个词汇。[②] 一致性散列的基本思想是将服务器节点也做一级散列，并且和数据散列的结果都分布到同一个环上。这样，每次放置数据节点的时候，就在环上顺序寻找一个就近的节点散列值，如果找到了就存放在这个节点上，过程如图 2-3 所示。

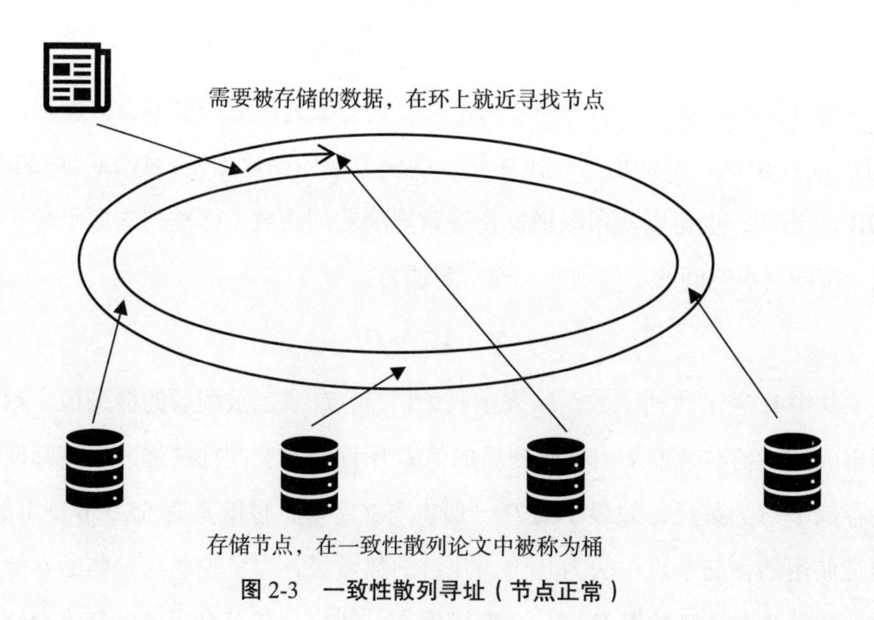

图 2-3　一致性散列寻址（节点正常）

① Karger，D.，Lehman，E.，Leighton，T.，Panigrahy，R.，Levine，M.，Lewin，D. (1997). *Consistent Hashing and Random Trees: Distributed Caching Protocols for Relieving Hot Spots on the World Wide Web*. Proceedings of the Twenty-ninth Annual ACM Symposium on Theory of Computing. ACM Press New York，NY，USA.

② 来自维基百科关于 Consistent Hashing 的说明。

所以，一致性散列有的时候也被称为一致性散列环。删除节点的过程如图 2-4 所示。

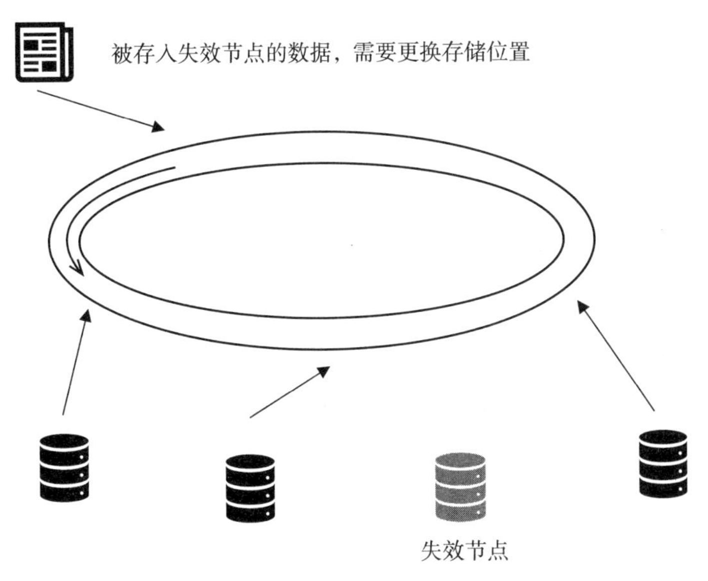

图 2-4　一致性散列寻址（节点失效）

需要注意的是，在原始的一致性散列环设计中，搜寻最近的节点总是沿着一个方行进，例如按顺时针方向行进。而在图 2-3、图 2-4 的示例中，实际上是双向搜索的，这并没改变原算法的基本原理，从程序角度讲，只是把单向的距离比较变成了距离绝对值的比较。也就是从比较（$a-b$）的大小变成了比较 $|a-b|$ 的大小。增加节点和删除节点的情况类似，大部分数据不会受到影响，但是散列结果在增加节点附近的数据就需要被写入新增加的节点。因此，一致性散列只能保证在节点增减的时候，大部分数据的存储位置不会发生变动，但是受到增减影响的那些节点的数据仍旧需要被存放到另外的节点上。也就是说，一致性散列算法并不能完全解决前文提到的扩展性问题。

此外，一致性散列算法的一个重要的优势是时间复杂度。这个时间复杂度一般是 O（1）的。而使用了一致性散列算法后，由于必须就近寻找合适的节点（或者桶），这就需要查找，即使将所有存活的节点的散列值做好预先计算和排序，寻找最近值的时间复杂度仍旧是 $O(\log(N))$，其中 N 是存活的节点个数。这就增加了寻址的复杂度。当然，即使复杂度增加，也比通过网络通信去名节点上查找的用时要少。

几乎和一致性散列算法同期提出的还有约会散列算法（Rendezvous Hashing），有时也被称为最高随机权重散列（Highest Random Weigh Hashing，HRW）[①]。这个算法采用了另外一个思路，那就是根据需要来存储数据，数据在该算法中叫作对象（Object）；存储数据的服务器在该算法中叫作站点（Site，因为一致性散列环和约会散列算法都是为 Web[②] 上寻找合适的服务站点而研发的，后来被用于数据存储）。数据存储后计算出一个散列值。假定需要存储的数据是 O，而每个存储节点按照编号 Si 来定，那么需要被计算的散列函数就是：

$$Di = \mathrm{H}(O, Si)$$

计算出 O 针对的每个服务器的散列值 Di，接着比较这些值的大小，选择出最大的 Di（当然，也可以是最小的），然后这个数据 O 就会被存放在服务器 Si 上。由于散列函数 H 在同一个系统中是一致的，对于同一个数据 O 和给定的服务器 Si 也是确定的，因此计算结果 Di 不会改变。当增加或者减少了服务器之后，只要新增加的服务器所计算的 Di 不超过原来的最大值，或者减少的服务器不是最大 Di 的服务器，那么存放位置就不会改变。只有当这种计算值发生改变时才需要修改存放位置，这就造成约会散列算法与一致性散列算法的不同：约会散列算法无法预先计算。因每次的对象 O 的编号信息都是改

① Thaler, David & Chinya Ravishankar. *A Name-Based Mapping Scheme for Rendezvous*. University of Michigan Technical Report CSE-TR-316-96.

② 万维网（World Wide Web）使用意为蜘蛛网的 Web 一词，而没有使用 Net 一词。Web 可以指万维网或者基于 HTML 的网页。

变的，所以每次位置计算和查找的时间复杂度会上升为 $O(N)$。

在一致性散列算法中，由于添加或者删除了节点后，查找就近节点可能找不到所需要的数据，就需要去查找第二近的节点、第三近的节点等，这样就增加了复杂度。同理，利用约会散列算法时，如果添加或者删除了节点，也需要查找计算值相邻的服务器。因此，完全不使用名查找节点，而单纯使用寻址方式（1），在实际应用中的情况较少。即使采用方式（1），也往往会引入一个注册机构，将存放信息注册一下，从而形成一种混合式的处理模式。

另外，根据散列函数公式可以知道，要使用散列函数就必须有原始的信息 M，或者是约会散列函数中所称的 O。这个信息在不同的系统中选择会不一样，有的会使用数据内容进行散列。但是数据内容的长度经常非常长，为了一个存放寻址动作就对整个内容进行散列是不经济的。因此，散列可以采用一些简单的信息，例如文件名加分片号。

即使使用名节点查询的方法，为了保证不同分片分布不同，也需要使用散列函数。当然，在 Hadoop 中使用了一种比较极端的模式，每次存入分片时用名节点查询，而名节点则索性采用随机方式分配。这可以被认为是一种特殊的散列函数，只是散列值同输入的原始信息 M 无关。或者按照伪随机数的定义，散列使用的输入信息是前一个散列值，同数据内容或分片无关。

仔细分析 HDFS，又可以发现其中体现出了 Hadoop 的两个设计原则。第一，Hadoop 面对大的数据量，因此 HDFS 的分片大小的缺省值是 64MB（Megabytes，1MB 通常是 1 048 576 字节，也可以大致认为是 1 百万字节，有时也被简称为 1 兆字节），这个值基本上平衡了分片数和分片尺寸，也是针对 HDFS 设计中主要面对的 GB 到 TB 数据量级（1GB 分 16 个 64MB 片）。第二，考虑到同一机架上的服务器往往会共享电源和交换机，因此，如果出现电源或交换机故障，经常会发生整个机架上的服务器都无法工作的情况。虽然这种情况发生的概率不高，HDFS 也会试图在一个分片、三个副本（一个主副本，两个从副本）的情况下，将一个副本存储到另一个机架的服务器上。所以，HDFS 的名节点的随机方式不是真正的全随机，而是随机主副本，然后根据自己保存的机架信息所构成的服务器树，选择从副本所在的位置。

列式存储

在被广泛使用的关系型数据库中，所有的数据实际上都是被存放在一个一个二维表中的。这个二维表的中文名称叫作“表”，而英文名称为“Table”。这些名字都反映出关系型数据库的基本形态，具体可参见表 2-1。

表 2-1　示例数据

不同类型的属性值，也称为列（Column）

数据记录，也称为行(Row）

Integer	String	Long	String	Float
1	Alice	90.6	She’s good	3.9
2	Bob	72.3	Work hard	3.9
3	Charlie	96.4	A smart guy	3.2

其中数据按照行（Row）一份一份地存放。如果找到了一份数据，就知道了一个对象的所有属性，就好像存放在数据库中间的都是一个一个对象（有的时候也被称为记录，Record）。对象有很多属性，但是不同对象的属性几乎是完全相同的，同一个对象的属性则由不同类型构成。一般来说，字符串类型的属性会比较费存储空间，而整数型、浮点型的属性会比较节约存储空间且所耗费的存储空间是固定的。表 2-1 例子中的数据库表的存储模式大致如下所示。

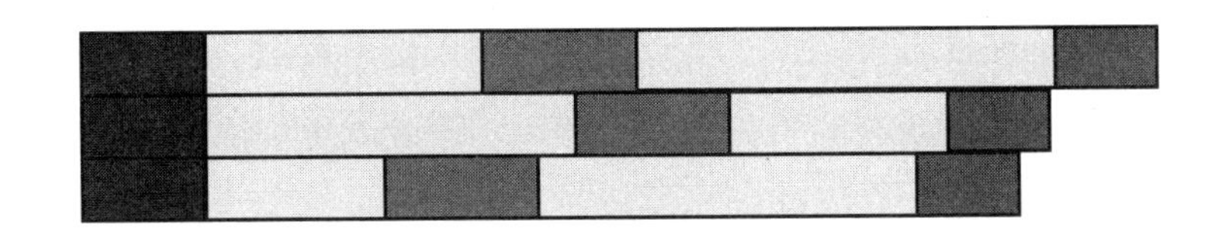

其中，不同深浅的颜色表示不同的数据类型，其中颜色最深的是第一个整形属性，而颜色最浅的部分在这里表示字符串属性。也可以用类似 CSV 的行格式来表示这组数据，那就是：

1, Alice, 90.6，She’s good，3.9

2, Bob, 72.3，Work hard，3.9

3, Charlie, 96.4，A smart guy，3.2

关系型数据这种存储方式的最大好处就是找到一个对象就可以取出这个对象的所有属性。当然，缺点也很明显，对于字符串类型比较多的表而言，如果采用固定长度存储，则比较浪费存储空间。这种时候，在关系型数据库中常常用类型 CHAR 来表示，但是用不掉的空间部分空余下来相当于存储被占用了。如果是这种方式，在上图中每一行的长度就会固定下来。但是如果采用可变长度的存储，会使得查找数据变得困难，因为无法用每个对象的长度乘以对象个数寻找到相应的对象。例如，对于定长的对象，第 i 个对象的位置就是：

$$i * \text{len}(\text{record})$$

其中 len（record）表示一个对象记录的长度。为了平衡数据存储空间的消耗和快速查找之间的矛盾，关系型数据库往往需要针对主键或者索引值制作一个索引树，这个索引树通常用平衡树（B Tree）或者改进型平衡树（B+ Tree）的形式来表达。

从工程的角度看，关系型数据库的更新速度是很快的：只要找到一个对象，更新其中的属性就可以了。单一的数据插入也不复杂，就是在尾部添加一个对象，然后更新所有的相关索引树即可。删除就更加简单了，找到相应的对象，标识成已被删除，然后从索引树上把相关记录删掉就好。然而以下两个场景对传统的关系型数据库非常不适合，那就是大批量数据添加和大批量数据删除。

对于大批量数据添加，关系型数据库基本上得一行一行地增加数据、更新索引树，如果一个表的索引多的话，则还得更新好几个索引树。对于平衡树来说，添加数据很可能需要调整树的结构，这就导致更新代价很高。同理，在批量数据删除时，也需要找到存放的位置，然后标记记录为已删除，最后修改索引树。

在大数据应用场景之中，每天产生的数据往往都是按 TB 量级来计算的，记录对象的数目也经常是几千万到几百亿。这就意味着，大数据的应用场景中，每天经常需要插入上亿的新数据，同时，每天也要删除上亿甚至几百亿的过期数据。这使得关系型数据库在大数据的应用场景中变得不太适应。虽然利用关系型数据库仍可保存部分比较稳定的信息，例如用户属性库。但是在绝大多数大数据应用中，都需要对数据的这种按对象记录存储的方式做出改进。

我们仍旧来学习 Google 的相关系统，根据在 BigTable 和 Dremel 中的应用，开源社区也努力地根据类似原理仿制了对应的系统，例如在 Apache 基金会的支持下，根据 Dremel 开发了 Drill。而开源社区对 BigTable 的学习则引入了 HBASE。这些系统在存储领域都有一个共同点，那就是列式存储，也就是数据不再采用关系型数据库的方式，即不按照对象记录（也就是行）的形式存放，而是按照属性特征（也就是列）的方式组织起来。事实上，不仅仅是此处提到的系统，还有很多有志于存储大数据的数据并应用在大数据场景中的数据库系统，也开始全面地对列式存储进行支持。例如 MariaDB

就通过集成 InfiniDB 的功能，推出了 ColumnStore。按照 MariaDB 的说法，ColumnStore 就是 Hadoop 的替代品，直接和 Hadoop 竞争。虽然这个目标是否能够实现还有待时间的检验，可是这至少说明了在大数据领域的数据存储中，列式存储是必不可少的。主流商业数据库产品包括 IBM DB2、Microsoft SQL Server、Teradata 和 Oracle 等，也往往提供了列存储的功能。

按照前文关系数据库的例子，列式存储的数据往往表现为以下形式。

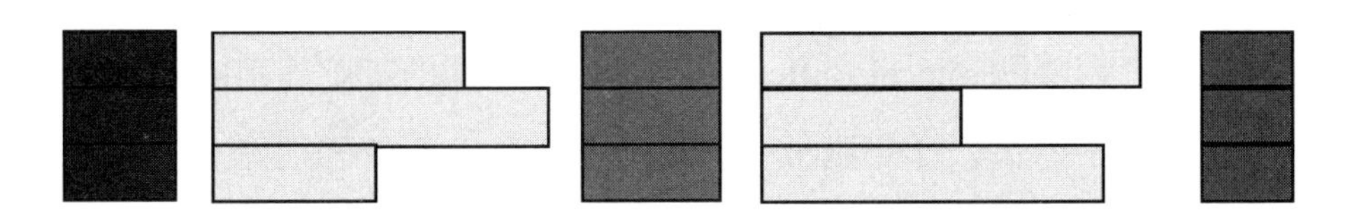

也就是数据是按照一列一列的方式组织在一起的。当然，并不是说这些列就是按顺序地简单堆积。如果仅仅是堆积的话，那么寻找所需要的数据会变得非常麻烦。还是根据前文的关系数据库的例子，这些数据可以按类似以下形式组织。

```
Alice:1        90.6:1        She's good:1      3.9:1,2
Bob:2          72.3:2        Work hard:2       3.2:3
Charlie:3      96.4:3        A smart guy:3
```

可以看到，数据都按照列的方式作为键值组织，同时记录号（也就是行号）被作为了值一起存放。当然，这不是说所谓的列存储方式就是把列值作为键值，把记录号作为值的存放方式，而是指它可以把很多相同的值预先合并起来。例如，最后一列中的 3.9 的两次出现就被合并了，那么所有关于 3.9 这个值的查询就可以一次性获得结果。因此，列式存储不仅仅对于批量插入和批量删除有帮助，对于全局数据搜索类的查询也非常有利。特别是在某个字段的选择值非常有限的情况下，例如，对于一个维护工业设备状态的大数据系统，一个设备的状态也许只有准备、工作、故障、关闭等非常有限的几种，但也许每秒钟都需要采集一次状态值，加上同时工作的设备也许有几万台，那么一天需要记录的状态数据就有上亿份。采用了列式存储方式后，同样的状态数据就可以在插入时合并，这样查询时就非常高效。

当然，这里举的列存储的例子只是概念性的，并不是说所有的列式存储数据库都采用了相同的存放方式。例如在 Google 的 Dremel 实现中，为了支持更加复杂灵活的数据表达方式，存储结构也有了很大变化。Dremel 利用了 Google 内部常用的 Protocol Buffer 作为数据表达方式的定义。而由于 Protocol Buffer 的灵活性很大，对实现的约束和实现中需要考虑的问题也就变得复杂起来。此外，Dremel 的实际概念比存储要复杂得多，本书在此处仅仅强调了其中的数据存储特性。这里的例子来自 Dremel 的论文[①]。Google 论文中使用的需要被存储数据的示例 Protocol Buffer 的定义如下。

```
message Document {
    required int64 DocId;
    optional group Links {
        repeated int64 Backward;
        repeated int64 Forward;  }
    repeated group Name {
        repeated group Language {
            required string Code;
            optional string Country;  }
        Optional string Url;  } }
```

上图定义了一个叫作 Document 的信息类型，其中包括一个必须的 DocId 数据、可选的 Links 数据和可重复的 Name 数据。在 Links 数据和 Name 数据

① Melnik, Sergey, Gubarev, Andrey, Long, Jing Jing, Romer, Geoffrey, Shivakumar, Shiva, Tolton, Matt, Vassilakis, Theo (2010). *Dremel: Interactive Analysis of Web-Scale Datasets*. Proc. of the 36th Int'l Conf on Very Large Data Bases.

内部又定义了可选的和可重复的不同成员，从而使整个数据的表达变得非常复杂。在论文中给出了两个不同的Document数据，分别如下：

```
DocId: 10
Links
    Forward: 20
    Forward: 40
    Forward: 60
Name
    Language
        Code:'en-us'
        Country:
 'us'
    Language
        Code:  'en'
    Url:  'http://A'
Name
    Url:  'http://B'
Name
    Language
        Code:
```

```
DockId: 20
Links
    Backward: 10
    Backward: 30
    Forward: 80
Name
    Url:  'http://C'
```

针对这两个不同的Document，在论文中列出了相关的存储数据结构，具体参见图2-5。

图2-5中的r表示重复级别（Repetition Level），而d表示定义级别（Definition Level）。这两个级别实际上就代表了路径的深度，例如名称路径——Name.Language.Country的路径深度就是3。当然，重复级别和定义级别在具体存储时有很多技巧，也不一定完全等于路径深度，但是从路径深度的角度可以更容易理解这两个概念。

DocId

value	r	d
10	0	0
20	0	0

Name.Url

value	r	d
http://A	0	2
http://B	1	2
NULL	1	1
http://C	0	2

Links.Forward

value	r	d
20	0	2
40	1	2
60	1	2
80	0	2

Links.Backward

value	r	d
NULL	0	1
10	0	2
30	1	2

Name.Language.Code

value	r	d
en-us	0	2
en	2	2
NULL	1	1
en-gb	1	2
NULL	0	1

Name.Language.Country

value	r	d
us	0	3
NULL	2	2
NULL	1	1
gb	1	3
NULL	0	1

图 2-5　Document 存储结构

在论文中，对重复级别的定义是：在名称路径上，哪个名称的值被重复了。根据这个定义，重复级别 r 的值不是指被重复的遍数，而是指被重复的名称在路径上的深度。以 Name.Language.Code 为例，第一个值 en-us 是记录 10（DocId）的第一个 Name.Language.Code 的定义，所以重复级别为 0。这是一个约定，每个记录的第一个同类型值的重复级别 r 都是 0。第二个值 en 是和第一个值在相同的 Name 中的，不同的是 Language，也就是 Language 重复，所以相当于重复的路径是 Name.Language，因此重复级别 r 是 2。下一个值 en-gb 和前面不同的是 Name，所以重复级别 r 是 1。需要注意的是，在 en-gb 所属的 Name 之前还有一个不存在 Language 的 Name，为了表示区分，所以增加了一个空值 NULL，而这个值的重复级别也是 1，因为是 Name 级别上的重复。而最后一个 NULL 来自记录 20（DocId），在这个记录里面就没出现 Name.Language.Code，而且这是一个新记录的开始，所以重复级别是 0。

定义级别的定义是：在名称路径上，有多少名称是可以不定义的，即可选（optional）和可重复（repeated）的，可是这些名称却存在于这个值所对应的名称路径之上。这个级别的值实际上对于非 NULL 的情况意义不大，因为同样的名称路径，这个值必然是一样的。例如对于 Name.Language.Code，其中 Name 和 Language 都是 repeated，Code 是必须存在（required）的，所以对于所有有值内容的 Name.Language.Code 的定义级别 d 都是 2。这个值主要对于空值 NULL 特别有意义，因为空值 NULL 所对应的值是空想出来的，不是真实存在的。而这个被空想出来的值所添加的位置，在整个路径上只有部分是真实存在的。还是以 Name.Language.Code 为例，对于第一个空值，是在第二个重复的 Name 之下空想出来的 Language.Code。由于这里的 Language 是空想出来的，所以实际上是没有真实定义级别的。那么在整个路径上，本可以不定义而真实存在的就只有 Name 了，于是定义级别 d 就是 1。类似的，对于 Name.Language.Country 中的第一个空值 NULL，是补充在第一个 Name 的第二个 Language 中的，其中的名称路径上 Name 和 Language 都是可以不定义而真实存在的，所以定义级别 d 为 2。对于 Name.Language.Country 的第二个空值 NULL，就是补充在第二个 Name 后面的，连 Language 都是空想出来的，路径上只有 Name 一个名称是本可以不定义而真实存在的，所以定义级别 d 就变成了 1。如果第二个空值 NULL 的定义级别 d 是 2，就说明第二个 Name 中是存在 Language 定义的，只是其中没有 Country 值。在这个情况和示例的情况中，重复的名称路径都只有 Name，也就是重复级别都是 1，所以通过引入定义级别就可以区分出这两种情况，在分析 Name.Language.Country 时就不再需要参考其他属性列的情况了。

在这里，以 Dremel 为例说明了另外一种列式存储数据的保存方法。至于如何使用 Dremel 中用列式存储所保存下来的数据，就需要在后续关于计算模型的章节中再详细分析了。Dremel 的列式存储本身仍旧有几点值得说明，这几点体现了工程实践的思维。

实际上，Dremel 并没有按照示例中的样子把所有数据按原样存放起来，而是通过编码手段进行了压缩。例如，定义级别小于有值的数据的定义级别的（也就是可选和可重复的名称个数）就说明了空值的存在。这就意味着不需要真实存放一个空值 NULL。根据这个原理，若定义级别为 0，重复级别必然为 0，所以 DocId 就都不用存放了。此外，如果最大定义级别是 3，则用两个比特（bit）就可以存放下每个重复级别和定义级别，这样就可以在很大程度上节约存储空间。

还可以看到，在 Dremel 存储中并没有保存记录序号，也没有制作记录号的索引。这就意味着，实际上我们无法通过记录号快速地查询某一个给定的记录对象。但是这在 Dremel 的应用场景中根本不是问题，因为 Dremel 本身就是为了快速查询大量数据而生的，且列式存储又使查询引擎仅需要访问需要关心的属性域。例如，要查询 Name.Language.Code 存在 en 的所有记录的 DocId，只需要按顺序查询 Name.Language.Code 列，找到其中所有值是 en 的项，并且通过记录重复级别为 0 的个数就可以知道涉及的记录的序号，然后通过 DocId 的列找到相应序号的值即可，完全不需要访问其他的列。这样的查询本身就要求访问 Name.Language.Code 的所有值，而且一次查询返回的数据量一般非常巨大，而用关系型数据库的方法查询索引，寻找记录实际上会更慢。

另一个 Dremel 列存储所考虑的是支持用 Protocol Buffer 定义的复杂的树状数据。这种定义若用关系型数据库来做，需要定义好几张表，并且可用外键关联起来。在 Dremel 论文中所定义的数据类型就需要很多表：首先需要一张主表定义 DocId 和 Links 编号；[①] 然后再定义 Forward 表和 Backward 表关联到 Links 编号，定义 Name 表关联到 DocId；接着再定义 Language 表关联到 Name 表中的 Name 编号；对于 Country，则需要定义 Country 表关联到

① 此处的设计方式不是唯一的，例如可以没有 Links 编号。

Language 表中的 Language 编号（如图 2-6 所示）。

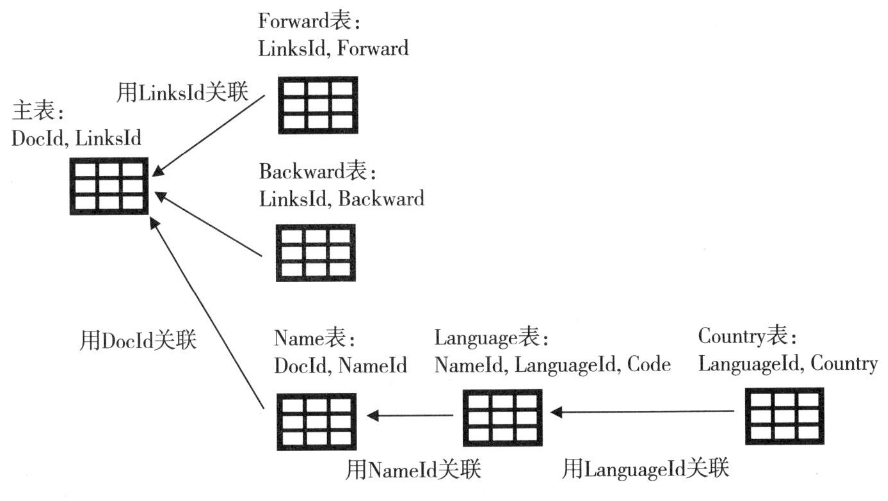

图 2-6　Country 表关联到 Language 表的 Language 编号

当要做一个 Code 查询时，需要对主表、Name 表和 Language 表做关联（join 操作），获得一个非常巨大的视图，然后再在视图中做查询。可以想象，在这种情况下的查询所需要访问的数据并不会比 Dremel 少多少，甚至可能更多，而且把需要处理的数据分治会变得更加困难。而 Dremel 通过 Protocol Buffer 的定义和列式存储已在事实上消除了关联操作，或者从另一个角度说，列式存储往往不支持关联操作。

这个对比也体现出了列式存储在数据量很大和数据结构比较复杂时的优势。

键值对高速缓存

高速缓存解决的是常用数据的快速访问问题，这个概念在很早以前就已经存在，例如在 CPU 中存在的一级缓存、二级缓存等。在大数据领域，由于数据量巨大，当需要使用特定数据的时候就需要到存储的大数据集群中查询。但这个过程往往很慢，为了加快对其中最常用的数据的访问速度，就需要缓存。而被缓存的数据往往有几百万到上亿条的规模。假定有一千万条数据，每条数据为 100 字节，也需要 1GB 的空间。况且还要能够根据需要在零点几毫秒的时间内完成查询。

因此，大数据领域的高速缓存是和其他缓存形态非常不同的。其中最为常见的键值对高速缓存的应用是 Redis 和 Aerospike。

Redis 是一个键值对（Key-Value）关系的 NoSQL 数据库。不同于传统的 Memcached，Redis 的值支持 string、hash、list、set、sorted set、bitmap、hyperloglog、geohash 等类型。

由于这些丰富的数据结构很好地满足了现实的应用场景，再加上其卓越的性能，Redis 从 2009 年开源到现在，几乎已经成为整个互联网行业的标准配置。

从国内的腾讯、阿里巴巴、新浪（微博），到国外的 Google、Facebook、Twitter，都是 Redis 的重要用户，它们在改造 Redis 的同时也积极回馈开源社区。

最新的 Redis 4.0 版本引入了 module 的概念，减少了基于 Redis 开发的模块与 Redis 核心的耦合。预计以后会有更多构造在 Redis 上的 module 出现，加速 Redis 大生态的构建。

下面就 Redis 支持的数据类型，结合常用的实例场景来进行详细的描述。

字符串

字符串（string）是 Redis 关于键值对的基本功能。

Redis 中自定义一个 SDS（Simple Dynamic Strings）的数据结构，用来存储字符串。从代码可以看出，Redis 定义了多个不同类型的 SDS 结构体。使用时，根据字符串的长度不同选择不同的结构体，从而达到节约内存空间的作用。

Redis 使用“buf[]”来进行实际数据的存储，所以对于值（value）是二进制数据的存储也是安全的，并不限于传统意义上的字符串。

```
struct __attribute__ ((__packed__)) sdshdr5 {
    unsigned char flags; /* 3 lsb of type, and 5 msb of string length */
    char buf[];
};
struct __attribute__ ((__packed__)) sdshdr8 {
    uint8_t len; /* used */
    uint8_t alloc; /* excluding the header and null terminator */
    unsigned char flags; /* 3 lsb of type, 5 unused bits */
    char buf[];
};
...
struct __attribute__ ((__packed__)) sdshdr64 {
    uint64_t len; /* used */
    uint64_t alloc; /* excluding the header and null terminator */
    unsigned char flags; /* 3 lsb of type, 5 unused bits */
    char buf[];
};
```

string 类型的键和值的结构简单。一般用于数据的缓存或者简单的数据信息存储。

对于结构化的类型用户，保存前需要先进行序列化，例如：

```
redis.set user_lucas, json_enocde(user)
redis.get user_lucas
```

另外，在大规模的用户系统中，由于 Redis 提供持久化存储（通过 aof 和 rdb），于是也用来替代 Memcached 来存储用户的 session 信息。

string 的长度较小时，单纯的存储键值对有点浪费内存，可以将键（key）

进行散列后保存转化为嵌套的 k-hash 结构，再利用压缩列表（ziplist）来节约内存占用。

压缩列表

在开始下面的集合元素之前，有必要介绍一下压缩列表（ziplist）。

Redis 作为一个内存数据库，内存资源无比珍贵。在对集合元素进行优化时，提出了 ziplist 的概念。其核心思想就是利用冗余数值计算减少指针的使用，以达到节约内存的目的。

其数据结构如下：

<zlbytes> <zltail> <zllen> <entry> <entry> ... <entry> <zlend>

其中 zlbytes（zl 就是 ziplist 的缩写，下同）表示整个压缩列表的结构占用的内存大小；zltail 是最后一个条目（entry）的结尾到头部（head）的偏移值；zllen 为压缩列表中 entry 的数量；zlend 表示压缩列表的结束。

每一个 entry 对应的结构如下：

<prevlen> <encoding> <entry-data>

其中 prevlen 表示前一个元素的长度，通过这个值进行一下计算就可以方便地前向遍历。编码（encoding）表示 entry 存储数据的类型，例如数值、字节数据等。entry-data 就是实际的值。

从上面的结构可以看出，ziplist 是一个非常紧凑的数据结构，虽然牺牲了一些性能，但是在 Redis 中包含大量的小集合时，这种压缩所节省的内存是非常可观的。

列表

列表（list）是一种常见的数据结构，其实现方式通常有数组和链表两种。Redis 中的列表是采用了一个双端链表。所以既可以作为队列（queue），又可以作为栈（stack）使用。

```
robj createQuicklistObject(void) {
    quicklist l = quicklistCreate();
    robj o = createObject(OBJ_LIST,l);
    o->encoding = OBJ_ENCODING_QUICKLIST;
    return o;
}

robj createZiplistObject(void) {
    unsigned char zl = ziplistNew();
    robj o = createObject(OBJ_LIST,zl);
    o->encoding = OBJ_ENCODING_ZIPLIST;
    return o;
}
```

为了节约内存，同时提供了 createZiplistObject 来创建 ziplist 结构，至于何时采用快速列表（quicklist），何时采用 ziplist，则由 Redis 配置文件中的 list-max-ziplist-* 的配置段决定。

根据列表的顺序特性，Twitter 使用列表结构来存储用户时间信息（TimeLine）。

但是 Twitter 做了一些改进，他们将链表中的节点换成了 ziplist，从而构成了一种混合的列表结构，这样既保证了速度，又可以减少内存占用。

```
redis.lpush user_lucas twitter_1203000
redis.lpush user_lucas twitter_1203001
redis.lpush user_lucas twitter_1203002
// 返回 10 条 twitter 记录
redis.lrange user_lucas 0 9
```

散列

从代码可以看出，默认情况下，散列（hash）对象的创建使用了 ziplist 类型来模拟散列表（hashtable）结构。当达到配置文件中 hash-max-ziplist-* 设置的条件时，散列会转换为正常的 hashtable 类型。

```
robj createHashObject(void) {
    unsigned char zl = ziplistNew();
    robj o = createObject(OBJ_HASH, zl);
    o->encoding = OBJ_ENCODING_ZIPLIST;
    return o;
}

void freeHashObject(robj o) {
    switch (o->encoding) {
    case OBJ_ENCODING_HT:
        dictRelease((dict*) o->ptr);
        break;
    case OBJ_ENCODING_ZIPLIST:
        zfree(o->ptr);
        break;
    default:
    }
}
```

hash 结构在实际应用时一般会用来保存元数据信息。例如，在常见的视频网站播放时会有一个功能：记录用户上次播放的进度。

对于一个用户来说，会观看多个视频，这里就可以使用 hash 结构来存储用户的历史播放进度。在用户观看视频时，每隔一段时间就保存一下当前进度情况：

```
user_lucas  :  {
    人民的名义 -4: 1 小时 20 分,
    琅琊榜 -12: 20 分
}

// 保存播放进度
redis.hset user_lucas 人民的名义 -4 27 分
// 删除播放进度
redis.hdel user_lucas 人民的名义 -4
// 获取播放进度
redis.hget user_lucas 琅琊榜 -12
```

集合

集合（set）就是一堆不重复元素的集合。

从构造代码可以看出，set 结构其实就是值为空的字典（dict）结构。除此之外，Redis 还提供了一个数值类型的集合 intset 来保存 16 位整数（INT16）、32 位整数（INT32）、64 位整数（INT64）的类型的无重复元素集合。这里的位表示的是 bit。

但是在向 set 内添加元素时，并不需要对元素的类型和集合本身的类型过多关注。Redis 内部会根据元素的类型或集合大小自动选择或更改为合适的集合类型，以达到节约内存、提高速度的目的。具体如下：

```
robj createSetObject(void) {
    dict d = dictCreate(&setDictType,NULL);
    robj o = createObject(OBJ_SET,d);
    o->encoding = OBJ_ENCODING_HT;
    return o;
}
```

（续表）

```
robj createIntsetObject(void) {
    intset is = intsetNew();
    robj o = createObject(OBJ_SET,is);
    o->encoding = OBJ_ENCODING_INTSET;
    return o;
}

typedef struct intset {
    uint32_t encoding;
    uint32_t length;
    int8_t contents[];
} intset;
```

除了 set 集合自身的不重复特性外，Redis 又提供了快捷的交并集运算操作，所以 set 经常会用来模拟倒排索引，用于快速检索。

例如，在京东的电子类产品中，我们需要找到价格在 100~200 元、厂商是海尔的电器，则可以提前构建如下索引：

```
// 建立索引
redis.sadd price_100_200 product_1 product_5 ..
redis.sadd producer_海尔 product_5 product_12 ...
// 查询时求交集即可
redis.sinter price_100_200 producer_海尔
```

深度集合

深度集合（zset）是一种有序的 set，所以也被叫作有序集合（sortedset）。zset

不同于 set，前者多了一个字段分数（score）来保存集合中元素的排序信息。[①]

Redis 底层同时使用跳跃列表（skiplist）和 dict 来保存排序的数据。这么做主要为了保证查询速度。单独使用 skiplist 可以高效地进行范围（range）查找，但是在获取 zset 中某个字段（field）的分数时，时间复杂度为 $O[\log(N)]$。如果这是个有冗余（数据其实是通过指针共享的）的 dict 时，则时间复杂的为 $O(1)$。具体如下：

```
robj createZsetObject(void) {
    zset zs = zmalloc(sizeof(*zs));
    robj o;

    zs->dict = dictCreate(&zsetDictType,NULL);
    zs->zsl = zslCreate();  //create skip list
    o = createObject(OBJ_ZSET,zs);
    o->encoding = OBJ_ENCODING_SKIPLIST;
    return o;
}
//关于 ziplist 这部分不再重复说明
robj createZsetZiplistObject(void) {
    unsigned char zl = ziplistNew();
    robj o = createObject(OBJ_ZSET,zl);
    o->encoding = OBJ_ENCODING_ZIPLIST;
    return o;
}
```

根据 zset 的特性，它一般会被用在游戏的排名需要动态更新的排行榜等场景下。有时在数据管理平台（Data Management Platform，DMP）中，也会

① zset 翻译成深度集合是因为 z 表示 z 维度，通常 x、y 维度是宽和高，而 z 维度是深度。

被用来存贮目标受众的类目及权重。实例如下：

```
redis.zadd user_lucas 10.0  影视
redis.zadd user_lucas 8.1  财经
// 获取权重在 8-10 的标签数据
redis.zrangebyscore user_lucas 8 10
```

sortedset 同 hash 相比，前者会增加 30% 左右的内存占用量，所以在实际应用时也会有个权衡：到底使用 hash 结构在应用端排序，还是直接使用 sortedset 在 Redis 的服务器端排序。

位图

位图（bitmap）是使用一段连续的比特位的 0/1 值来保存信息的方法。

Redis 提供了与（AND）、或（OR）、异或（XOR）、非（NOT）操作来对 bitmap 进行运算。

国外互联网书签服务公司 Spool（已加入了 Facebook），在统计活跃用户时就采用了以下这种数据结构。

SETBIT key offset value

其中一亿的用户所占用的内存空间大约为 12MB。其中的 key 为日期，offset 为用户 ID（需要映射到 $0\sim2^{32}—1$ 的数字空间），当 value 为 1 时表示今天登录过。

如果要求调用 2017-06-01 号活跃用户（比特位为 1），调用 redis.bitcount（’2017-06-01’），就可以直接得到结果。

如果要求调用一周内每天都活跃的用户，则应定位这一周内各天 bitmap 的交集。例如：

```
// 标记为登录
redis.setbit('2017-06-01',120110, 1 )
// 求交集
redis.bitop(AND , '201706-active-week' , '2017-06-01', '2017-06-02'...'2017-06-07')
// 获取活跃用户数量
redis.bitcount('201706-active-week')
```

由于 bitcount、bitop 的时间复杂度为 $O(N)$，在处理很大的 bitmap 时会占用较长的时间，所以可以选择在非主节点或空闲时段进行。

地理散列

随着移动互联网的发展，基于位置的社交和生活服务逐渐流行开来，常用的位置服务有寻找附近的人、附近的饭馆等。

在查找过程中，根据当前位置的经纬度去匹配候选集里的感兴趣点（Point of Interest，POI），看看哪个节点离得近就调取出来。可是当候选集很大时，比如搜朋友圈中在你附近的人，候选集里可能有几百万数据，这个计算量还是很大的。

地理散列（geohash）是一种空间索引手段。它的原理就是将经纬度转换为字符串，接着字符串按前缀匹配，匹配得越多表示位置越近。然后可以将散列后的 key 存到 sortedset 中，这样就可以快速查询到附近的人了。

Redis 从 3.2 版本开始引入了 geohash 相关的命令，以方便进行位置计算相关的操作，并用于生成索引的 key。

其内部实现其实是用到了 sortedset，而 geohash 只是用来生成里面的元素的。

```
// 构建北京景点的 poi 集合
redis.geoadd 北京景点 39.913767 116.410118 王府井百货
redis.geoadd 北京景点 39.922501 116.397003 故宫
redis.geoadd 北京景点 40.364788 115.972588 八达岭长城
```

持久化的高速缓存

Redis 虽然提供了丰富的数据结构和高效的存储速度，但是在存储大规模的数据，特别是 TB 级别数据的时候存在一个突出的问题：纯内存方案的成本太高。所以我们可以看到好多互联网公司，例如，阿里巴巴、腾讯、新浪等，都在 Redis 上做了改造，其中的一个重要目标就是减少内存的占用。在这些改造中有一个方向就是使用混合存储的方式，例如热点数据存储在内存里，冷数据存储在硬盘上。这样做虽然可以解决部分问题，但是也增加了管理和运维的难度。而 Aerospike 提出了一个折中方案：用固态硬盘（Solid State Drive，SSD）代替内存。

固态硬盘是介于硬盘和内存的存储介质，既保留了持久化的特点，又有比较高的随机读写速度。现在普通的固态硬盘的随机读写可以在 10 万 IOPS（每秒输入输出操作）左右，而采用 PCI-E 接口的固态硬盘在 4KB 数据的随机读写测试中可以达到 50 万的 IOPS，有的固态硬盘甚至可以获得高达 100 万 IOPS 的测试结果。而使用固态硬盘的成本在相同容量的存储上只有内存方案的 1/10。

另外一个 Aerospike 得以流行的原因就是它的可扩展性。在 3.0 版本之前，Redis 在集群方面并没有较好的方案，一般的做法就是提前做好容量规划，客户端通过一定的规则写入 Redis 集群的某个节点。一旦随着业务增长，超出了规划容量，扩容就成了噩梦。因为扩容后需要重新分配每个节点的职责。新节点承担更多的责任，老节点移交部分责任，这些都需要非常精细的运维。

Aerospike 在一开始就提出了一个较好的集群方案，在容量扩容时，调用方是无感知的，服务端也不需要额外的处理，加机器就可以了。Aerospike 会自动地帮你处理剩下的事情。所以这个特性也帮助 Aerospike 争夺了 Redis 的部分用户。

在深入介绍 Aerospike 之前，我们先了解一下 Aerospike 的数据模型。

Aerospike 的数据模型

不同于 Redis 的键值对（key-value）结构，我们可以将 Aerospike 同传统数据库的概念放在一起来帮助理解。（具体可参见表 2-2）

表 2-2　Aerospike 与传统数据库的概念对比

Aerospike	database
Namespace	数据库
Set	数据表
Record	行
Bin	列

与传统数据库不同的是，Aerospike 在对数据表的定义上采用的是一种无数据格式（Schemaless）的结构，即不需要对 Set 进行表结构定义。

另外，Aerospike 中每一个记录（record）都有一个键（key）相对应。所以从这个意义上讲，也可以把 Aerospike 看作一个 key-value 数据，其中的 value 是一条 record，里面包含多个 Bin。

对于每一个 Bin，Aerospike 支持以下类型：

null、integer、float、string、list、map、sortedmap、geojson、blob

这里我们用一个小例子更直观地了解一下，具体如下：

```
final String NAMESPACE = "cm";
final String SET_NAME = "mobile";
final String BIN_NAME = "user_id";

void put(String key, String value){
    Key k = new Key(NAMESPACE, SET_NAME, key);
    Bin b = new Bin(BIN_NAME, value);
    client.put(writePolicy, k, b);
}

Object get(String key){
    Key k = new Key(NAMESPACE, SET_NAME, key);
    Record record = client.get(readPolicy, k);
    return record?.getValue(BIN_NAME);
}
```

需要注意的是，Aerospike 规定每个 record 的大小不超过 1MB。之前版本的 Aerospike 支持了 LDT（Large Data Type）这样的数据结构来解决存储大于 1MB 记录的问题，其思路就是将多个 record 的数据串联起来，形成一个链表，但是带来了性能和维护的问题。3.10x 之后的版本中已经将此功能设置为废弃，最新的发布声明（Release Note）里已经明确不再维护此功能。

如果确实需要 record 大于 1MB 的数据存储，可以考虑其他存储方式或者在调用方将数据分割、读取时利用 Aerospike 提供的批量读取（BatchRead）来并行处理。举例说明：假设有个 key 对应于 10 000 条记录，可以将 key 划分为 10 等份，例如 key_1_1000、key_1001_2000、…、key_9001_10000。这样，原来可能超出 1MB 的单条记录就被分割为 10 条，读取时使用 batchRead 传入多个 key，完成后调用方将写多份数据合并成一份即可。

Aerospike 的实现原理

很直观的想法：Aerospike 就是将数据写入到固态硬盘，需要的时候从固态硬盘上读回来。那么 Aerospike 做了哪些设计来保证高效的写入和读取呢？我们接下来结合代码详细说明。

写入块（wblock）是 Aerospike 进行数据写入的单位，默认情况是 1MB。当存储介质为固态硬盘时，这个值推荐设置为 128KB（这个值是固态硬盘每次 I/O 的最小单位）。

每个设备（device）被划分为多个 wblock（以下如无特殊说明，设备“device”都表示固态硬盘 SSD）。分配后 device 的逻辑结构如下：

<device header> <wblock1> <wblock2> <wblock3>...<wblockN>

wblock 对应的代码结构如下：

```
typedef struct {
    cf_atomic32         rc;
    uint32_t            wblock_id;
    uint32_t            pos;
    uint8_t             buf;
} ssd_write_buf;

typedef struct ssd_wblock_state_s {
    // 对 ssd_write_buf 并发操作时的锁
    pthread_mutex_t     LOCK;
    // 已用空间
    cf_atomic32         inuse_sz;
    // 当 buffer 没有 flush 时，这个引用存在，可以当做 cache 使用
    ssd_write_buf       swb;
} ssd_wblock_state;
```

每个 record 记录会占用 *n*（*n* 为整数）个读取块（rblock），每个 rblock 的大小为 128 字节。

例如，在如下实例的 wblock 结构中，rblock1 ~ rblock3 三个连续的 rblock 构成一个 record 的实际存储位置。

<page header> <rblock1> <rblock2> <rblock3> .... <rblock N>

而 record 对应的 key 也被称作索引，会被 Aerospike 保留在内存中，用于快速定位 record 所在的位置。

默认情况下 Aerospike 并不保存 key 的实际值，只是将 key 通过 RIPEMD160 算法生成一个 20 字节定长的散列值保存起来。这样对于一个 key 可能很长的应用来说也会节约不少空间。

key 所处的索引对应的结构体如下：

```
typedef struct as_index_s {
    .....
    //key 经过 RIPEMD160 后的 hash 值
    cf_digest keyd;  //20 byte
    // 过期时间
    uint32_t void_time: 30;
    // 上次更新时间
    uint64_t last_update_time: 40;
    // 数据所在的位置
    uint64_t rblock_id: 34;
    uint64_t n_rblocks: 14;
    uint64_t file_id: 6;
    .....
}
typedef struct as_index_s as_record;
```

Aerospike 为了提高读取效率，经过对结构体的设计，把 as_index_s 的大小固定为 64 字节，这刚好是 CPU 的缓存行（Cache Line，即 CPU 的最小缓存单位）大小。在索引常驻内存的情况下，可以高效利用 CPU 缓存。

数据写入过程

record 会先被写入每个设备维护的一个 ssd_write_buf 缓存区中，当缓存（buffer）满加入到设备的 swb_write_q 队列时，后台会有线程从这个队列中读取数据并持久化到设备上。

详细的过程代码描述如下：

```
// 获取要写入的大小，用于判断当前 wblock 是否够用和分配空间
uint32_t write_size = ssd_write_calculate_size(record);
// 涉及到空间分配，加锁防止并发
pthread_mutex_lock(&ssd->write_lock);
ssd_write_buf swb = ssd->current_swb;
if (write_size > ssd->write_block_size - swb->pos) {  //swb 的剩余位置不够
    // 重新生成一个
    swb = swb_get(ssd);
    ssd->current_swb = swb;
}
// 分配空间
swb->pos += write_size;
// 这里通过引用计数来决定是否 flush 这个 swb
cf_atomic32_incr(&swb->n_writers);
// 在 swb 中分配完空间就解锁
pthread_mutex_unlock(&ssd->write_lock);
// 依次写入每一个 bin
for (n_bins_written = 0; n_bins_written < rd->n_bins; n_bins_written++) {
     //aerospike 中， 每个 Bin Type 的操作都对应着一个 particle 类型． 例如：
integer 类型对应着 particle_integer
    uint32_t particle_flat_size = as_bin_particle_to_flat(bin, buf);
}
cf_atomic32_decr(&swb->n_writers);  //writer 成功
```

读取数据过程

读取过程中，并不是每次从设备上获取。参见之前写入的过程，Aerospike 维护了一个内存队列来保存 wblock。如果 wblock 尚未被刷入磁盘，就可以直接从内存中获取。如果没有缓存，再从设备中读取。

详细的读取过程如下：

```
// 从内存中的索引 as_record 获取 wblock 信息
  uint32_t wblock = RBLOCK_ID_TO_WBLOCK_ID(ssd, r->rblock_id);
  //wblock 是否在内存中
  swb_check_and_reserve(&ssd->alloc_table->wblock_state[wblock], &swb);
  if (swb) {// 缓存中存在
    cf_atomic32_incr(&ns->n_reads_from_cache);
    ...
  }else{ // 从 SSD 中读取
    cf_atomic32_incr(&ns->n_reads_from_device);
    // 计算位置
    uint64_t read_offset = BYTES_DOWN_TO_IO_MIN(ssd, record_offset);
    // 定位
    lseek(fd, (off_t)read_offset, SEEK_SET)
    // 读取
    ssize_t rv = read(fd, read_buf, read_size);
  }
```

所以从上面的分析来看，Aerospike 也非常适合写后读的场景，即写入后要在几分钟内读取。这时数据可能都在内存中尚未持久化到磁盘。本书作者之一在一次实际应用中就使用到了这个特性：在普通硬盘（非固态硬盘）上峰值可以达到 10 万 IOPS 的读取速度和 2 万 IOPS 的写入速度。

数据更新过程

Aerospike 在进行 record 更新时并不直接更新，而是采用 copy-on-write 的方式，先读出记录，然后再合并写入到新的 wblock 中。这样一来，原来所在的 wblock 中关于这块 record 的空间就被浪费掉了。Aerospike 是怎么解决这个问题的呢？

原来在每次更新时，都会对应减少原来的 wblock 实际占用的空间。如果 wblock 实际有效的使用空间比例小于配置的某个阈值时，就会启动碎片整理（defrag）程序，将原有 wblock 的空间释放出来。

整个 defrag 过程代码描述如下：

```
if (resulting_inuse_sz < ssd->ns->defrag_lwm_size) {// 小于阈值
    // 设置 wblock 为 defrag 的状态
    ssd->alloc_table->wblock_state[wblock_id].state = WBLOCK_STATE_DEFRAG;
    // 将 wblock 加入到 defrag_wblock_q，等待被 defrag 线程处理
    cf_queue_push(ssd->defrag_wblock_q, &wblock_id);
}
//defrag 线程
void run_defrag(void pv_data) {
    while (true) {
        uint32_t q_min = ssd->ns->storage_defrag_queue_min; // 进行 defrag 的队
列大小的阈值
        if (cf_queue_sz(ssd->defrag_wblock_q) > q_min) {
            cf_queue_pop(ssd->defrag_wblock_q, &wblock_id,CF_QUEUE_NOWAIT)
            // 整理移动碎片
            ssd_defrag_wblock(ssd, wblock_id, read_buf);
            // 放回 free_wblock_q 复用
            cf_queue_push(ssd->free_wblock_q, &wblock_id);
```

最后我们来看一下 device 的结构，就可以知道 Aerospike 大量使用了队列设计，一方面可以异步读写外，另一方面也被用来解耦各个操作。

```
typedef struct drv_ssd_s{
    //用于处理 write 操作产生的数据写入
    ssd_write_buf    current_swb;
    //用于处理 defrag 操作产生的数据写入
    ssd_write_buf    defrag_swb;

    //当前可用的 wblock
    cf_queue         free_wblock_q;
    //需要 defrag 的 wblock
    cf_queue         defrag_wblock_q;
    //将要被 flush 到设备的 queue
    cf_queue         swb_write_q;
    // post_write_q 中的数据释放后，都会到这里。但是这里只是一块数据的内存区域
    cf_queue         swb_free_q;          // pointers to swbs free and waiting
    //swb_write_q 中的 swbflush 到磁盘后，会缓存到这个 swb 队列，这个队列的大小是
有限制 `storage_post_write_queue`
    cf_queue         post_write_q;
```

Aerospike 的实际应用示例

前面介绍了 Aerospike 的适用场景，这里我们举两个广告行业中常见的应用。Aerospike 最早的应用场景就出现在实时竞价（Real Time Bidding，RTB）广告中。

1. 用户画像

用户画像（User Profile）是 RTB 广告的重武器之一。简单来说，用户画像手段就是根据互联网上不同网民的人群特征来提供不同的广告宣传手段。例如，向刚刚买房的用户展示家装的促销广告。

在这个场景中，需要存储互联网上每个网民的人口属性（例如年龄、性别等）、购买倾向（例如手机、汽车等）、个人关注（例如军事、美妆等）等信息，方便广告主进行个性化的广告投放（如图 2-7 所示）。

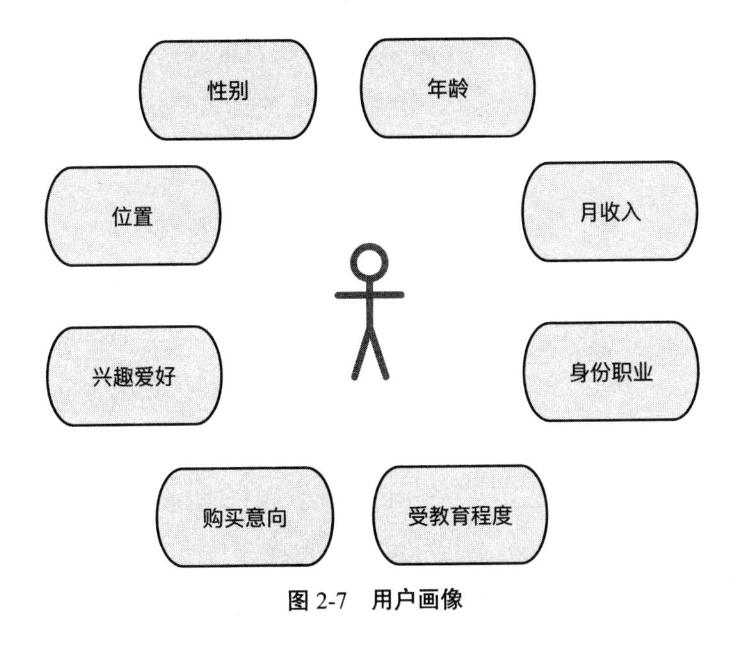

图 2-7　用户画像

在我国，这个存储量级通常是 10 亿级别，每个网民具有的人群特征大小在 1KB 到 100KB 不等。

这个时候我们就需要 10TB 到 100TB 的空间。考虑到数据的安全性和高可用性，还会存到一个备份节点，这样存储的数据量就会翻倍。虽然 Redis 可以使用 zset 来存储这些数据，但是这个成本开销一般的公司都无法承受。而使用 Aerospike，换用固态硬盘就可以将开支减少一个量级。

同时由于 Aerospike 的无数据格式（Schemaless）的结构，每条 record 可以根据每个网民的特点来自由存储不同的标签数据。

2. Cookie 映射

在 RTB 广告中，需求方平台（Demand Side Platform，DSP）并没有自己的流量。它的流量是从广告交易（Ad Exchange）平台进行实时竞价获得的。①

① 在 RTB 广告中，每一次的广告展示机会均是可以交易的商品，类似股票在证券交易所被交易，其中广告交易平台扮演交易所的角色，而需求方平台扮演交易员的角色；交易通常在 100 毫秒内完成，所以是实时的。

由于浏览器的安全限制，广告交易平台在发送请求时，并不能跨域获取需求方平台的 Cookie 信息，所以只是提供自己的 Cookie 标识（这个标识通常被称为 tid）。

但是需求方平台方对这个 tid 没有任何信息，无法进行前面介绍的用户画像。这个时候就需要需求方平台的 cookie 标识（这个标识通常被称为 mid）和 tid 映射起来，这个映射手段被称为 Cookie 映射（Cookie Mapping）。当然，这个映射也可以离线进行，因此 Cookie 映射有时也特指在线建立映射关系的过程。

映射后，当广告交易平台发送 tid 时，就可以通过保存的映射关系来获取需求方平台的 mid。然后通过 mid 从用户画像标签库中获取相应的人群特征。

比较大的广告交易平台拥有的 tid 普遍都在 10 亿字节级别。如果需求方平台要同它们做映射，假设有 4 个这样的大平台，就会产生出 40 亿字节的 Cookie 映射关系。在容量上也是一个挑战。这时，Aerospike 在固态硬盘上的存储优势就体现出来了（如图 2-8 所示）。

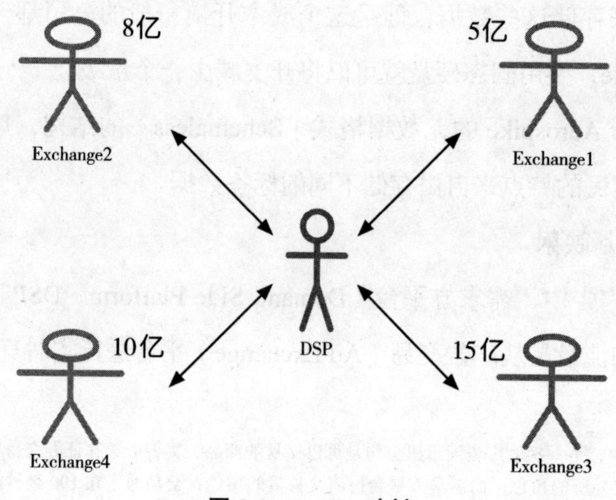

图 2-8 Cookie 映射

大数据表

在本章的前文中已经介绍了关系型数据库、列式存储和键值对类型的高速缓存。在大数据应用中，利用最下层的分布式文件系统，比如 GFS 或者 HDFS，还有一类系统试图去解决海量数据情况下的结构化或者半结构化的数据存储问题，以帮助上层应用方更有效地管理、查询这些海量的数据。这种系统的代表，也是这种系统的鼻祖，是 Google 的 BigTable。[①] 在 Apache 开源社区中，也有名为 HBASE 的项目是仿照 BigTable 的设计进行实现，以支持大型结构化数据的。

BigTable 使用了很多类似于关系型数据的概念，来表达大规模的类似二维表的结构，但实际上，BigTable 完全不是关系型数据库，更不是类似关系型数据库的严格二维表结构。准确地说，BigTable 是始终灵活的、可变列长的三维表结构，其中第三个维度就是时间（也是大数据特征一节中所提到的一个大数据基本特征的体现之一）。简单地理解，BigTable 构造了一个行列方式表述的二维表，然后在表的每一个格子上都可以体现出时间属性。为了体现灵活性，每一行的列可以是不同的。同样的，不同格子内的数据的时间维度也可以是不同的。

此外，BigTable 既不是完全的列式存储，也不是完全的键值对高速缓存，而是在一定程度上利用了这两种技术来实现所需要达到的三维表结构。

图 2-9 来自 BigTable 原始论文的图一。这幅图很好地体现了 BigTable 的三维表结构的表述方式。在行方向上是"com.cnn.www"，这是一个倒排的主机名。采用倒排的方式是很好理解的，这样可以把同类的 URL 尽快地聚合到

① Fay Chang, Jeffrey Dean, Sanjay Ghemawat,Wilson C. Hsieh,Deborah A. Wallach Mike Burrows, Tushar Chandra, Andrew Fikes, Robert E. Gruber, *Bigtable: A Distributed Storage System for Structured Data,* 2006.

一起，只要简单地按照字符串排序，所有“com”类型的站点会自动被排到一起。同理，来自“cnn.com”的所有服务器名称也会被排列到一起。在该论文所示例的这个被称为 Webtable 的大数据表中，每一行就是一个特定主机名所对应站点的信息。在列这个维度上，又可以细分成列族（Column Family）和列键（Column Key）。其中冒号左侧的是列族，也就是该列是表达一个什么样的信息。在原论文的示例中就是用“contents”“anchor”分别表示 Web 站点的内容信息和外链信息。内容信息通常只有一份，所以这个列族后面没有具体的列键，而一个网页内的外链就可能有很多，因此图中给了两个不同的示例。在时间维度上，在内容格子内填入了 t_3、t_5、t_6，分别表示在不同的三个时间点所搜取到的内容的差异。现在又到了体现大数据另一个特征的时候了，即如果不断地添加数据，很快这个大数据表就会被撑满“爆炸”，所以通常会删除最老旧的信息，只保留比较新的内容。而具体保留多新的内容视需要可以配置调整，要么保留一定时间，要么保留一定的版本。在原论文的示例中，采用的是保存 3 个最新版本的方式。

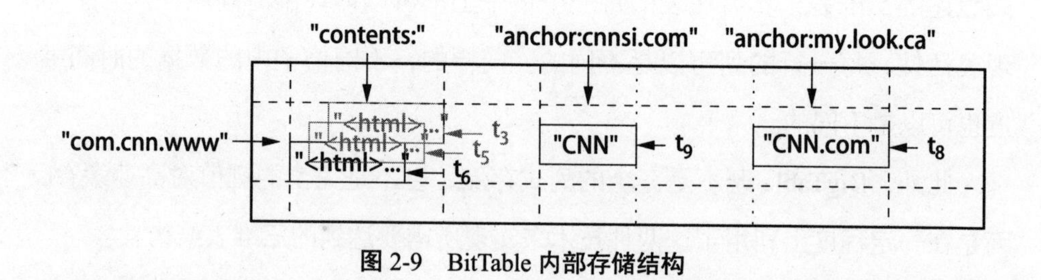

图 2-9 BitTable 内部存储结构

按照 BigTable 论文的说法，实际上这种大数据表是一个函数映射关系，这个映射关系如下：

（row:string，column:string，time:int64）→ string

它是从字符串类型的行和列，以及整数类型的时间到字符串的映射。这说明具体存储的数据在大数据表中都作为字符串处理，从而简化存储表述。

到目前为止，讲的都是大数据表 BigTable 或者 HBASE 的逻辑结构。在大数据的工程实践层面上，由于数据量非常巨大，也需要采用分布式的策略进行存储。这样除了可以保证存下海量数据之外，还可以在查询时提高效率。

对于 BigTable 来说，这个分布体现在整个系统上是由三类分布式模块构成的。第一类是客户端。由于客户端需求差异，因此 Google 内部提供的是一个库，需要访问 BigTable 的客户端时只需要调用这个访问库即可。第二类是一个主服务器（Master Server）。第三类就是真正存放数据的分片服务器（Tablet Server）。其中主服务器只有一台，它负责把分片分配到分片服务器上，检测分片服务器的增加和超时，平衡分片服务器的负载，且处理数据格式（Schema）的改变。而分片服务器可能会非常、非常多，这些服务器存放三维数据表的一部分，也就是所谓的分片。

图 2-10 来自 BigTable 原始论文的图四，显示出表分片的存储方式。其中根分片（Root tablet）保存的是一个表中间的所有分片位置信息的元数据。而元数据分片里面保存的又是下一级用户数据的位置信息。同时这个根分片对应的就是粗粒度锁 Chubby 中所使用的上下文文件路径。从 Chubby 开始，我们就可以一级一级地定位数据存放的位置了。

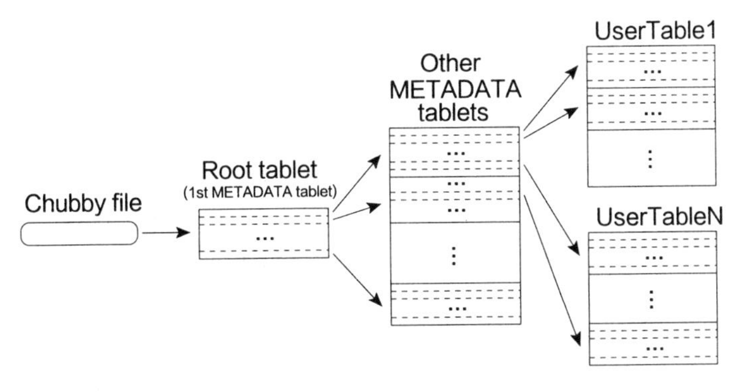

图 2-10　BigTable 文件结构

需要注意的是，这里的数据位置还是有逻辑性的，也就是对应的是 GFS 中的文件名，具体这些 GFS 文件存放在哪一台物理服务器上，是由 GFS 来分配和决定的。BigTable 的分片服务器是逻辑的分布式，在这种分布式的基础之下，由 GFS 提供最终的数据存储和定位能力。

那么这个所谓分片服务器是干什么的呢？实际上它提供了快速的分片访问能力。

图 2-11 来自 BigTable 的原始论文的图五。这幅图告诉了我们以下几件事情。首先，每一台分片服务器是有一个内存表的，以提供快速的访问。其次，所有的写操作实际上没有真地去写 GFS 文件，而仅仅写入了一个日志文件，这样就可以在未来再更新到 GFS 文件中去。在 GFS 中的分片文件叫作 SSTable。最后，读操作在可能的情况下也是从内存表中快速访问的，只有需要的时候才会去真正地访问 GFS 的文件。

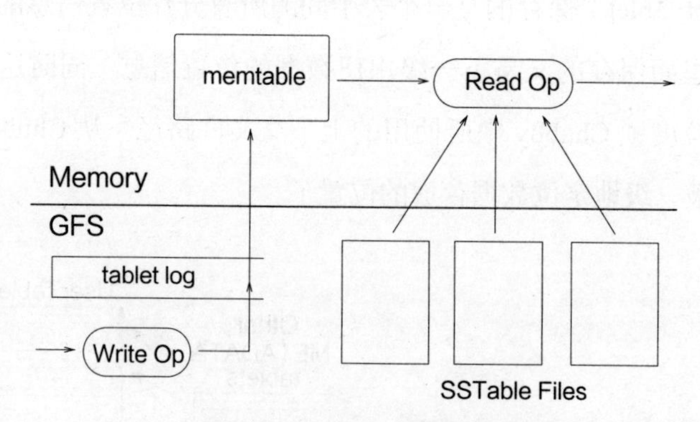

图 2-11　BitTable 存取过程

那么所需要的具体的行 / 列值在特定 SSTable 中是否真的存在呢？这就需要使用一个工程技术——布隆过滤器（Bloom Filter）了。每一台分片服务器上的每一个 SSTable 都通过布隆过滤器来确定一个特定的行 / 列数据键值对是否真正存在。访问 GFS 上的 SSTable 是非常慢的，为了不存在的键值对去访问 GFS 会很不划算，所以，如果布隆过滤器反应出新键值对不存在，就不用访问它了。

布隆过滤器是布隆在 1970 年提出的、一种类似于散列机制的检测特定元素是否包含在一个集合内的检测方法。这个机制相当节约空间，检测效率也很高，但可能会存在误报，也就是把不存在集合中的元素误认为包含在集合中。不过它一定不可能发生漏报，也就是把不包含的元素判断为包含。利用布隆过滤器之后，读取机制就变成了以下三种情况：

> 布隆过滤器说不存在，那就一定不存在。不用再读取了。
> 布隆过滤器说存在。就去 GFS 中读取。
> 　　如果成功，那么直接返回。
> 　　如果失败，那么再返回读取失败。

布隆过滤器的冲突率，也就是误报率是可以计算的，因此在控制一定的误报率的情况下，可以极大减少不必要的 GFS 访问动作。之所以使用布隆过滤器，而不直接使用散列，是因为大数据表可能存在的行 / 列键值对的数量是巨大的，所以用传统散列机制会导致一个工程上不可行的尺寸的散列表。即使使用了布隆过滤器，过滤器的尺寸可能都会超过 GB 范围。

图 2-12 是一个布隆过滤器的实际例子[①]，其中整个布隆过滤器是 18 个比特的长度，需要分析的数据是包含三个元素 $\{x, y, z\}$ 的集合。如果我们指定最右侧是第 0 比特，最左侧是第 17 比特，那么 x 元素对应的检测比特就是 4、12、16。如果这三位都被置位为 1，则说明元素 x 存在，当然这个存在是可能有误报的。只要有任何一个比特没有置位为 1，就说明元素 x 一定不存在。

① 来自维基百科中关于布隆过滤器的说明。

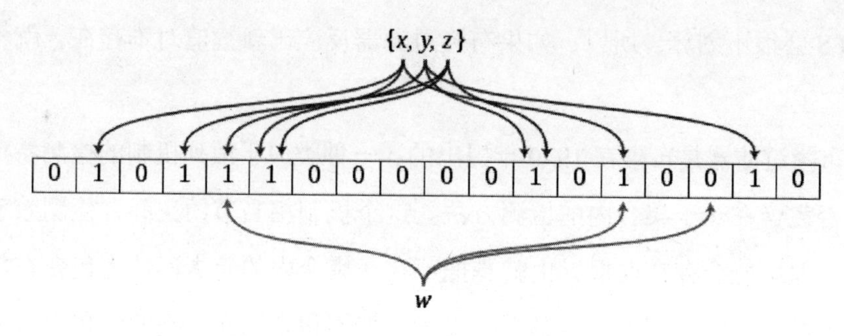

图 2-12　BloomFilter 结构

根据计算可以知道，布隆过滤器的误报率满足以下公式：

$$\left(1-e^{-\frac{kn}{m}}\right)^{k}$$

其中 n 是集合中被插入元素的个数，在上面的例子中 n=3；m 是使用的比特宽度，在例子中 m=18；k 是每个元素所使用到的散列结果会置位的比特数，在例子中 k=3。这个公式的具体推导过程并不需要工程师们过于关心，但是工程师需要了解这个公式，以便于在实现布隆过滤器时，根据元素个数 n 和可以容忍的冲突率，选择适当的 k 和 m。

在介绍了布隆过滤器的细节之后，我们再用一个例子详细说明大数据表的实现和数据保存。就以 Google 原论文中提到的 Webtable 来举例，当然此处的例子在原始论文中并没有体现，所以和 Google 的实际实现过程很可能会有差异，不过由于基本原理相同，按照类似的方法，总是可以做出相应的大数据表的。

其中，第一层是根表，表中的项对应到 Chubby 中的文件名，其中有一部分没有显示出来的自然是第二层表的位置（这里的位置是文件名而不是 GFS 中真正的存放地址）。第二层是细化的原数据表，当然可以是各种格式，在示例中使用了行名作为原数据的内容。同理，为了找到后续数据分片的位置，建立分片文件名也是需要的。最后一层就可以存放真正的分片数据，而根据大数据表的表示方法，在行名之下可以有列族、列名和时间产生的另外两个维度。

从图 2-13 中还可以看出，这些分片的名称都是排序的。按照 BigTable 的论文说明，每一级的信息都保存成类似于扩展平衡树（B+Tree）的样式，以便快速寻找。而分片大小控制在一两百兆字节的规模，以平衡分片内的处理效率。

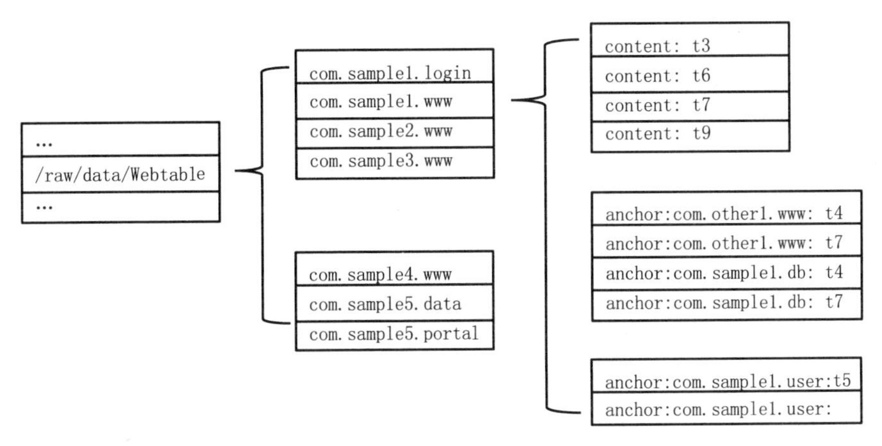

图 2-13　Webtable 存储示例

第 3 章

计算资源

数据存放好了，也能被使用者找到了，接下来的问题就是基于这些数据调度处理集群，实现计算模型。关于计算模型本身的内容会在后续章节具体分析，本章只讨论支撑计算模型的基础工程问题，即：如何把准备好的数据和计算能力对接起来？如何合理地调度和分配计算涉及的 CPU、内存及网络的相关资源？如何在不同任务之间或者不同的服务节点上，对资源的控制和使用达成一致？

正如 Hadoop 设计原则中提到的，计算靠近数据比数据靠近计算的成本要低，但前者又有两个问题需要解决。首先，计算靠近数据的前提是数据已经被分布了；否则，如果是一大团数据，则只能用最靠近的处理能力去处理，那就失去了大数据的意义，变成纯粹的单节点处理问题了。其次，数据的分布是近似于均匀地靠近处理能力的，也就是说数据本身就是和处理能力靠近的；否则，要将数据搬运到处理节点上，也就算不上“计算靠近数据”了。

所以，为了做到计算靠近数据，有很多准备工作需要被实施，其中就存在大量的工程问题需要被解决。

集群总线

本节的标题“集群总线”实际上是一个比较令人迷惑的说法，在很多大数据公司和很多实际的大数据应用中，也许根本就不存在叫作“集群总线”的组件或者模块。但是，既然大数据应用是用于处理海量数据的，那么总需要一种机制来搬运数据吧，无论是从数据的原始来源把数据搬运到处理集群中，还是在存储集群的不同存储节点上做数据同步，或者是在不同的处理节点之间搬运数据，都需要这样的机制。既然这个在集群中搬运数据的机制和在单一计算机中在不同模块（CPU、内存）之间传输数据的功能是完全相同的，将这种机制称为总线也就没有什么不妥了。正如概述中提到的，确实有些企业采用了统一的机制解决数据搬运问题，将这种机制称为数据总线。

当然，不同的应用和环境对这种总线机制的需求会有所不同。目前最常用的数据集群总线是Linkedin公司开发并移交给Apache软件基金会的Kafka。而Kafka在设计之初就面对的场景是：大量的数据，数据实时性要求不是很高，可以容忍一定的数据丢失，同一份数据可能被多个使用者使用。为了适应这样的使用场景，Kafka就设计成了以下这种形式：

分布式系统，可以扩展；
发布订阅系统（Pub-sub），而不是单纯的消息队列（Message Queue）；
支持按主题（Topic）订阅；
可以对信息进行持久化，订阅者可以随意消费。

所以，Kafka是发布订阅（Publish/Subscribe）类的消息系统的一种实现，同类的消息中间件还有ActiveMQ、RabbitMQ等，由于Kafka在可用性、吞吐量、持久性上的优异表现，目前它已经基本成为大数据处理领域的基础组件。它既可以与Storm、Spark Streaming、Flink等流处理引擎组合实现数据的实时分析，又可以作为Hadoop上的一个数据源导入数据、执行数据的批处理，还可以作为队列来解耦各个系统间的依赖关系。下面我们就Kafka的数据存储和扩展性聊聊其实现方式。

在开始之前，我们先定义一些基本概念。

消息

消息（message）是在Kafka中进行数据操作的基本单位，主要由键（key）和值（value）这样的字节数组组成。其中key可以用来（使用某些规则）将消息划分到相应的分片（partiton）中，一般情况下，key为空（null）。value是实际的消息数据。

代理

一个单独的Kafka服务节点被称为代理（broker），用于对外提供网络服务，对内进行数据管理，多个broker在一起构成Kafka集群（cluster）。

主题

某种类型的消息集合在逻辑上被称为一个主题（topic）。例如，所有的点击日志可以被称为一个click_topic。

分片

如果一个topic的消息数量巨大，一般会考虑将其划分为多个partition，来提高写入和读取的并行度，同时也会避免单个节点成为瓶颈。这些partition在多节点环境下会被均匀地分布在不同的broker上。

副本

为了提交系统的可用性，会将数据进行冗余存储。每个partition可以有多个副本（replica）。当一个partition的replica失效时，其他replica依旧可以提供服务。

如果设置replica数量为N，那么系统会容忍N-1个服务器失败，但在日志中不会丢失数据。

生产者

生产者（producer）是向broker中写入数据的系统或者程序，写入时需要指定topic。也可以指定一个partition的规则将数据推送到指定的partition中。

消费者

消费者（consumer）是从 broker 上拉取数据的系统或者程序，各个 consumer 独立维护自己的拉取进度，互不影响。

Kafka 的数据存储

在开发者的印象中，机械硬盘的速度并不快，经常需要使用内存缓存来加速应用。但是 Kafka 采用的也是普通的文件系统，其吞吐量却可以每秒处理 100 万条消息，究竟是怎么做到的呢？

其实就是利用了磁盘顺序读写快的特点。在顺序读写时，磁盘的处理能力几乎可以跟内存媲美，也不会因为存储数据量的增加而造成性能下降。之前我们认为文件的读取速度慢，实际上是随机读写速度导致的降速。

从某种意义上讲，Kafka 其实也可以看作是一个数据库，topic 可以看作是表（table），partition 对应数据库的一个 shard 分片。只是这个数据库有些特殊，最适合用于顺序读写场景。

如果只是顺序读写，那么当然就不涉及复杂的数据结构。Kafka 的存储结构实际上并不复杂，与我们写入一个文件、读取一个文件的操作差不多。

Kafka 的日志存储

从内部实现上看，Kafka 对每一个 topic 的 partition 维护了一个逻辑意义上的日志（Log）结构。单个日志文件在文件系统中一般不能太大，所以被分割成了一个个固定大小的物理文件片段，被叫作日志分片（LogSegment）。

LogSegment 使用文件中第一条记录的偏移（offset，Topic 中的“第几条消息”）作为名称。例如，第一个就是 00000000000.kafka，第二个是 00000001000.kafka，第三个是 00000002000.kafka。

大致结构如下：

```
mytesttopic-0
    00000001000.kafka
    00000002000.kafka
mytesttopic-1
    00000001000.kafka
    00000002000.kafka
```

日志管理器（LogManager）用来管理一个broker节点上所有的消息存储，也是整个日志存储系统对外的接口。

从代码中可以看到，log使用导航图（NavigableMap）来管理LogSegment集合，其中的key使用的是offset。

由于NavigableMap是有序的，所以可以方便地定位到任意偏移所在的LogSegment。

```
class LogManager(logDirs: Seq[File],
                 initialOfflineDirs: Seq[File],
                 val topicConfigs: Map[String, LogConfig],
                 val defaultConfig: LogConfig,...)

class Log(@volatile var dir: File,
          @volatile var config: LogConfig,
          val topicPartition: TopicPartition ... ) {

    private val segments: ConcurrentNavigableMap[java.lang.Long, LogSegment] =
new ConcurrentSkipListMap[java.lang.Long, LogSegment]
}

class LogSegment(val log: FileRecords,
                 val index: OffsetIndex,
                 val baseOffset: Long ...)

    def append(firstOffset: Long,
            largestOffset: Long,
            records: MemoryRecords ...)
```

其存储结构如图 3-1 所示。

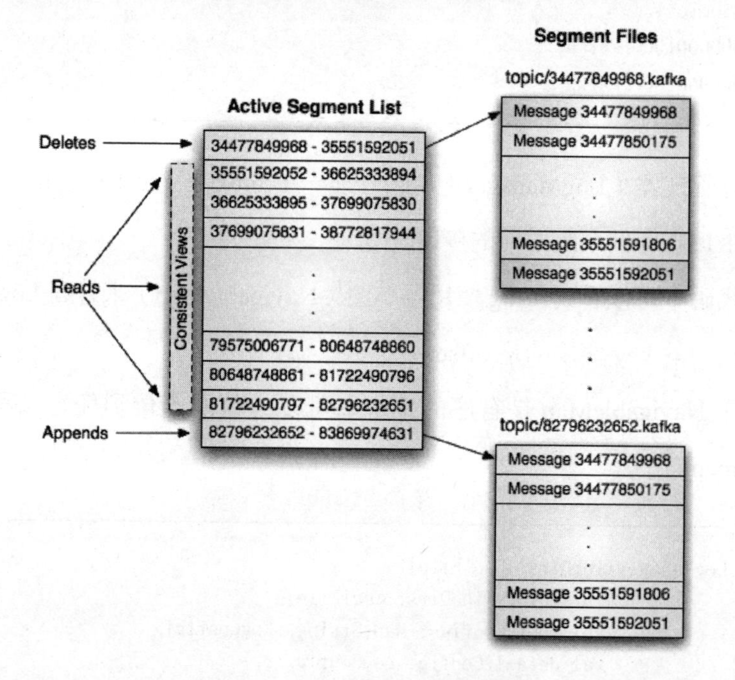

图 3-1　Kafka 数据存储实现

资料来源：Kafka 官方文档

Kafka 的索引

Kafka 支持指定从某个 offset 进行读取操作，所以需要能够快速定位到相关的 segment。之前虽然已经有了 NavigableMap，但是当 LogSegment 的文件比较大时，快速定位还是会存在性能问题的，有时可能需要遍历整个 segment 才能找到相关的位置。为了方便定位到相关的位置，Kafka 又额外维护了一个偏移索引。

在对 LogSegemnt 进行添加（append）消息操作时，并不是针对每一条记录都记录了偏移，而是当累计的消息大小大于 indexIntervalBytes 时才进行记录。越稠密的索引会带来较高的定位性能，但是会使索引数据量增加；反之亦然。

```
class LogSegment{

    def append(firstOffset: Long,
             largestOffset: Long,
             records: MemoryRecords ...) {
        val appendedBytes = log.append(records)
        ...
        val physicalPosition = log.sizeInBytes()
        if(bytesSinceLastIndexEntry > indexIntervalBytes) {
            index.append(firstOffset, physicalPosition)
            bytesSinceLastIndexEntry = 0
        }
        bytesSinceLastIndexEntry += records.sizeInBytes
    }

}

class OffsetIndex(_file: File, baseOffset: Long, maxIndexSize: Int = -1,
writable: Boolean = true){
    protected var mmap: MappedByteBuffer

    def append(offset: Long, position: Int) {
        mmap.putInt((offset - baseOffset).toInt)
        mmap.putInt(position)
    }

def lookup(targetOffset: Long): OffsetPosition {}
```

索引采用稀疏存储的方式是由 Kafka 本身的定位决定的。毕竟执行偏移查找是一个低频操作，性能差不多就可以了。索引图形示例如图 3-2 所示。

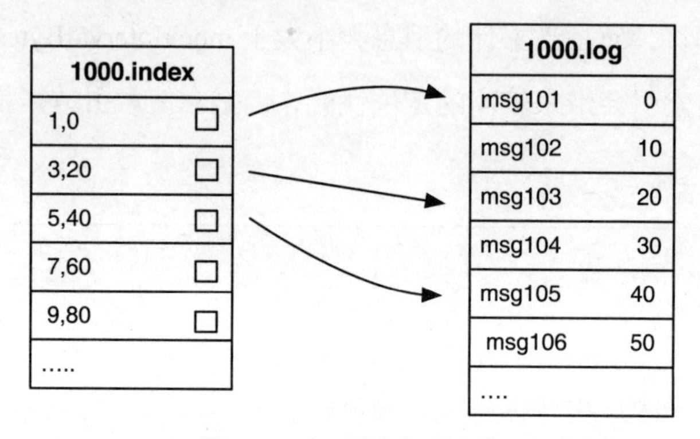

图 3-2　Log 稀疏索引结构

图 3-2 中的左图，我们对 Kafka 中写入的数据每隔 20 个字节创建一条索引记录。索引（5，40）表示偏移为 5，在文件中的偏移就是 40。

偏移索引（OffsetIndex）在使用时利用了 MMAP（Memory Mapped）的技术，可以将文件或者其他对象映射到调用者进程的内存空间。同时，由于记录的 offset 在写入时是有序的，从左图中可以看到 [1，3，5，7，9] 这样的有序数组，所以 Kafka 内部采用二分查找方式定位到 offset 对应的位置，从这个位置开始在 LogSegment 中顺序查找即可。相比原来的整个遍历查找，$O(N)$ 的复杂度变为 $O[\log(N)]$。

Kafka 的数据复制

接受 FetchRequest 请求时，Kafka 服务器采用零拷贝（Zero Copy）的方式将数据返回到请求方，这也是 Kafka 性能优异的一个重要原因。其内部实现是调用 Java 的 FileChannel.transferTo 方法。

数据从磁盘到网络时，一般情况下经历的步骤为：

磁盘 -> 内核 page cache -> 用户 cache -> socket buffer -> 网卡 buffer

使用 transferTo 后，变成：磁盘 -> 内核 page cache -> 网卡 buffer

这样不但减少了数据的复制，也减少了 CPU 上下文切换带来的开销（如

图 3-3、图 3-4 所示）。

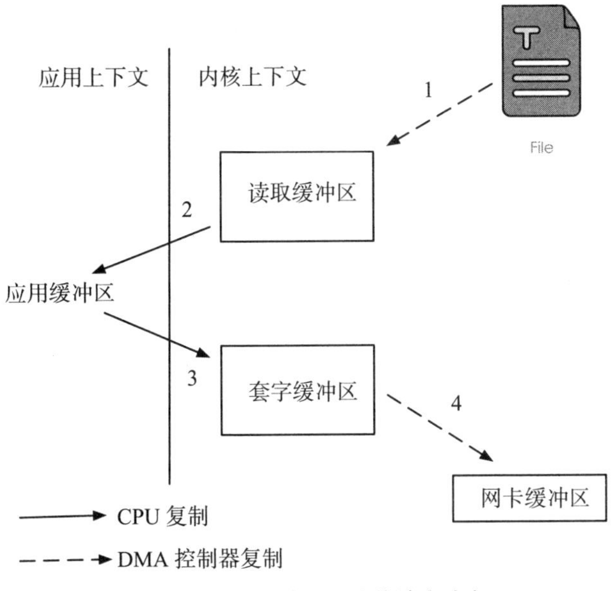

图 3-3　网络传输过程（传统方式）

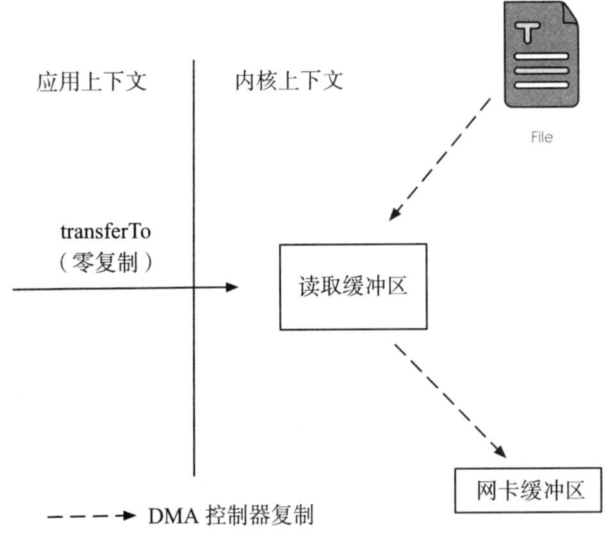

图 3-4　网络传输过程（采用 ZeroCopy）

资料来源：图 3-3、图 3-4 来自萨西卡和普拉莫德所著的《通过零复制进行高效的数据传输》一文

分布式 Kafka

在实际使用 Kafka 时，topic 的 partition 会被均衡地分布到 Kafka 集群中。每个 broker 节点处理部分 partition。同时为了容错，每一个 partition 会设置一些 replica。这些 replica 会选举出一个领导者（Leader）节点，剩下的节点被称为跟随者（Follower）。leader 节点负责每个 partition 的读写请求，follower 节点同步领导节点的状态。

扩展性分片，高可用使用的是主从（Master Slaves）模式，这些都是实现分布式系统的常用套路。Kafka 在这部分的实现也堪称经典教科书级别。

图 3-5 是数据写入流程的示意，图片源自网络。

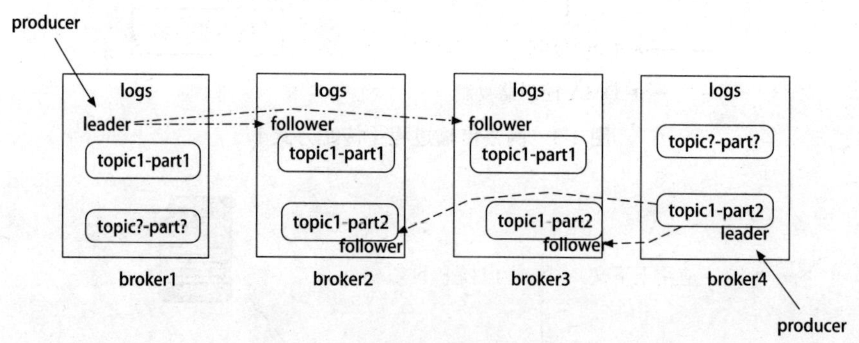

图 3-5　Kafka Server 端写入过程

在内部实现上，Kafka 控制器（Controller）可以看作是 Kafka 集群（Cluster）的大脑，负责管理协调整个集群上的 topic、broker、partition 和 replica 的状态和变化。

```
class KafkaController{
  // 处理 replica 变化的状态机
  val replicaStateMachine =
  // 处理 partition 变化的状态机
  val partitionStateMachine =
```

（续）

```
  // 用于 controller 的变化重新选举
  val controllerChangeHandler =
  // 处理 broker 的上线和下线
  val brokerChangeHandler =
  // 处理 topic 的创建和删除
  val topicChangeHandler =
  //partition 的创建和删除
  val partitionModificationsHandlers =
}
```

控制器（Controller）的实现依赖于 zookeeper 的监听机制。通过在 Kafka 上的 zookeeper 路径注册监听器（Listener）来观测 Kafka 集群中拓扑网络的变化，进而触发相关的调整逻辑。

调整后的决策结果会以 LeaderAndIsrRequest 形式发给相关的 broker。broker 严格执行相关操作，使最终的状态同 controller 分配的结果一致。

```
class LeaderAndIsrRequest{
    private final int controllerId;
    private final int controllerEpoch;
     // 需要达成的结果状态
    private final Map<TopicPartition, PartitionState> partitionStates;
    private final Set<Node> liveLeaders;
}

public class BasePartitionState {
    public final int controllerEpoch;
    public final int leader;
    public final int leaderEpoch;
    public final List<Integer> isr;
    public final int zkVersion;
    public final List<Integer> replicas;
```

controller 相当于大脑，分片状态机（PartitionStateMachine）和副本状态机（ReplicaStateMachine）这两个状态机相当于手和脚，后两者执行控制器的指令。

其中 PartitionStateMachine 用来管理 partition 的状态变化。

> NonExistentPartition : partition 从未创建过，或者是创建后被删除。
>
> NewPartition : partition 已经创建，但是没有分配 leader。
>
> OnlinePartition : 对 partition 分配了 leader 节点。
>
> OfflinePartition : partition 没有 leader 节点。

状态间的转换如图 3-6 所示。

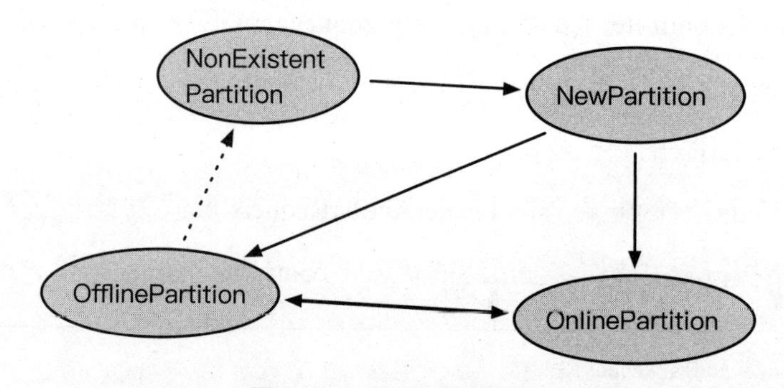

图 3-6　Partition 状态切换

Replica State Machine 用来管理 replica 的状态变化。

> NewReplica : controller 新创建的副本处于此状态，尚未加入 AR 集合，此时副本都是 follower。
>
> OnlineReplica : 副本成为 partition 上的 AR 集合的成员，既可以是 leader 副本，也可以是 follower 副本。
>
> OfflineReplica : 当 broker 挂掉后，其上的 replica 处于此状态。
>
> ReplicaDeletionStarted : 开始删除副本。
>
> ReplicaDeletionSuccessful : 副本删除成功。
>
> ReplicaDeletionIneligible : 副本删除失败。
>
> NonExistentReplica : 副本删除成功后，最终被设置为这个状态。

状态间的状态转换如图 3-7 所示。

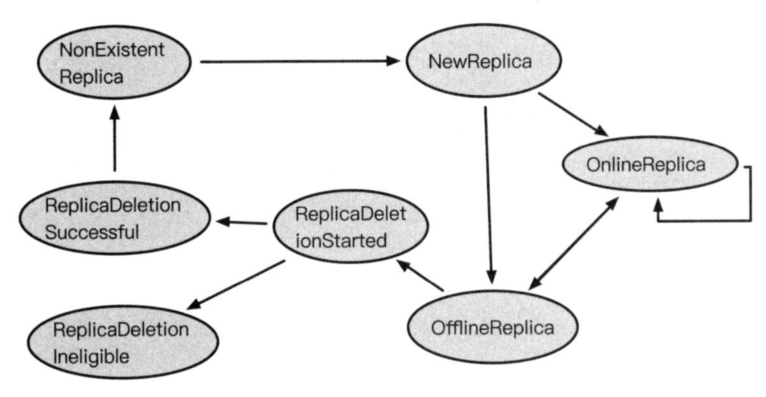

图 3-7 副本状态切换

Kafka 的高可用

通俗地讲，高可用就是将数据复制几份，然后提供一个 leader 节点对外提供服务。其他 replica 节点作为备用节点在后台同步 leader 的数据，准备随时接替 leader 的位置。

开始深入使用之前，再了解以下几个概念：

> AR(Assigned Replica)：所有的 replica 节点。
>
> ISR (In-Sync Replicas)：目前跟得上 leader 节点进度的 replica 列表，由 leader 节点维护。ISR 中的第一个节点是 leader 节点。
>
> OSR(Out-of-Sync Replica): 如果一个 ISR 中的 replica 节点的同步状态较 leader 节点超出 replica.lag.time.max.ms 的限制，就会放到 OSR 中（观察室）。如果 OSR 中的节点赶上了 leader 的进度，就会再次进入 ISR 中。新加入的 follower 加入时，也是在 OSR 节点中。
>
> leader 节点 & follower 节点：leader 节点是对外提供读写服务的，由 ISR 中的节点选举产生。产生后的 leader 节点会有线程单独监测 ISR 中 follower 是否正常。如果有变化就将变化后的 ISR 信息写入到 zookeeper 上，同时通知所有的 replica。follower 只是同步 leader 节点接收的数据，积极准备做 leader 的备份。

上述选举过程跟一个组织选举 Leader 类似。ISR 相当于第一梯队，这一部分人同组织思想保持高度一致（partition 的 leader 副本与 follower 副本基本上保持数据一致）。OSR 相当于第二梯队，这部分人思想觉悟就差了一点，但是经过努力（同步赶上 leader 节点的进度），也可以提升到第一梯队。

```
class Replica(val brokerId: Int,
              val topicPartition: TopicPartition,
              time: Time = Time.SYSTEM,
              initialHighWatermarkValue: Long = 0L,
              @volatile var log: Option[Log] = None){
    def lastCaughtUpTimeMs =
}
```

Kafka 的扩展性

在一个 topic 对应一个 partition 的情况下，会将流量都划分到同一个 broker 上，也就是 partition 所在的机器上。如果节点的压力过大，只能纵向提升（Scale Up）机器的处理能力。很明显，机器的性能不可能无限强大。所以 Kafka 将一个大的 topic 划分为多个 partition。每个 partition 提供一部分服务，从而将系统可以横向扩展（Scale Out）到其他机器上。

其分配过程由 Kafka 控制器来决定，分配的结果就是要将 partition 均匀地分配到不同的 broker 节点。

```
class Partition(val topic: String,
                val partitionId: Int,
                time: Time,
                replicaManager: ReplicaManager,
                ...) {
}
```

下面用一个例子来说明 Kafka 控制器和 StateMachine 是如何协作完成故障转移的。

假设我们有一个含有三个 broker 的 Kafka 集群，新建一个含有三个 replica、三个 partition 的 topic，名为 test。建立完成后，partition 及其 replica 的最终状态如下：

Partition	ISR
partition-0	broker-0 , broker-1 ,broker-2
partition-1	broker-1 , broker-2 ,broker-0
partition-2	broker-2 , broker-1 ,broker-0

从上面的分配结果可以看出，我们采用的是轮询（“之”字形，Round-Robin）的方式，以保证 partition 和 replica 尽可能分散到不同的机器上。

在 broker-0 上有 partition-0 的 leader 副本，以及 partition-1、partition-2 的 follower 副本。

此时如果 broker-0 的节点因为要升级维护失去联系，Kafka 控制器该怎么保证可用性呢？

（1）先将 partition-0 分区设置为 OfflinePartition 状态。

（2）对 partition-0 触发 OnlinePartition 状态变化，使用 OfflinePartitionLeaderSelecto 为 partition-0 选举新的 leader 节点，假设为 broker-1，更新 ISR 为 [broker-1,broker-2]，将调整封装为 LeaderAndIsrRequest 到 broker-1 和 broker-2 节点。

（3）将 partition-1，partition-2 原来在 broker-0 上的 follower 副本设置为 OfflineReplica 状态，并从 partition 中对应的 ISR 集合中删除这些副本。

用代码说明为：

```
def onBrokerFailure(deadBrokers: Seq[Int]) {
      partitionStateMachine.handleStateChanges(partitionsWithoutLeader.toSeq,
OfflinePartition)
    partitionStateMachine.triggerOnlinePartitionStateChange()
      replicaStateMachine.handleStateChanges(newOfflineReplicas.toSeq,
OfflineReplica)
}
```

此时的 partition 的结构就变为：

Partition	ISR
partition-0	broker-1 ,broker-2
partition-1	broker-1 , broker-2
partition-2	broker-2 , broker-1

其中 OfflinePartitionLeaderSelector 的选举过程如图 3-8 所示。

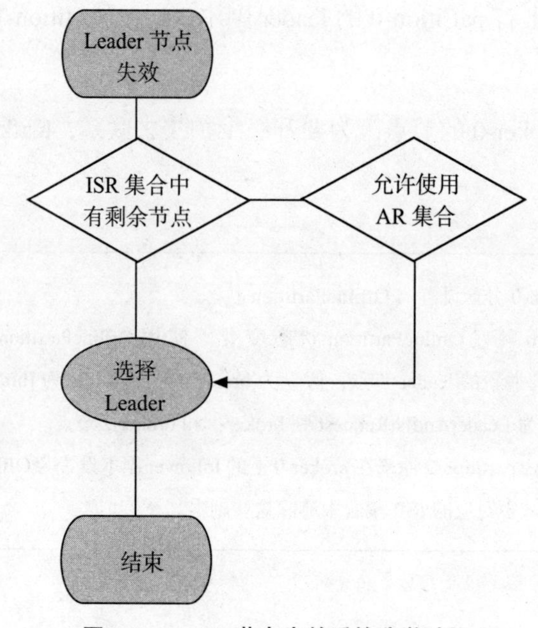

图 3-8 Leader 节点失效后的选举过程

资源调度

在前面的几节中，数据已经被保存了下来，也已传输到了处理环境中，可以开始处理了。为了处理不同的应用场景，传统的做法是建立一个个独立集群来提供服务。例如，如果需要对外提供服务，就建立一个应用服务集群；如果需要对数据进行分析，就再创建一个 Hadoop 集群（如图 3-9 中的左图所示）。

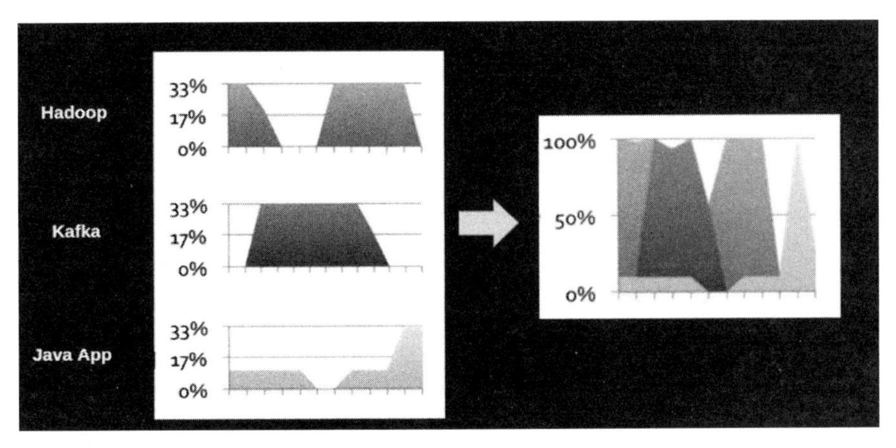

图 3-9　资源管理

然而根据互联网的流量特点，流量是非常不平稳的：白天处于流量高峰，后半夜处于峰谷。所以到后半夜的时候，白天用于接入流量的 Kafka 服务器的负载都会维持在一个较低的状态，整个 Kafka 集群大部分资源处于闲置状态。而晚上到凌晨这个阶段却是 Hadoop 服务器开始对数据进行分析的繁忙时间段。

这个时候，静态集群划分的方式从整体看会有大量的资源闲置。如果资源可以整体调度、动态划分，那么服务器的资源就可以完全利用起来。这时可以将 Hadoop 集群和 Kafka 集群的资源整合，互相可以补充（如图 3-9 右图所示）。

因此，利用统一管理调度的方式整合调度资源，更有效率。Mesos 正是基于这样的考量，将整个服务器集群从逻辑上变成一个巨大的单台服务器，然后由其来进行动态资源调度。原来的一个个独立的集群就变成了 Mesos 上的一个个应用。Mesos 通过整合多种计算资源，实现资源的统一管理和调度。在计算资源有限的情况下，确保各计算任务节点的利用效率最大化。

作为一个被生产环境验证的框架，Mesos 在 Twitter、Apple、Netfflix 上都有超大规模的 Mesos 集群部署。目前 Mesos 最大的部署规模是 30 000 个节点、超过 25 万个容器。Apple 的 Siri 服务平台就是基于 Mesos 实现的。

Mesos 架构

Mesos 主节点

主节点（Master）负责统一管理接入 Mesos 的从节点（Slave）和框架（Framework），将从节点上报的资源通过调度算法分配给框架。

Mesos 的 Master 内置了三个模块来完成其职责。

- 竞争者（Contender）：用于 leader 的选举，默认使用 zookeeper 的选举机制，同时只有一个 leader 节点可以对外提供服务。
- 探测器（Detector）：用于获取当前 leader 节点。Mesos 的代理（Agent）、框架（Framework）、调度器（Scheduler）、驱动（Driver）都会使用 Detector 模块获取最新的 Mesos 的 Master，同时监测 Master 的变化来做对应的调整。
- 分配器（Allocator）：用于资源的调度和分配。Mesos 通过资源邀约额方式将资源发送给 framework。如果 framework 接受邀约，则会在 agent 上启动 framework 上定义的任务。

Mesos 的 Master 高可用采用的是 Active-Slave 模式（也可称作 Master-Slave）。

其中活跃（Active）的 leader 节点是通过 zookeeper 提供的选举机制获取的。一旦一个 leader 被选中，其他节点就当作备用节点存在。当 leader 节点离线后，其他节点会尝试接手它的工作，从而保证 master 节点的高可用。

```
Master master = new Master(
    allocator.get(),
    registrar,
    &files,
    contender,
    detector,
    authorizer_,
    slaveRemovalLimiter,
    flags);
```

Mesos 代理

Agent 是 Mesos 框架中最终运行任务的地方。

一方面，它需要 Master 进行通信，上报其可用计算资源到 Master，接收和执行 Master 传来的任务消息，上报任务执行状态和结果给主节点。同时，Aagent 也要监测 Master 的变化，当 Master 发生变化时，重新注册。

另一方面，它要根据任务中的定义，校验执行权限，分配具体的计算资源以启动任务（Task）。当任务执行异常时，根据记录到的任务状态进行恢复。为了保证任务在执行时不超过其所申请的资源，Agent 提供了容器隔离机制，用于保证 Agent 上运行的任务不会互相影响。

Mesos 调度器和框架

Framework 是资源的最终消费者，是在 Mesos 上运行的应用的大脑，它主要由调度器、执行器两部分组成。调度器负责协调 framework 上运行任务的资源调度；执行器则负责任务的执行控制。

Mesos 使用了两级资源调度机制（如图 3-10 所示）。

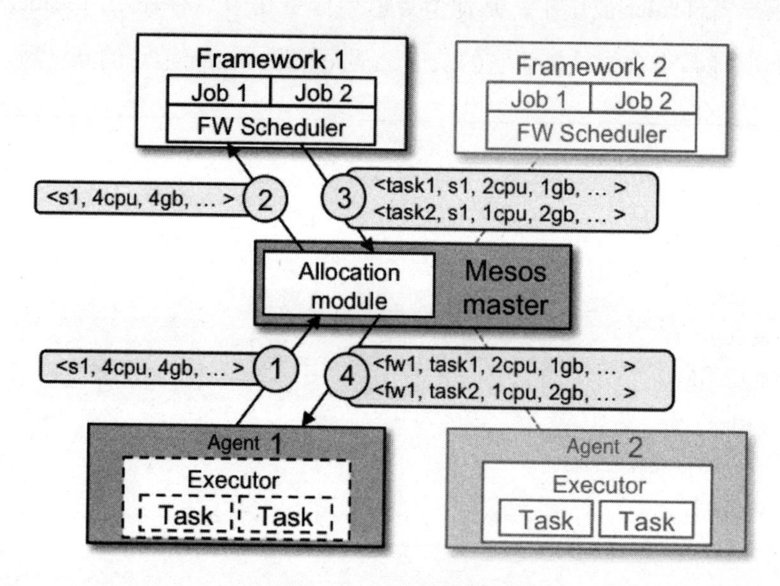

图 3-10　Mesos 调度过程

资料来源：Mesos 官方文档

每个步骤的说明如下。

（1）CPU、内存、磁盘等资源由 Agent 发送给 Master。

（2）Master 内置的 DRF 调度算法（第一级调度算法，这个在调度算法部分会具体讲解）选择一个注册到内部的 framework 进行问询，看其是否接受资源分配。

（3）framework 可以选择拒绝和接受，如果 framework 上有待处理的作业，就选择接受，后面再通过其自身的调度算法（第二级调度）分配任务。

（4）Mesos 的 Master 将任务发送到 Agent 上，启动容器（Container）来运行具体的 Executor、执行任务。

可以看到分成两个阶段后，Mesos 的职责更为单一，可以集中精力处理调度和资源隔离。二级调度接口可以让用户实现自定义的 framework，从而实现不同应用的资源调度。例如 Spark on Mesos，Kafka on mesos 等。

从调度方式考虑，Mesos 和 Yarn 相当于第二代调度引擎。第一代调度一般是指 Hadoop 0.x 的版本采用的中心化调度方式。从图 3-11 中可以看到，资源管理和调度执行这些责任由 JobTracker 执行，造成单点的压力过大，从而成为无法轻易解决的调度瓶颈。

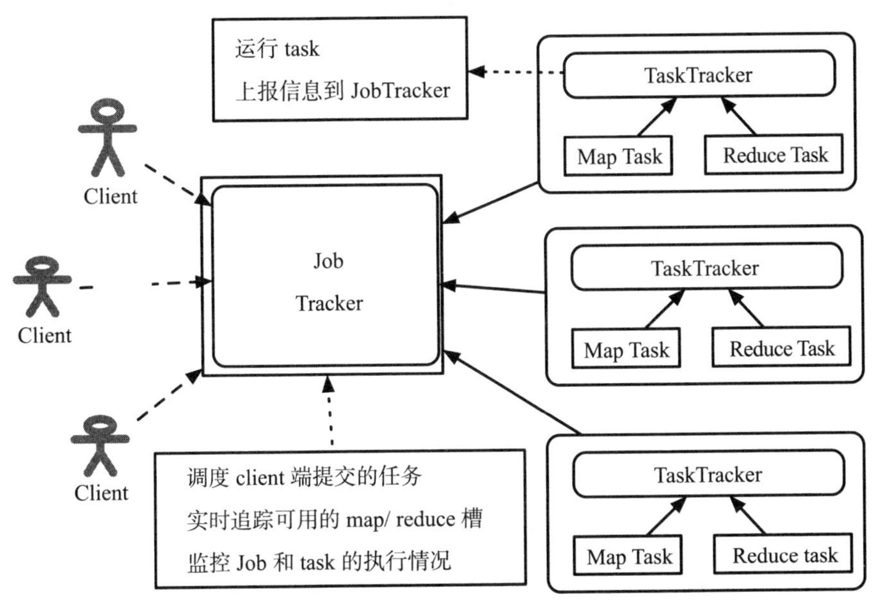

图 3-11　Hadoop 0.x 版本的任务执行过程

资料来源：Vaibhav Monga 的传统 *Map Reduce* 模式同 Yarn 的对比

Mesos 和 Yarn 在概念（表 3-1）和设计上有很多相同之处。不同的是相比 Mesos 主动推送资源到请求方（client）的方式，Yarn 则是由 client 向 Yarn 发送申请，由 Yarn 决定是否对其进行资源分配。相对来说，Mesos 的调度更纯粹一些（没有决策的过程），所以也就更灵活，可以作为更多服务的调度工具。

表 3-1 Yarn 与 Mesos 的概念对比

Yarn	Mesos
ResourceManager	Mesos-Master
NodeManager	Mesos-Slave
YarnContainer	Executor
YarnAppMaster	Scheduler

资源控制

对给定数据资源的控制并不在本节的讨论范围之内，本节需要考虑的是CPU、内存、网络等资源的控制问题，在这里被统称为计算资源。

如果这些计算资源是无限的，或者在一个集群中每次只有一个任务在运行，那么也就不需要考虑资源控制的问题了。实际情况是，在一个公司或者应用场景下，往往只有有限的计算资源，而为了各种不同的应用或者实验目的，同时会有大量的计算任务需要跑，这就需要对计算资源进行控制。

直观的且在实际环境中被使用的控制策略大致只有三种。

排队：集群每次只允许一个任务运行，因此其他任务就需要按照优先级调度策略排队，等前一个任务完成后，再执行第二个任务，依次类推。

隔离：为重要的高优先级任务分配独立的集群，这个集群就只服务于这一种任务。

授权分配：为每个任务分配可用的计算资源的总量，而计算任务根据授权从集群中领取相应的配额。

这三种策略各有优缺点：排队策略实现简单，每个任务都可以保障最大的资源可用。但是如果队列中有一个慢任务，可能就会将后续的所有任务都压慢，导致执行时间过长，因此这个策略几乎不可能用于实时环境。隔离策略可以保障高优先级任务的计算资源，但是在不忙时可能会导致资源浪费，忙碌时有可能仍旧存在资源不足的问题，想要完美匹配资源和需求非常困难。授权分配策略实际上是一种更灵活的共享隔离机制，然而这种机制也存在自身的问题，例如，如何对不同种类的计算资源进行授权？如果需要的总授权大于集群的资源总量时该如何处理？此外，授权所带来的是一种逻辑上的隔离，对于不同任务之间的实际隔离的效果会比较弱。所以，这三种策略的边界并不是非常明确，授权分配的策略是一种弱化的隔离策略，当资源总量不足时，也经常会引入排队策略加以补充。

无论是哪种控制策略，都需要对资源进行集中调度，对于排队策略和隔离策略而言相对简单，只需要在机制管理的功能上设置一个排队队列，按顺序执行任务即可。而对于授权分配的策略，就需要近似于实时地解决一个规划问题。为了更好地做授权分配，数据中心操作系统（Data Center Operating System，DCOS）的概念被提出。前文已经对数据中心操作系统的功能做了一定的介绍，这里就不再重复。此处主要针对资源规划问题进行探讨。

在 Hadoop1.x 版本时，对资源的划分采用的是资源槽（Slot）的方式。每个资源槽代表着一块计算资源，例如 1 核 CPU，1GB 内存。在节点启动时，其分配的资源槽数目也会确定下来。同时资源槽也会被划分为 map slot 和 reduce slot 两种类型。这两类资源槽间不能进行资源共享。这种做法很明显会存在资源浪费的情况。每一个计算任务并不是刚刚满足资源槽的配置，额外的资源就成了无法利用的资源碎片。同时一个 MapReduce 中，进行 map 任务时 reduce 的资源处于闲置状态；进行 reduce 任务时 map 资源又会闲置。在之后 Yarn 和 Mesos 的设计里都采用了更细粒度的算法来控制资源的合理分配。

资源分配算法

资源调度系统应该提供一种公平的资源分配策略，使得各计算任务节点具有均等的机会获得计算资源来完成任务。另外，不同的计算任务对不同资源类型的需求也存在着不同程度的差异。例如，计算密集型的任务需要较多的 CPU 资 源 ，而 I/O 密集型的任务往往需要更多的磁盘及内存资源，因此资源调度系统也需要解决多类型资源分配的公平性问题。

1. 最大最小公平

最大最小公平（Max-min Fairness）是在处理单资源分配时常用的算法。用一句话概括，就是最大化没有获得满足的用户的最小资源份额。

其分配算法的定义如下：

（1）资源按从小到大进行分配；
（2）用户获得的资源不会超过他请求的资源量；
（3）没有满足的请求平分剩下的资源。

举例说明如下：

假设当前网络有 10Gb 带宽，有 4 个应用，分别请求 1Gb、3Gb、5Gb、7Gb 的带宽。①

（1）求当前系统剩余应用的平均带宽，此时剩余 4 个应用，平均带宽为 2.5 。第一个请求 1Gb 小于这个平均值，则进行分配。
（2）再次求剩余平均为 3Gb，第二个请求满足条件，进行分配。
（3）最后平均后为 3Gb，不满足后两个请求，则最后两个请求各得到 3Gb 的带宽。

① Gb 中的 b 是小写时，说明是比特（bits），不是字节（bytes）。作为带宽使用时，实际上是指每秒带宽，即 1Gb 实际为 1Gb/s。

从上面的示例可以看出最大最小公平算法有点“雨露均沾”的意思。第三次分配过程剩下的 6Gb 带宽按道理可以满足第三个应用请求，但是做了平均分配，这也就是 max-min 的来历。

2. 主导资源公平

通常在一个任务中，CPU 资源和内存资源都是必须的资源。只是根据任务的类型，它们所需要的资源也不同。在计算密集的任务中需要更多的 CPU 资源，I/O 密集的任务更多的内存资源则有助于任务的执行。

假设一个系统总共有 9 个 CPU 资源和 18GB 内存资源。用户 A 的任务运行需要 1 个 CPU，4GB 内存；用户 B 的任务（task）需要 3 个 CPU 和 1GB 的内存。调度系统如何分配资源才能保证公平性呢？

先引入一个主导资源的概念。主导资源就是运行的任务最需要的资源；例如在计算密集任务中，主导资源就是 CPU。主导资源份额就是指主导资源在该类型资源总量中的占比。

在上面的场景中，用户 A 需要的 CPU 资源份额为 1/9，内存资源为 4/18，内存占比大于 CPU 占比，所以主导资源为内存，主导资源份额为 2/9 。用户 B 的主导资源为 CPU，其份额为 1/3。

DRF 是一种针对多资源分配的算法。通过平衡不同任务的主导资源份额进行资源分配。下面就通过表 3-2 来描述 DRF 算法的分配流程：

表 3-2　DRF 算法的分配

	Framework1			Framework2			CPU	RAM
Framewor Chosen	Resource Shares	Dominant Share	Dominant Shard %	Resource Shares	Dominant Share	Dominant Shard %	Total Allocation	Total Allocation
	0/9，0/18	0	0%	0/9，0/18	0	0%	0/9	0/18
Framework2	0/9，0/18	0	0%	3/9，1/18	1/3	33%	3/9	1/18
Framework1	1/9，4/18	2/9	22%	3/9，1/18	1/3	33%	4/9	5/18

（续表）

	Framework1			Framework2			CPU	RAM
Framewor Chosen	Resource Shares	Dominant Share	Dominant Shard %	Resource Shares	Dominant Share	Dominant Shard %	Total Allocation	Total Allocation
Framework1	2/9，8/18	4/9	44%	3/9，1/18	1/3	33%	5/9	9/18
Framework2	2/9，8/18	4/9	44%	6/9，2/18	2/3	67%	8/9	10/18
Framework1	3/9，12/18	2/3	67%	6/9，2/18	2/3	67%	9/9	14/18

资料来源：Mesos 论文

（1）开始时主导份额都是 0。

（2）为用户 B 分配资源，用户 B 的主导份额为 1/3，此时用户 A 为 0，转为用户 A 分配资源。

（3）用户 A 分配资源，分配后其主导份额变为 2/9，依然小于用户 B 的主导份额 1/3，继续为 A 分配资源。

（4）再次分配后用户 A 占比为 4/9，大于用户 B 的主导份额，转为用户 B 分配资源。

（5）分配后用户 B 占比增加到 2/3，大于用户 A 的份额 4/9，下一步为用户 A 分配资源。

（6）为用户 A 分配后，用户 A 的占比也变成 3/2，但是此时 CPU 资源已经用完，无法继续进行分配。

整个分配结束后，用户 A 得到了 3 个 CPU、12GB 内存，可以并行三个任务。用户 B 得到了 6 个 CPU，2GB 内存，可以并行两个任务。

分布式锁和分布式一致性

在第 2 章中，提到通过分布式锁对数据资源的访问进行控制。实际上，数据只是资源的一种，对于各种计算资源也可以通过分布式锁进行控制。更广义地讲，在分布式系统中，对操作和顺序进行控制也可以通过分布式锁的机制。因此，分布式锁只是分布式系统中，达成分布式一致性的一个具体的实现事例而已。计算资源的控制实际上就是在分布式的计算任务之间，或者任务的提交者之间达成一致性的一种机制。对于排队策略来说，任何任务都需要竞争资源，每次只有一个获胜者，也就是说资源是唯一一份。对于隔离策略来说，资源有多份，只是有的资源只能被特定的参与者访问。而对于授权分配的机制而言，资源的管理和控制粒度就要精细得多。不同的数据中心操作系统只不过对不同的资源提供了不同的管理粒度而已。

另外，虽然资源的管理看起来是集中的，而事实上对资源的访问是分布式请求的。也就是不同的参与者都向集中的管理者提出自己的资源需求申请，根据不同的控制策略，相对集中化的资源管理者对申请进行控制，包括批准、拒绝、等待，有的情况下也可以部分批准。

关于分布式一致性的算法，最著名的就是莱斯利·兰波特（Leslie Lamport）在20世纪90年代提出的Paxos算法。关于Paxos算法的有趣的科技历史故事在倪超撰写的《从Paxos到ZooKeeper分布式一致性原理与实践》一书中有很详细的描写，感兴趣的读者可以去阅读。至于Paxos算法的算法细节，也可以在相关的著作和论文中获得。

由于Paxos算法引入的基本概念对于描述分布式一致性原理，并帮助理解其他算法具有很大帮助，这里对Paxos算法的概念做一个简单的解释。算法中有三种角色：提案者（Proposer）、接受者（Acceptor）、了解者（Learner）。其中提案者提出需求，在大数据工程和分布式锁的场景中相当于资源的申请者，或者是试图获取分布式锁的请求者；接受者对提案进行审批，所以类似于锁的管理中心或者资源的控制中心；了解者确定接受者的审批结果，所以就是分布式资源的实际掌握者。他们根据审批结果决定是否把自己掌握的资源授予相应的使用者。当然，这里是根据资源控制做的狭义解释，按算法的原意就是有人提出提案；有人审批提案；提案的结果需要被关心的人所了解。至于具体可以用于什么环境，就没有那么多约束，也不是只限用于分布式锁环境（如图3-12所示）。

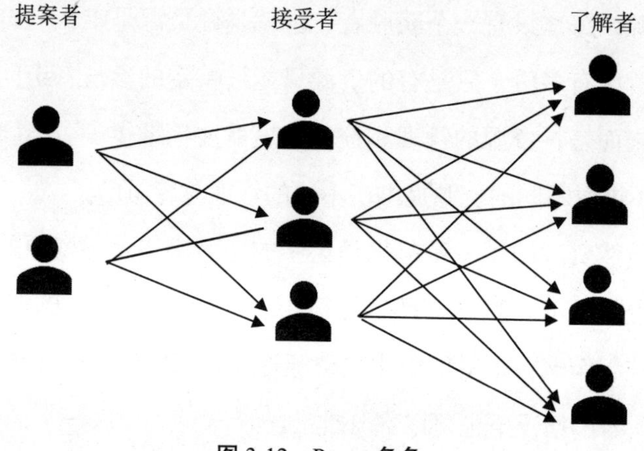

图 3-12 Paxos 角色

简单地说，在 Paxos 算法中，只有提案者提出的提案可以被批准，也就是接受者不能无中生有地创造出没有人提议的提案。在分布式锁的环境下，就是必须有人主动加锁，管理机构不能随便就把某个资源给锁上了。此外，接受者通常多于一位，从而避免单点错误可能带来的影响。在 Paxos 算法中，某个提案必须有超过半数的接受者批准，才能成为被接受的提案。这也是基本上所有的分布式一致性算法或者分布式锁的统一处理原则。因此，为了防止出现多个提案者同时提案导致没有任何一个提案可以获得半数以上接受者批准这个问题，不同的算法有不同的解决方案，这也是这些算法的差异性所在。

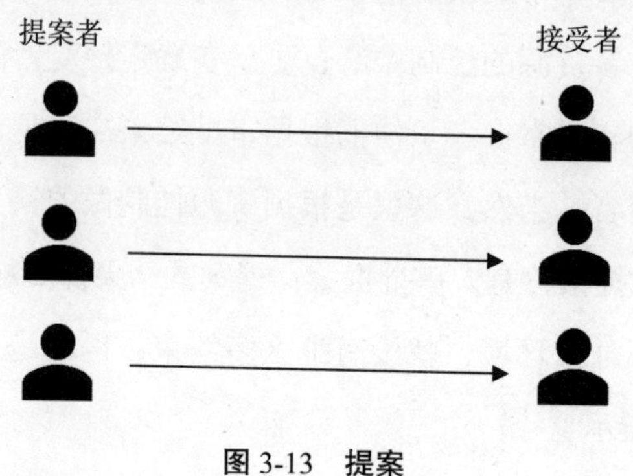

图 3-13 提案

在图 3-13 中，三个提案者每人给不同的接受者提了一个提案，如果这个动作几乎是同时的，那么就会发生接受者几乎同时批准提案的情况，结果造成每个提案都没有获得半数以上的接受者批准，从而没有任何提案通过。在分布式锁的情况下，就意味着三个使用者同时试图为资源加锁，结果谁也没有获得这个资源。

为了解决这个问题，Paxos 算法的方式是给每个提案提供一个全局唯一的编号。接受者不能接受任何编号小于已知批准提案编号的提案。如果有提案被批准了，当更大编号的提案到达时，这个编号的提案必须换成批准过的那个提案。实际上这是一个两阶段批准过程：第一阶段，提案者提问什么提案能通过（有些类似于拉票，知道自己的提案能获得几票）；第二阶段，才真正提交（类似于表决）。这里说的提案替换是在第一阶段，这个算法的有效性可以在参考文献中阅读，但这个算法中的全局唯一编号实际上是一个工程上的挑战。如果有一种机制可以提供全局唯一的自增量编号，那么这个机制是否也可以用来达成一致呢？

为了解决 Paxos 算法在工程上的一些困难，Redis 提供的 Redlock 锁服务就采用了加锁失败者退回自己被接受者所接受的部分锁，然后延迟一个随机时间再次开始尝试。这个机制非常类似于以太网对于信道冲突的检测。当发送信息检测到信道冲突后，以太网的发送者会等待一个随机间隔继续尝试。

而 Raft 算法[①] 和 ZooKeeper 所使用的 ZAB（ZooKeeper Atomic Broadcast）算法[②] 则使用了另外一种机制。那就是在接受者那一个层次上选举一个领导者。这个领导者具有很大的权限，能够批准提案的只有这个领导者。在图 3-13 中给出的多个提案者同时提交多个提案的情况下，只有领导者批准的

① Diego Ongaro & John Ousterhout, *In Search of an Understandable Consensus Algorithm*, 2014.

② ZAB 实际上也是一种分布式一致性协议，所以也可被称为协议。

那个提案才会最终生效。需要注意的是 Raft 算法、ZAB 算法和 Paxos 使用了不同的名词，例如，Paxos 中使用的提案（Proposal）在 Raft 中被称为日志（Log）；提案的序号在 Raft 中被称为序号（Index），而在 Paxos 中称为提案号，在 ZAB 中被叫作事务编号（ZooKeeper Transaction ID，ZTID）。为了同步不同的接受者的状态。这些算法都使用了一个自增量的独立编号用于区分不同节点的时间状态。有些类似于计算机中的时间脉冲，虽然间隔的周期相对较长。这个编号在 ZAB 中叫作纪元（Epoch），在 Paxos 中叫作选举（Ballot），在 Raft 中反而被称为语句（Term）。以上列出不同的名称，是为了帮助阅读外文论文的读者。

具体的 Raft 算法和 ZAB 算法的细节本书不需赘述，需要说明的是，这些都是从工程角度上对 Paxos 的改进。甚至可以这么说，Paxos 过于理想和理论，所以在实际工程实践上存在严重的问题。Paxos 算法最著名的实践就是 Google 的分布式锁服务 Chubby，而 Google 在 Chubby 的实现过程中也遭遇了大量的困难，从而最终把 Chubby 做成了一个分布式锁服务。同样的，在 Raft 和 ZAB 的设计过程中，基本的思想实际上均来自 Paxos，而为了解决具体的工程问题，反倒在事实上变成了不同的方法。Paxos 算法的一个问题就是活性上的问题，也就是如何保障一个即将发生的事情最终会发生。由于 Paxos 算法的两阶段过程，有可能存在两个提案者。第一个提案者完成了步骤一，确认了自己要提交的提案可以获得足够票数。在自己正式提交前，另一个提案者预提交了一个新的提案，导致第一个提案失败。而当第二个提案者正式提交新提案的时候，第一个提案者又提交了一个更新的提案。结果导致这两个提案者就一直震荡下去，一事无成。所以 Paxos 也对自己进行了改进，采用了选举一个领导者的改进方案来保证活性。

这样，此类采用领导方式的分布式一致性协议就变成了这样：

> 有领导者的时候，领导者说了算；
> 没有领导者的时候，选举一个新领导者。

这样几乎和主备方式差不多了。区别就是，所谓的领导者是选举出来的，而不是按主备方式预先配置的。当领导者不胜任（领导者宕机或者状态不是最新）的时候也会自动触发选举过程。

领导者说了算的情况看起来比较简单，就是领导者一旦决定了任何事情，都跟其他人说一声。在这些协议中，这些其他人被称为追随者（Follower）。追随者可以是 Paxos 中其他的接受者，也可以是了解者。在 ZAB 中，那种不会参与选举成为领导者的追随者被叫作观察者（Observer），也就更像 Paxos 算法模型中的了解者了。但是实际情况更复杂一些，例如有的追随者会因为网络故障等原因无法从领导者那里获得及时的信息更新，而这些节点在需要选举领导者的时候可能也参与申请，从而导致选举出的领导者不了解所有情况。因此，在这些协议中，当领导者被选举后，大部分都需要一个步骤去确保获得各种已经生效的提案信息，直至获得最新信息，也就是领导者总是获得最全面的信息。此外，在有 M 个了解者节点的场景下，采用领导方式，只需要发送 M 个通知信息。而在 Paxos 的原始形态下，如果有 N 个接受者，就需要发送 $N * M$ 个通知信息。因此领导模式可以极大地提高通信效率。

现在的另一个问题就是如何选举一个领导者，这个在各种协议中都是采用由处在最新投票周期中的参与者去寻找超过半数的支持者的方法。这些参与者就是之前的那些追随者。这个投票周期就是 ZAB 中的纪元、Paxos 中的选举、Raft 中的语句所表示的同步周期。而且这些周期由各个参与者自行维护，从而避免了一个中心化的周期维护系统（所有不处于最新周期的参与者都不可能成为领导）。至于提案编号的唯一性就可以由领导者来保证，因为领导者本身就是中心化的，而且知道最全面的信息。而当出现没有候选人当选的情况时，Raft 算法也采用了随机后退的机制，不同的参选者随机后退一段时间再次参与选举，以避免一群候选人同时参选、同时落选、再同时参选、再同时落选的同步冲突。

分布式锁通常都使用类似于文件名的控制机制，如 /db/server/s31 的形态，根据这种形态可以对各种资源做归类和整理，并灵活地控制这些资源的使用。也就是分布式锁的锁定目标通常类似于文件名，而实际上这些文件的内容都是分布的。

第4章

计算模型

通过前面章节，我们理解了数据的准备，以及计算资源调配涉及的工程问题和解决这些问题的思路。但是这些问题都是基础的工程性问题，并不会对解决具体的实际应用问题产生直接的帮助。这些实际问题可能是在海量的数据中搜索有用的信息；也可能是在全球几十亿的移动互联网设备中找到特定的设备群，使得这些设备的用户具有类似的行为属性；还可能是从几万个监控传感器的实时数据中找到对设备进行改进的方法。这些具体问题的解决算法会在后续章节中详细说明。

本章要讨论的是，在这些具体问题的解决过程中，使用大数据算法时遇到的共性问题，我们称之为计算模型。这类似于图灵机之于现代计算机的概念，任何可以划分成步骤的算法都可以在图灵机上实现；更类似于冯·诺依曼体系结构之于现代计算机的设计，可以说，现代计算机和具体应用都是基于冯·诺依曼架构模型；同样，目前应用的具体大数据算法也是基于本章讨论的计算模型。

MapReduce

大数据的发展可以说是伴随着 2003 年 Google 的 MapReduce 一文而来的，因此 MapReduce 也成为大数据计算最基础的模型。我们可以给 MapReduce

起一个中文名称——映射归约方法。当然，业内基本上还是直接使用 MapReduce 这个合成的英文名词。Hadoop 也是基于 MapReduce 计算模型设计开发的，虽然后来出现了很多不适合用 MapReduce 来直接映射的算法和技术，但很多计算仍旧属于 MapReduce 类。

MapReduce 是一种最常见和通用的大数据处理模型，分为两个步骤：映射（Map）和归约（Reduce）。这个模型实际上在日常生活中处处可见，也是我们解决复杂问题的一种直觉型手段。例如，在一个有上千人就餐的食堂，要求就餐者在餐后把餐具分类放到不同的位置，筷子放在一起、勺子放在一起、碗放在一起、盘子另外放在一起，这就是一个非常典型的 Map 过程。然后在 Reduce 过程中，同类的餐具可以用统一的洗涤设备一致地处理清洗。所以 Map 过程本质上是大量数据的分拣过程。在食堂餐具回收的例子中，餐具的分拣可以要求就餐者自行进行，这就把这个过程分布到了不同就餐者的多个处理系统中，而且就餐者之间是互相无关的，可以独立进行，从而提高了效率。类似的，邮件或者快递处理也是使用的相同的机制，在不同的分拣中心对需要传递的邮包和物品进行分布式处理，然后投递到同一个区域的邮寄件会被统一的物流传送过去，这就是 Reduce 过程。铁路编组站则是对车皮和运载货物的 MapReduce 计算中心。去往同一个目的地的车皮被挂载到一起（属于 Map 操作），然后由车头运送到目的地（属于 Reduce 操作）。

上文说了很多 MapReduce 在现实生活中的例子。那么，在大数据计算环境中，真实的大数据计算模型是如何应用的呢？这里用最常见的搜索中的词频统计为例，做基本的说明。

在对大量文档进行搜索之前，先对这些文档进行词频统计，然后建立索引表。词频统计的输入信息是原始文档，输出是某个特定词汇在某个文档上出现的次数（如图 4-1 所示）。

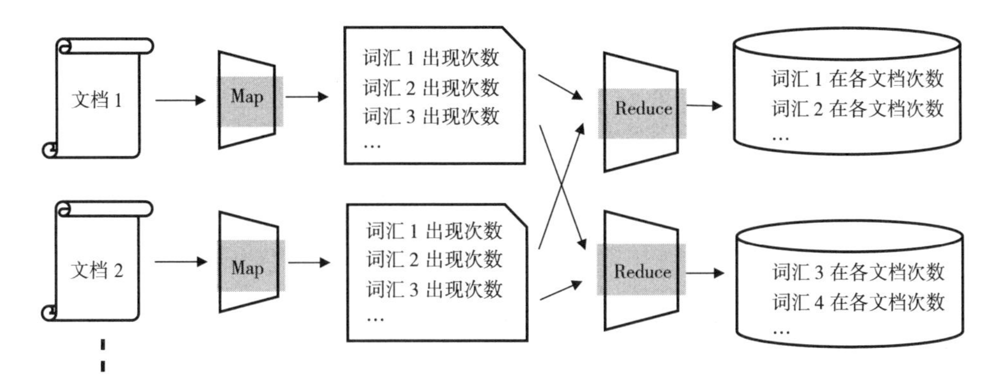

图 4-1　词频统计的 MapReduce 计算模型示意图

从图 4-1 中可以看出，在 Map 阶段，可以按照文档做负载的均衡，不同的处理节点处理不同的文档；然后在 Reduce 阶段，可以按照不同的词汇进行负载均衡，包括最后的处理结果的存储也可以按不同的词汇分担。而且不同的 Map 任务和不同的 Reduce 任务之间是互不干扰的，也不需要通信。

例如，有下面这样的三篇文档：

```
DocId : 1, Content : "A bosom friend afar brings a distant land near"
```

```
DocId : 2, Content : "A man's best friends are his ten fingers"
```

```
DocId : 3, Content : "Sow nothing, reap nothing"
```

那么经过了 Map 阶段，得到的结果可能如下：

```
DocId : 1
a : 2
bosom : 1
friend : 1
afar : 1
bring : 1
distant : 1
land : 1
near : 1
```

```
DocId : 2
a : 1
man : 1
best : 1
friend : 1
are : 1
his : 1
ten : 1
finger : 1
```

```
DocId : 3
sow : 1
nothing : 2
reap : 1
```

经过了 Reduce 步骤后，得到的结果大致为：

Term	DocId : 1	DocId : 2	DocId : 3
a	2	1	0
afar	1	0	0
are	0	1	0
best	0	1	0
bosom	1	0	0
bring	1	0	0
distant	1	0	0
finger	0	1	0
friend	1	1	0
his	0	1	0
land	1	0	0
man	0	1	0
near	1	0	0
nothing	0	0	2
reap	0	0	1
sow	0	0	1
ten	0	1	0

有了这个结果表，我们就可以采用不同的搜索算法做搜索信息和文档信

息的关联分析了。具体的分析方法在第 5 章有详细介绍。

从上文举的例子可以看出，实际上在 Map 步骤和 Reduce 步骤之间可以增加一个合并（Combine）步骤。因为整个计数过程是独立的，在统计中会记录类似下面的中间结果：

```
DocId : 3
sow : 1
nothing : 1
reap : 1
nothing : 1
```

在这个结果中的 nothing 被分别记录了两次。这样的好处是在统计的时候并不需要回溯检查某个词是否已经出现过了，从而可以一边做 Map 任务，一边就把结果发送给 Reduce 任务的处理节点。然后再在合并步骤中寻找重复的词汇并将之消除。这个消除动作可以利用其他的计算节点进行，或者在 Reduce 步骤开始前统一由接收模块一并处理。当然，这个步骤不是必须的，有的计算完全不需要合并，有的 Map 任务在编程中就可以自行用散列表的方法完成合并，所以在 MapReduce 名称中并没有体现合并步骤。

SQL 类查询

对于大数据而言，很多时候用户希望利用类似于关系数据库的编程方式对数据进行查找，或者说使用 SQL 直接从海量数据中获得自己想要的信息。不幸的是，大数据应用往往不是用关系型数据库存放的。大数据通常是文本类数据甚至是非结构化数据，那么就有一个需要解决的问题——如何使用 SQL 从一堆文本或者非结构化数据中进行查询？这必然存在某些通用的处理架构，最直接的方法如图 4-2 所示。

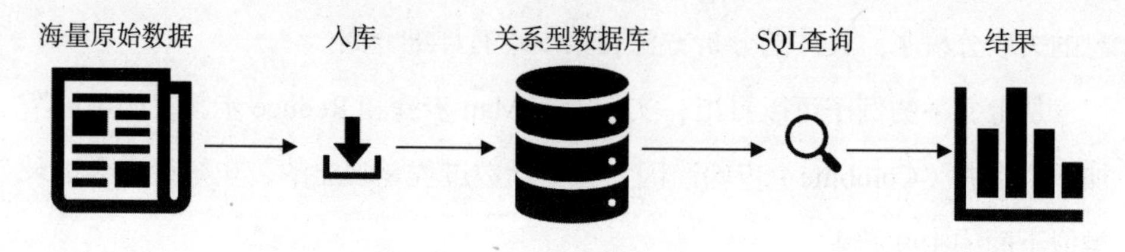

图 4-2　数据处理架构

其中，入库环节可以把我们关心的内容整理成结构化的数据，并且存放到关系型数据库中，然后就可以用所有关系型数据库都支持的 SQL 进行查询了。这个模式当然可以工作，可是根据上文的描述，大数据应用的数据量非常大，导致数据库插入速度和定期的数据清理工作变得很困难。入库操作经常会制约关系型数据库的处理能力，导致数据库的查询迟缓。或者在采用主从结构时，从数据库的同步速度甚至无法追上主数据库的更新速度。为了解决关系型数据库写入较慢的问题，中间的数据库可以改成列式存储。这里先来了解一下不使用列式存储的情况下，从文本信息到 SQL 查询之间的计算模型。

既然能够用结构化查询语言 SQL 进行查询，那么中间的数据存储必需是结构化的。而来源的数据又是文本的，就需要对文本数据进行切割。按照预先定义好的格式文件（Schema）对文本文件进行统一的分析，以便把文本文件当作结构化数据来处理。又因为没有按照列式存储的方式保存数据，那么最常用的方式就是把数据按照时间分片存放。根据数据量的大小，可以按分钟、按小时存放，也可以按天、按周存放。当数据累计到一定程度需要清理时，只需要定时把最旧的数据清理掉即可，这时也很容易按照配置需求保留几天、几周、几个月或者几年的数据。例如，现在有一个访问了哪些网站的用户的数据格式如下：

Date，Time，UserId，Url，Duration，Status

其中Date是访问的日期，Time是访问的时间，UserId是用户的某种标识，Url是用户访问的URL信息，Duration是用户访问消耗的时间，Status是用户访问后得到的返回状态码。这就是典型的日志保存形态。同样的，这个格式本身也是一种数据存储的Schema。通过这个格式也可以对应到相当于数据库表的各个列。如果为这种日志文件起一个名字的话，就可以获得类似于SQL的查询语句。不妨将这种示例文件命名为AccessLog，那么查询有多少用户在某一天访问了特定网站的语句就可以写成：

SELECT count(*) WHERE Date = ‘2017-08-01’ AND Url LIKE ‘%www.sample.com%’

其中的日期和URL是为了举例随意填写的，并不强调特定日期和特定的站点。此外，日期的格式在不同类型的日志文件中会不同。例如，可能不用短横线“-”分隔年月日而使用斜线“/”，所以这里的格式也仅仅是为了举例。

现在的问题是，有了查询语句，有了日志文件，怎么把这个查询语句作用到日志文件，以获得所需要的结果。首先需要理解的是，根据大数据的存储形态，这个日志文件很可能不是以单一文件的形式存放在唯一的数据存储节点上，虽然其外形是一个文件，但是这个文件被分片存放在了大量不同的存储节点之上。其次，这些分片的日志文件往往是按行存放的文本内容，需要把每一行内容都翻译成格式定义文件所定义的字段信息，按照关系型数据库的说法，就是把每一行都变成一个对象记录。

根据上文的例子，整个SQL查询就可以被分为几个步骤（如图4-3所示）。

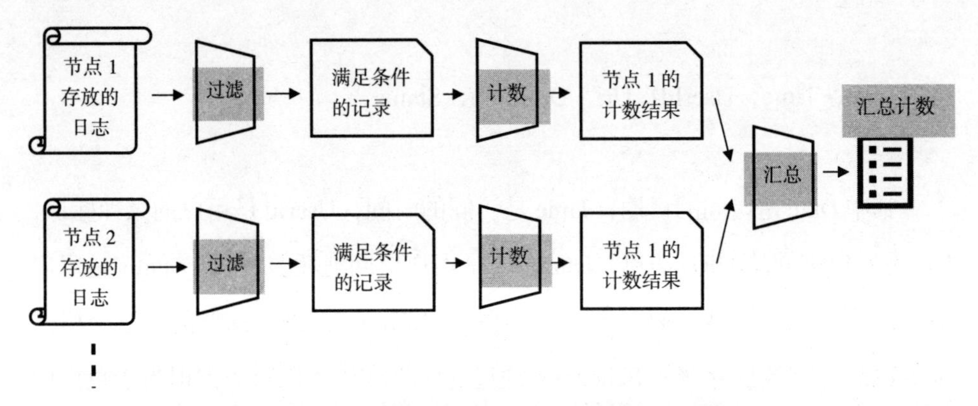

图 4-3 SQL 类查询的 MapReduce 计算模型示意图

可以看到，这个过程本质上就是 MapReduce 的过程，其中过滤是一个预处理步骤，计数步骤就相当于 Map，只是在示例中不需要做什么真正的 Map 动作，只需要计数即可，而最后的汇总实际上就是 Reduce。不过在这个示例中，只有一种需要计数的值，所以这个 Reduce 也就仅仅只是把来自各个节点的结果加总的过程而已。

如果不是计数，而是查询操作，也就是把例子中的 count (*) 换成字段，例如：

SELECT UserId WHERE Date = ‘2017-08-01’ AND Url LIKE ‘%www.sample.com%’

则在上面的示意图中，过滤过程仍旧是一样的，根据 WHERE 字段后面的条件过滤信息，然后就不再需要按节点计数，而是产生一个 UserId 的列表，最后在汇总过程中，把各个节点的 UserId 列表合并就好了。

现在换一个更复杂一点的例子。我们不仅仅需要统计上述日期来自特定站点的访问次数，我们还需要知道历史上有记录的每一天访问特定站点的次数。这时候，查询的 SQL 语句就变成了：

SELECT Date，count(*) WHERE Url LIKE ‘%www.sample.com%’ GROUP BY Date

在处理模型上，本质上还是和图 4-2 相同的结构，只是计数过程就需要使用 Map 操作了。根据不同的日期做 Map，并按每个日期形成日期和该日期在这个节点上的日志个数的计数的映射表。汇总过程就使用完整的 Reduce 步骤替换，为每个日期做分别的计数汇总。这就回到了跟 MapReduce 的示意图相同的结构，只是在 Map 之前需要增加一个过滤步骤而已。实际上在“搜索”的示例中，在 Map 之前也需要一个分词的步骤。所以说，对于传统日志的大数据 SQL 查询的计算模型，事实上就是 MapReduce。有一些工具直接提供了用 SQL 语句查询日志的能力，例如基于 Hadoop 的 Pig 项目，就提供了通用的日志格式定义、分析，并且能够把 SQL 查询翻译成 MapReduce 任务。

这种日志式的分析过程需要对日志进行格式定义、数据过滤，然后才对整个数据集合利用 MapReduce 计算模型进行处理，从而导致处理速度比较低下，特别是对全数据进行处理时，至少需要把所有的数据都读取一遍，然后才能过滤出有用的部分。为了提高效率，有的系统就会试图利用其他存储方式，例如列式存储，从存储层次上就对数据进行优化存放，使查询过程得到改善。为此有一系列的工具和系统被开发出来，例如 Presto、Druid，这些系统很多都学习了 Google 的 Dremel。Dremel 的列式存储设计和查询优势已经在列式存储一节有过介绍，这里就不再重复。

需要注意，这类大数据查询的方案都需要一个入库步骤，也就是把原始的日志信息保存成列式存储等适合查询的格式，所以转换格式后的数据也常被叫作数据仓库。

流式计算

流式计算（Stream Processing）在计算机领域是一个传统词汇，也被称为事件流处理、数据流处理或者响应处理。[①] 它表示随着数据的传入，以回调或者响应方式对数据进行加工的处理结构，在大数据领域，它通常是和批量计算相对应的概念。所谓批量计算是把所有的数据大把拿起来后算一遍以获得答案的方式；而流式计算中数据是源源不断地、突发地到来的。历史上的数据往往已经被分析过了，甚至已经被丢弃了，而新增数据的价值常常更大。

所以流式计算模型实际上不是和 MapReduce 同等级别概念上的计算模型。流式计算作为和批量计算相对应的概念，所对应的往往是增量算法。批量计算使用的算法经常被叫作批量算法；同理，流式计算所对应的算法就叫作增量算法。流式计算模型常常需要大数据算法的支持。在同一个场景中，不同的算法会导致使用不同的计算模型。例如，大数据领域最常见的人群标签算法，如果算法需要对所有人群数据都分析一遍，就使用批量计算；如果算法可以通过源源不断到来的数据对现有的人群标签模型进行更新，就使用流式计算。而无论采用哪种算法，都可以使用 MapReduce 之类的计算模型。

从这个角度看，流式计算可以被认为是 MapReduce 等计算模型的前置预处理模型的一种统一形态，因此它也可以带来相应的一些好处。例如，由于数据相对实时到达，所以可以及时处理，从而获得相对实时的效果，特别是在一些需要报警的情况下。如果用批量算法，那么在大数据情况下是很难在很短时间内完成计算的，而使用流计算模型就有可能把数据的实时程度提高到分钟级，甚至是秒级。

除了可能带来的实时性或者准实时性之外，流式计算还有几个特点：首先，流式数据往往是源源不断的，也就是计算需要持续下去，而没有一个简单的计算终结的状态；其次，数据虽然是源源不断到来，但是每次到来的时间不确定，可能一次来一条，也可能一次来一堆，这也要求算法能够支持各

① 来自维基百科中关于 Stream Processing 的说明。

种增量的更新；最后，新数据往往比老数据的价值高，使得增量算法往往会提高新数据的权重，在实时报警的情况下，甚至可以完全基于新数据进行分析。

如果流式计算仅仅是上面提到的一些特点，那么和大数据的关系实际上并不紧密。可是在实际应用过程中，大量的数据不断生成，而且需要及时分析和计算，这就需要分布计算负载并且调度计算节点。根据这一需要，2011 年人们开发了基于 Hadoop 的 Storm，后来 Storm 被 Twitter 收购并交由 Apache 基金会维护。

前面已经提到，流式计算和 MapReduce 实际上不是一个层级的计算模型，所以与其说 Storm 是基于 Hadoop 的，倒不如认为这是一个以 HDFS 为存储基础，利用 ZooKeeper 做资源管理、支持流式数据处理的调度框架和开发平台。这里引入几个概念，喷水口（Spout）是第一个需要被引入的概念。根据流式计算的特点，数据源源不断地过来，这就需要一个构造来把这些数据流引入计算结构中，这个构造就是“喷水口”。而对接“喷水口”的就是集群总线，例如 Kafka、RocketMQ 之类的数据源。虽然也可以直接把喷水口对接到最初的数据源上，但为了便于管理，在大部分大数据实践中，流计算的喷水口还是对接到集群总线上的。

当数据被引入后就需要计算，在 Storm 上采用的是基于图的管理结构（如图 4-4 所示）其中水龙头形状的就是“喷水口”，而闪电形状的就是处理节点。在 Storm 中，处理节点叫作闪电（Bolt）。Storm 允许在一个节点计算之后，把结果发送到后续节点继续计算，每一个处理节点都采用流式的处理方式，也就是收到一批数据就处理一批数据，所以 Storm 就是最直接的负载分配处理结构。

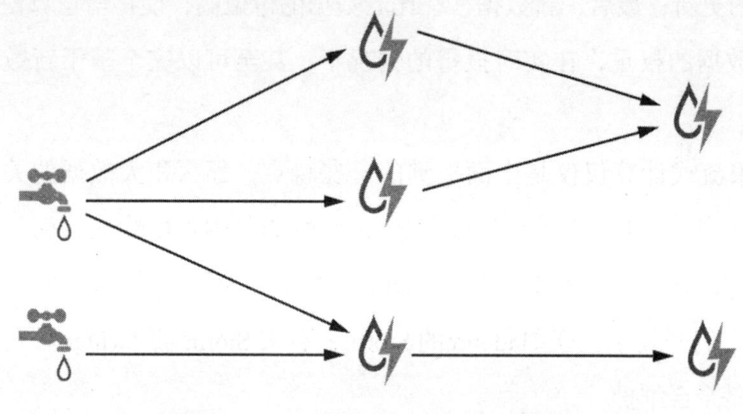

图 4-4 Strom 的 Spout、Bolt 流处理模型

资料来源：Storm 官方网站

其中有一点特殊的就是 Storm 会把所有的输入信息都转化为元组（Tuple）。可以发现，这和 SQL 类查询中采用的、把数据都用数据格式（Schema）来整理到统一结构的方式非常类似。为了便于分析，Storm 可以通过一个 XML 格式定义的分析文件将输入数据进行切分，从而生成元组。和 SQL 类查询相同，这些相似的、可以重复使用的功能，都会在流式计算平台上得到统一支持。

另外一个特殊点是任务的分配方式。由于和 MapReduce 不同，流式计算每个节点就是一个计算步骤，所以分配方式不太特殊，和负载均衡策略非常类似，可以用随机方法把任务（这里的任务就是各个数据元组）分配到联通的处理节点上；也可以让所有的处理节点都分配获得所有的元组；还可以类似于负载均衡中的地址散列，根据元组的数据信息进行分配。这三种方式体现了负载均衡的基本思想。从概念上来说，负载均衡有两大类负载分配方式，第一种是负载切分，也就是每个处理节点处理一部分负载；第二种是处理规则切分，也就是所有的节点都能够看到所有的负载，但是不同的节点处理一部分规则。这分别对应了随机分配方式（负载均衡中也常常用发牌方式，

Round-Robin）和所有节点分配获得所有元组的方式。而按照规则分配的方式则可以保障相同上下文的负载被同一个节点所处理，从而防止上下文丢失。例如，有如下这些元组：

（10:27，1，Warning）

（10:27，2，Warning）

（10:28，1，Error）

（10:29，3，Error）

其中假设第一项是时间，第二项是模块号或者是感应器探头编号，第三项是信息类型。又假设有两个处理节点在处理这些信息。那么可以简单随机分配，或者用发牌方式使得每个节点处理两个信息。再或者把所有信息都发送给两个节点，其中一个分析 Warning，另外一个分析 Error。也可以指定模块 1 的所有信息都去往一个节点，而模块 2 的所有信息去另外一个节点，以保障所有模块 1 上下文在同一个节点中。图 4-5 和图 4-6 分别展示了负载均衡的这两类策略。

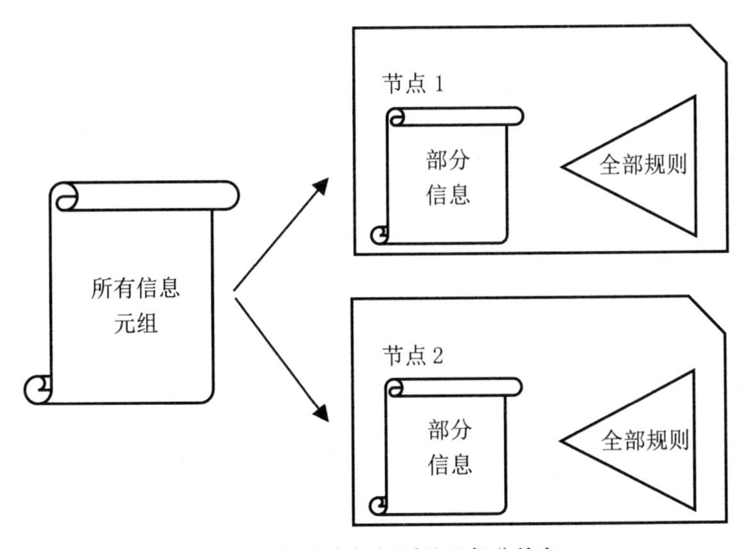

图 4-5　使用全部规则处理部分信息

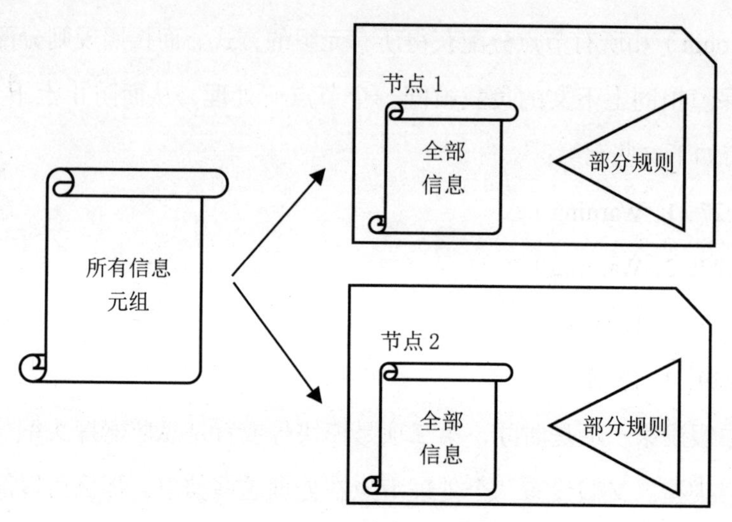

图 4-6　使用部分规则处理全部信息

因为流式计算更多的是一种支持信息不断到达的处理结构，因此解决的问题也更多的是关于如何统一信息格式，如何分布式处理大量数据的问题。

在流式计算领域，体系结构和硬件设计往往都不是核心问题，真正需要解决的难点在于如何实际使用这些体系结构和设备。更进一步要解决的是，如何使用有效的编程语言，自动地实现这类分布式计算问题。而在这个问题上，至今没有很好的解决方案，现有的几种分布式编程语言也都有各自的问题和困难。同时，也有支持流式计算的增量式算法被开发出来，以匹配这些计算需求。

这里用最简单的求平均数算法来说明。假定有 N 个数，现在又来了 M 个新的数，如果要计算这些数的平均值，那么公式是：

$$E = \frac{\sum_{i=1}^{N+M} D_i}{N+M}$$

其中 D_i 表示第 i 个数的值。这是很典型的批量算法，需要每次把所有的数都计算一次。如果我们已经记录了历史上的平均数值为 E_N，当时的数目个

数是 N，那么新来的 M 个数的计算就可以变成为：

$$E = \frac{E_N \times N + \sum_{i=1}^{M} D_i}{N + M}$$

虽然公式看起来复杂了些，但是需要计算的量就大大减少了。不再需要算 $N+M$ 个数，只需要计算新到达的 M 的个数就可以。如果这个平均值是用于某种预警分析的，例如测试水位高于某个报警值，那么计算历史上的总平均值的意义就很小，只需要用最新的若干个值计算平均值即可。这若干个值就形成一个分析窗口，可设窗口宽度为 W，那么系统只需要保存最近的 W 个数据。如果新到达的 M 个数据多余 W，则选取其中最新的 W 个；如果数量不足 W 个，那么从保存的数据中选取最新的 $W-M$ 个数据加入计算，就可以获得所需要的最新窗口内的数据平均值。这是一种更加简单的增量算法，而且考虑了在流式计算中新数据更加重要的因素。在窗口方法之外，还可以为最新的 W 个值增加计算权重，从而形成类似于时间序列分析的算法。这个平均数的例子只是很简单的增量算法和批量算法的示意。

另外，在大数据的流计算领域内，经常和 Storm 相提并论的是 Spark。可实际上 Spark 是一个更加广义的分布式处理框架。此框架的下层基于 Hadoop 生态中的 HDFS 和 Yarn，但是其上层与针对流计算的 Storm 类似，更多考虑的是数据的格式统一、通信和传输统一等系统级问题，Spark 的底层可以支持 MapReduce 类型的计算，上层也可以用 Spark Streaming 支持流式计算需求，由于它提供了相对简便的编程能力，所以得到了广泛的应用。

图计算

在流式计算中介绍 Stream 时有一幅图（图 4-4），不过那个不是图计算，那个只是一个流式计算中的拓扑部署结构而已。同理，图像处理和分析也不是图计算。那么什么是图计算呢？在现实生活中存在一大类由顶点（Vertex）、顶点之间的关系也就是边（Edge）所构成的图，这些图的边往往还有权重。网页之间用超链接构成的全球万维网就是一个巨图，每一个页面就是图的顶点，而超链接关系就是图的边。同理，人和人之间所构成的社交网络也是一张巨大的人际关系图，人就是顶点，人与人的关系就是边，而关系的紧密程度就是权重。这些图的边往往是有方向的，例如，网页超链接构成的图就可以用“谁引用了谁”来构成边的方向。

如果这种图的规模有限，那么有很多图的算法可以做分析、遍历、处理。而如果图的规模大到包含一个国家的全部人员，或者是覆盖全球的 Web 网页，那么这种图的顶点就会多达数十亿甚至数百亿，边的数量则更多。这使得利用单独一台处理器进行处理变得不再可行，而不得不引入新的计算模型。此计算具有相似性，计算模型可以在一定程度上通用，因此这样的计算模型就叫作图计算模型。

首先，图计算模型还和流计算、MapReduce 等类似，是一个通用分布式计算模型，解决的是在大规模分布式计算环境下的共性问题；其次，它又和流式计算不同，图计算是一个真正的计算模型，各种图计算系统也通过提供 API 等形式，允许开发者在一致性的计算模型下，根据自己的需要开发特定的程序。

图计算的开创者也是 Google，概念来自 Google 发表于 2010 年的一篇论文[①]。论文中为这种图计算系统的起名为 Pregel。这个词来自欧拉解决的“哥尼斯堡七桥”问题中七座桥所在的河流名称。

在 Pregel 和后续仿照的图计算模型中，都以 BSP（Bulk Synchronization Parallel）计算模型作为基础。BSP 模型是哈佛大学的莱斯利 · 瓦伦特（Leslie

① Grzegorz Malewicz, Matthew H. Austern .etc, *Pregel: A System for Large-Scale Graph Processing*, 2010.

Valiant）在 20 世纪 80 年代提出的，这个模型由三个组成部分构成：①

- 可以进行本地计算的计算单元；
- 可以在计算单元之间进行信息交换的通信网络；
- 可以控制部分或者全部计算单元同步的设备。

整个计算过程也由三步组成：

- 并发计算过程——各个计算单元进行计算；
- 通信过程——各个计算单元进行通信；
- 阻塞同步过程——各个计算单元到达阻塞同步状态后，需要等待其他需要同步的计算单元。

这些组件和步骤看起来很复杂，实际上很简单，就是把计算过程切割成一些步骤，这些步骤被称为超级步（Superstep）。在同一个步骤之内，计算单元独立计算，然后通过通信传递计算结果，进行步骤同步。步骤结束时候是阻塞同步的，因此会强制各个计算单元都完成同一个超级步，再进入下一个超级步。

参与图计算的基本单元是顶点，当然，顶点本身不是计算设备，在这里指逻辑上的计算单元。在超级步的迭代过程中，每个顶点在每一个超级步 S_i 都从前一个超级步 S_{i-1} 中获取信息，对自己的状态进行更新。如果没有进一步要计算的内容了，就把自己标识成停止（Halt）状态。当所有顶点的状态都变成停止状态时，整个计算过程结束。图计算结束后，输出的仍旧是和输入类似的顶点集合，但是每个顶点的数据已经被更新成所需要的结果。一个标记为停止状态的节点，如果接收到新的消息，则也可能被重新唤醒，加入计算中。

① 来自维基百科中关于 Bulk Synchronization Parallel 的说明。

例如，要计算一个图中的最短路径有很多具体类型的问题，例如所有顶点到某个顶点的最短路径，给定起止顶点之间的最短路径，所有节点之间的最短路径等。在原始论文中以所有顶点到某个起点的最短路径作为例子，说明了图计算算法。在传统的算法中，解决所有顶点到给定起点的最短路径算法的是著名的 Dijkstra 算法。图计算算法中的计算思想，实际上和 Dijkstra 算法是完全相同的，只是通过图计算模型可以变成同步、可并发的计算方式。

举例：图是有向的但没有负权重的边（如图 4-7 所示）。

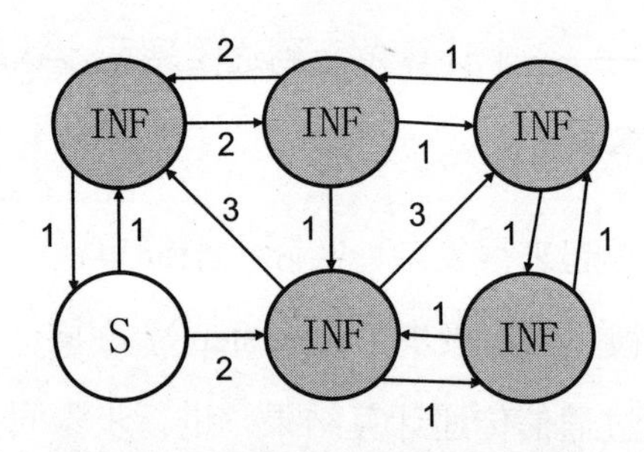

图 4-7　最短路径示例初始状态图

其中 S 就是我们所关注的起点，其他顶点在一开始都标注最短距离为无穷大。如果用 Dijkstra 算法，就利用三级循环不断将顶点压栈、出栈，然后修改当前顶点相邻的顶点距离。利用图计算模型，则每个不是停止状态的活跃顶点会向自己相邻的出方向顶点发送消息，修改相邻顶点的最小距离（如图 4-8 所示）。

图 4-8 中上半部分的图代表前一个超级步的状态，下半部分图代表后一个超级步的状态。在第一步时，只有起点是活跃的，它向相邻的两个顶点发送消息。消息的内容是自己的最短距离和出边的权重的和。在步骤中没有修改过自己最短路径的节点会投票进入停止状态。例如，第二超级步的时候，起点就投票要求停止，而起点的两个相邻顶点却是活跃的，也给出边所对应的

顶点向外发送消息。

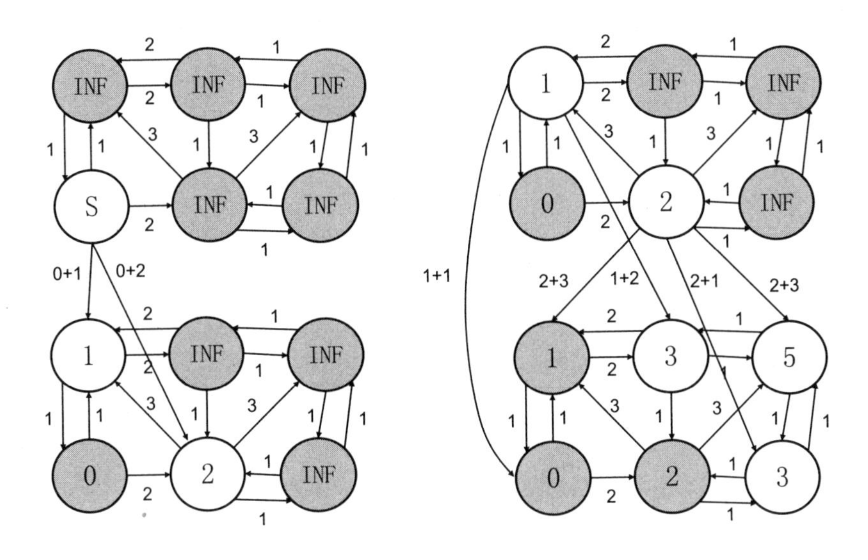

图 4-8　最短路径示例第一超级步和第二超级步

从图 4-9 可以看出，在第三步时有三个顶点是活跃的，但是只有一个顶点的最短路径值被修改过。而到了最后一步，由于没有顶点被修改，所以所有顶点都投票进入停止状态，故算法结束。

从示例中可以看到，对比 Dijkstra 算法，图计算总的计算量实际上并没有减少。但由于计算变成了并发的，而且对相邻顶点的状态修改动作变成了消息，消息被逻辑上的计算单元（顶点）所处理，所以示例中的 6 个顶点的图只计算了 4 个超级步就完成了。在每个超级步内部也只需要一层循环，访问所有消息和所有相邻顶点即可。从计算复杂度来看，这远远少于 Dijkstra 算法的 $O(n^3)$ 的时间复杂度。也正是因为这种并发优势，图计算适合处理庞大的数据。

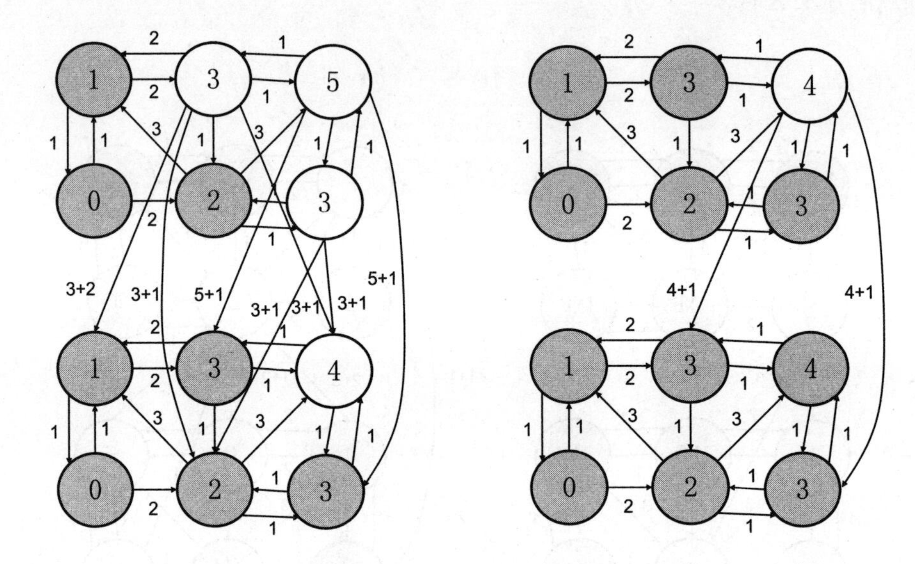

图 4-9　最短路径示例第三超级步和第四超级步

在 Pregel 论文中没有给出最短路径算法的示例，但是给出了算法的代码。下面就是来自原论文的算法。需要注意，原论文代码实际上存在问题，而且和示例中所表示的有些不同。

其中 Compute（ ）方法是每个超级步中每个顶点都需要计算的基本计算单元。在计算开始时，除了起点，其他顶点都把自己最短距离值标注成无穷大，而根据消息内的距离值决定自己的距离值。需要注意的是，这和示例略有不同，但是概念是完全一样的。示例中，使用在每一步都标识距离值的方式更直观。接着，如果发现消息中的最短距离值比自己保存的用 GetValue（ ）获得的值小，就用 MutableValue（ ）修改自己的值，并且对所有出边对应的顶点发送消息。之后，无条件进入停止状态。这不会影响代码终止，因为所有收到消息的顶点会自动从停止状态回到活跃状态。请注意，这也和示例表示有差异，但这不影响示例的正确性和理解。

```
Class ShortestPathVertex : public Vertex<int, int, int> {
public:
  virtual void Compute(MessageIterator* msgs) {
    int minDist = IsSource((vertex_id()) ? 0 : INF;
    for( ; !msgs->Done(); msgs->Next())
      minDist = min(minDist, msgs->Value());
    if(minDist < GetValue()) {
     *MutableValue()= minDist;
     OutEdgeIterator iter = GetOutEdgeIterator();
     for(; !iter.Done(); iter.Next())
       SendMessageTo(iter.target(), minDist + iter.GetValue());
    }
    VoteToHalt();
  }
};
```

另一个需要注意的是，这段代码有一个错误，就是原始的顶点值［用 GetValue（）获得］实际上没有初始化，存在误判可能。而如果初始化了顶点值，就不需要在每次计算时初始化了，这样可以略微简化代码。而且，终止的 VoteToHalt（）可以放在距离判断的 else 语句下。

在最短路径算法中，拓扑本身并没有变动。而输出也是一个和输入完全相同的图，只是图上面的每个顶点都变成了最短路径的值。在有些算法中需要修改顶点之间的拓扑，这种操作也是图计算所支持的，主要是增删顶点和边。但这种操作会引入冲突，我们可通过定义操作的优先级，并允许程序员编程来解决冲突。

图计算模型需要解决的另一个问题是巨型图的存储和任务分配问题。因为顶点数过多，特别是已经大到几十亿甚至几百亿的规模时，为了计算的并行性，都需要将图进行切割，这个操作称为图分片（Graph Partition）。图分片在 Pregel 中采用了简单取模的方式（参考第 2 章的“数据寻址”一节），对顶点按处理节点的个数取模，然后交给特定的节点处理。这里也可以采用其他的将顶点分配到处理节点的方式。例如，根据节点编号进行散列或者若干比特的信息进行分配。因此，在 Pregel 中，图分片本质上采用的是顶点分割的方法，也就是每个顶点只会被一个处理节点来处理。但是边则可能被分配到不同的处理节点上，跟随两端不同的顶点被处理。

在任务调度领域，Pregel 采用了唯一的主节点（Master）管理一堆工作节点（Worker）的方式，处理节点处理的图分片也是由主节点分配的。图本身的信息被存放在 GFS 上，超级步中的信息则通过工作节点的输入队列和输出队列加以传递。

各种图计算的拓扑中往往会存在一类联通度特别高的顶点，这些顶点的出度可能是其他节点的几万倍甚至几百万倍。在通用图计算模型中，如果对所有的出边进行循环处理，就会发现这样一个节点的处理时间可能就相当于其他几万个节点，从而严重拖慢整体运行速度。为了解决这种高出度顶点带来的运算不平衡问题，有的图计算系统会将这些顶点分配给多个处理器分别处理，或者说这是一种边分割模式的优化策略。[①] 具体问题若展开讲解，所需篇幅过大，感兴趣的读者可以自行查阅资料。

① JE Gonzalez, Y Low, H Gu, D Bickson, C Guestrin, *PowerGraph: distributed graph-parallel computation on natural graphs, OSDI'12.*

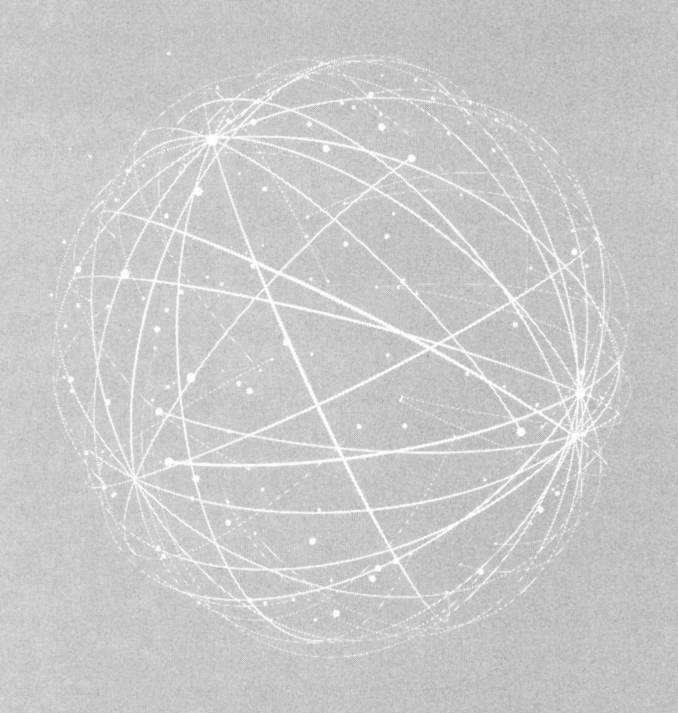

第 5 章

大数据应用

从数据、管理到计算模型，都是大数据的基础理论，真正使大数据火起来的是实际的大数据应用。当数据量大到一定程度，或者数据收集得足够多的时候，合适的应用可以带来更准确的结论，同时也使得数据的价值放大。这些往往需要大数据算法的支持。有的大数据算法实际上不能叫作大数据算法，因为它和计算的量的关系不大：无论是很少的数据，还是很多的数据，计算方法是相同的。一些算法特别适合将任务分片，由不同的处理节点各自计算一部分，然后再汇总处理，这些算法就具备成为大数据算法的基本优势、一些算法需要不断迭代、调用函数、参数上下文压栈，就比较难扩展到大规模的计算环境下，一些算法的数据关联性过强、每个计算步骤都需要引入大量的数据，也比较难变成大数据算法。

当然，有些算法是天然适合处理大量数据的，即使不使用分布式的方式，有的算法也能够极大地降低计算复杂度。这类算法和分布式并行计算相结合，就可以处理更大规模的数据。

另外，很多情况下大数据应用完全是工程性的，就是可以充分利用数据量大带来的优势，组合已经存在的工具，提供实用的应用环境。这时算法本身是什么反而不那么重要了。

大数据算法一般和应用紧密相关，在某一个特定的领域中往往会产生一系列的算法，并且随着技术进步，算法也会不断演讲，以适应应用场景的差异或者是新的大数据存储、管理等技术。由于大数据应用领域广泛，本章不可能涵盖所有的大数据应用领域，只能从文档处理、精准广告投放等几个目前大数据应用最广泛的点切入，介绍相关的大数据算法结构和最重要的若干大数据应用实践的细节。

搜索信息匹配

搜索是最基本的文档处理算法，也是应用最为广泛的互联网大数据算法基础。搜索要解决的问题是如何在海量的文档信息中找到被用户关注的特定信息。由于搜索的使用者往往只会输入几个简单的词汇进行查找，因此搜索也常常会返回非常多的结果。若加以详细区分，搜索算法可以分成两大类：一类是信息匹配算法，另一类是排序算法。其中信息匹配算法解决的问题是，在被搜索的文档中找到和搜索关键词相关的所有文档；而排序算法要解决的问题是，如何在返回的信息中按客户可能关心的优先级给文档排顺序，越靠前的文档的重要性越高。每个类型的搜索算法都有大量不同类型的相关算法进行支持。为了能够更好地组织内容，本节仅介绍信息匹配算法，下一节再详细介绍排序算法。由于这个排序算法是 Google 的创始人之一的拉里·佩奇（Larry Page）发明的，所以被称为佩奇排序法（PageRank）。当然，佩奇这个姓容易和网页（Webpage）发生歧义，搜索的主要应用也是在网页上进行的，所以把佩奇排序法称为网页排名算法似乎也无不可。

信息匹配算法也是分步骤的。例如，中文信息匹配算法在一开始往往要进行切词处理，因为中文与英文等的拼音文字不同，没有空格自动切分词语的边界，因此需要找到包含语义的词汇边界，并将其区分出来。当然，有的中文搜索引擎采用了比较极端的方式，那就是用固定的长度来切词，而不考虑词汇的语义。例如，“蜀道难，难于上青天”这句话，标准切词会将这句话分成“蜀道”“难”“难于”“上”“青天”五个词；两字切割方法就会把它变成“蜀道”“道难”“难于”“于上”“上青”“青天”这些词汇；三字切割方法就成了“蜀道难”“难于上”“于上青”“上青天”。这也说明即使在切词这一个步骤上就有多种算法可供选择，我们可以按具体效果的好坏去选择。

当词汇准备好之后，信息匹配算法就需要从海量的文档中找到那些和搜索关键词有相关性的文档，这就需要生成倒排索引（Inverted Index）。不同的搜索引擎中，生成的倒排索引保存的信息不同。一种比较常规的方式就是在MapReduce一节中所介绍的用词频作为倒排索引的保存值。生成倒排索引的算法在MapReduce一节中介绍过，即利用MapReduce计算模型的词频统计算法。当然，为了节省存储空间，在真正的搜索引擎中，不可能将整个词频统计表都按照MapReduce一节的方式用表格形态保存下来。因为大部分词汇，特别是有生僻词出现的文档是很少的。如果保存一个完整表，那么这个表内部大部分地方都是0。搜索引擎的实践中，会利用大数据表提到的多级保存技术把索引表保存到这种大数据表中。

在MapReduce的搜索词频统计中，看起来似乎很少的文档产生了大量的处理结果，导致要保存很多东西。实际情况是，现在人类产生的文件数据量是非常惊人的，仅仅在互联网上就有超过250亿个页面[①]。而同时，英文的常用单词只有几千个，即使计算生僻词，单词数量也就十万多。即使把不同语言都算上，人类可能使用的词汇也就为几百万的规模，远远少于目前人类已经建立的文档信息的总量。而且人类的词汇相比于电子信息文档的产生是相对稳定的。新词汇的产生速度远远低于新信息的产生速度。因此，做词频分析统计，事实上是一个从大量、动态信息空间向一个相对少量和相对稳定的信息空间的映射过程。分析这个映射过程可以知道，整个倒排索引表是非常

① 在Google上搜索常用的介词the等可以获得大致250亿份互联网页面，该数量随时会变化。

稀疏的，所需要的存储空间可以得到大量节约。为了进一步节约存储，索引中通常保存词频大于 0 的文档编号 DocId 之间的间隔，从而更加节约存储空间。例如某个词的文档编号分别是 76，88，93，那么只需要保存 76，12，5 即可。在这个例子中，似乎节约的空间有限。如果编号空间很大，或者是利用大数据表中的纯字符串形态存放，这种相对距离的保存方式就可以节省很多空间。

当完成词频分析生成倒排索引表之后，就需要算法来计算查询信息和目标文档之间的匹配关系了。匹配本身很简单，直接在倒排索引表中快速定位相关的索引位置，然后找到所有词频大于 0 的文档即可。为了便于理解，这里重新展示一下在 MapReduce 一节中使用的例子，三篇文档如下：

DocId : 1, Content : “A bosom friend afar brings a distant land near”

DocId : 2, Content : “A man's best friends are his ten fingers”

DocId : 3, Content : “Sow nothing, reap nothing”

获得的词频统计的倒排索引表是：

Term	DocId : 1	DocId : 2	DocId : 3
a	2	1	0
afar	1	0	0
are	0	1	0
best	0	1	0
bosom	1	0	0
bring	1	0	0
distant	1	0	0

（续表）

Term	DocId : 1	DocId : 2	DocId : 3
finger	0	1	0
friend	1	1	0
his	0	1	0
land	1	0	0
man	0	1	0
near	1	0	0
nothing	0	0	2
reap	0	0	1
sow	0	0	1
ten	0	1	0

当一个人搜索单词“afar”时，通过定位到“afar”这个单词，再查找它的词频情况后可以直接返回文档 1；同样的，查询“friend”的时候就返回文档 1 和文档 2。如果搜索词超过一个时，则最简单的方法就是返回所有被搜索词的词频都大于 0 的文档，例如搜索“his friend”，那么只有文档 2 中这两个词都存在，那就返回文档 2。根据这个机制会发现，由于倒排索引的稀疏性，以及搜索词汇一般都是二三个单词的规模，真正需要比较的内容很少。同时由于倒排索引用采用只保存那些词频大于 0 的文档编号的间隔，所以需要处理的数据量就更少了。

现在的问题就变成了如何快速地找到被搜索词的索引位置，这是一个传统的索引定位问题，可以利用高速缓存保存索引位置，也可以利用散列机制定位到一个索引子表，然后在子表中查询。如何从几千个常用单词，或者几百万的全球词汇中寻找一个给定的倒排索引的位置，本身并不是一个大数据问题，可以有很多成熟的方法加以解决。

在本节给出的信息匹配算法中只考虑了词频，也就是只要一个词出现了，就认为被匹配到。对于上文示例中的查找短语“his friend”而言，有“his”、有“friend”就会被匹配，而无论这两个词是否是相连的。在很多搜索引擎的查询设计中，如果使用了引号，则这个词需要完整存在，不能分隔在不同位置上。一个解决方法是把这种词也做成索引。由于越长的词出现概率越低，这样索引的稀疏程度会更好。但不幸的是，把所有这些词链接到一起是一个词汇总量的平方，即使按常用词计算，几千常用词的平方也会达到几百万甚至上千万。如果要做三字词就是词数量的立方了。为了解决这个问题，搜索引擎在保存词频时还会保存对应的词在文档中出现的位置。示例中的单词“nothing”在文档 3 中所保存的信息就可以变成：2:[2，4]。其中第一个 2 表示出现了两次，也是后面出现位置数组的长度，而后面的数字表示这个词所出现的具体位置。那么在比较一个用引号包含的词组是否出现过的时候，可以比较后一个词的位置数组和前一个词的位置数组，看看其中是否有位置差正好为 1 的情况出现即可。

搜索信息排名

当找到和搜索关键词相关的文档后，需要了解这些文档和被搜索关键词的关系，在其中找到客户最可能关心的内容。这就好比客户输入了一个关键词“家电”，等同于他走进一家电器商场，商场里面的所有商品都是家电，哪些是他真正想买的？如果他写清楚了查询关键词“电视机”，那么直接把他领到电视机柜台就可以。如果他写得不太详细，我们就需要考虑是给他看最新促销的产品，还是卖得最好的产品或者是历史上他曾经买过的产品的相关产品。对于在几百亿个网页中，随便搜索一个关键词就会产生几百万匹配网页的搜索引擎而言，信息排名比信息匹配更加重要。如果排名不合适，那么用户感觉找不到自己要的东西，就可能不会再用这个搜索引擎了。对于一般的电商平台，这个问题也许不算太复杂，谁出的钱多，谁就排前面，这个就是一个广告效应和广告价格的问题。但在通用的搜索引擎上，出钱多少只能是一个辅助因素，匹配的准确度和客户的感受是更关键的决策因素。因此，本节讨论的排名算法基本上都是由纯粹的客观因素决定的算法。

搜索信息排名算法中最直觉的方法是匹配搜索信息，以及被搜索的目标文档（在线上常常是网页）信息之间的信息相关度。相关度越高，匹配程度越好。这个方法在用文档搜文档的时效果最好，这也衍生出一系列的文档相似性匹配算法。这些算法将在下一节详细介绍。此类算法最大的问题是，在线上搜索时，用户常常只输入几个单词。这几个单词构成语义都有些困难。用这些单词来和文档之间比较相似度就有些驴唇不对马嘴了。

既然不能用信息相关度来做搜索排名，那还有什么方式合适呢？既然是在网页上，另一个直觉方法就出现了，就是分析网页之间的链接关系和引用关系。一个网页被引用的越多，说明其价值越大；或者一个网页虽然被引用的不多，但是被重要的网页所引用，那么也说明它很重要。这种利用链接分析进行搜索信息排序的算法最早就是佩奇提出的佩奇排序法。在网页搜索领域，对链接关系进行分析的佩奇排序法还有一系列的改进算法，在这里不妨把这类利用链接分析技术的搜索排序算法统一称为网页排名算法（也可以叫作 Page Ranking 或者 Webpage Ranking）。

佩奇排序法[①]的基本定义如下：

$$R(u)=c\sum_{v\in B_u}\frac{R(v)}{N_v}$$

其中 $R(v)$ 就可以认为是排名积分，B_u 是所有链接到当前页面 u 的页面

① Page, L., Brin, S., Motwani, R., Winograd, T, *The PageRank Citation Ranking: Bringing Order to the Web*, 1998.

集合。N_v 是对于特定页面 v 所有的对外链接的个数，其中的 c 是网页集合输入输出矩阵 A 的特征根（对于从节点 v 到节点 u 的位置有链接就是 $1/N_v$）。这实际上就是假设用户在浏览网页时，对于网页上的所有链接都有相同的概率点出。这个点出跳转的概率矩阵就是 A。

这个公式存在一个问题：如果有一组网页是互相链接的，最简单的情况就是两个网页互相链接到一起，但是没有任何对外链接；同时有一个外部网页链接到其中一个页面上，这样外部输入的排名积分就会增加这一组网页的积分，最后导致这组网页的排名积分都达到无穷大。这就意味着用户点击网页的链接，点击到这组网页之后就出不去了，如果全球用户都一直点击网页，那么最后他们都会进入这些出不去的死链接。

为了防止这个问题，在原方法上增加了一个衰减项，同时 c 也被调整得比较小，被当作权重衰减因子，通常在 0 到 1 之间选择，在 Google 实践中一般选择 0.85。原始论文的公式比较不直观，在实践上常常使用以下公式：

$$R(u) = (1 - c) + c \sum_{v \in B_u} \frac{R(v)}{N_v}$$

这个公式的含义事实上是表示用户有 c 的概率点链接，而有（1-c）的概率没有点击链接，直接关闭浏览器或者在地址栏里面重新输入一个新的感兴趣的地址。

为了计算给定页面的积分，可以通过求解上文介绍的矩阵 A 方程获得。但互联网的网页有几百亿，求解方程的方式就变得不可行了。往往从任意初始积分开始迭代计算，直到计算结果收敛。

用 MapReduce 计算每个网页的排名积分需要运行两次 MapReduce 步骤。第一次的 Map 大致如下：

```
def link_mapper(one_page):
    link_list = ParsePage4URLs(one_page.url, one_page.content)
    if len(link_list) > 0:
        EmitIntermediate(one_page.url, (DefaultRank, link_list))
```

这段代码中间假定了一些子功能，其中 ParsePage4URLs() 会扫描一个页面的内容，返回其中所有有意义的外链 URL，并假定返回结果是一个数组。DefaultRank 是初始的排名积分。one_page 被假定成一个对象，对象内保存着网页信息，包括了网页本身的 URL 和内容等。在实际开发中，不同的数据结构下，代码会存在不同。示例中用 Python 语言实现时，直接返回值或者打印到外部文件均可。

第一次的 Reduce 则不需要做任何动作，保持输入和输出相同即可。如果一个页面从 Map 步骤没有返回内容，就忽略这个页面。当然，Reduce 步骤也可以数一下 Map 步骤中的 URL 列表长度，并将它放在返回值中。

第二次 MapReduce 时的输入就是第一次 MapReduce 给出的、由页面 URL、页面积分值、页面外链列表构成的数据。

```
def pr_mapper(key, value):
    (pr, link_list) = value
    l = len(link_list)
    value_string = str(pr / l)
    for one_link in link_list:
        EmitIntermediate(one_link, value_string)
    EmitIntermediate(key, str(link_list))
```

在这步 Map 动作时，会产生两种中间结果数据，两种数据都是以页面 URL 作为键值，一种用于保存原始的外链列表，另一种是各种页面积分值。

为了统一中间结果的格式，所有的键值对的值都被修改为字符串格式。所以到了 Reduce 步骤就会发现，自己会获得一个外链列表和一堆的页面积分数据，但是需要判断一下键值对的值是不是数组，如果是数组就说明是保存下来的外链列表，否则就是输入的页面积分的数值。

```
def pr_reducer(key,  values):
    link_list = []
    sum = 0.0
    for one_value in values:
        if one_value[0] == '[ ':
            link_list = one_value.split( ', ' )
        else:
            v = float(one_value)
            sum += v
        if len(link_list) > 0:
            pr = 0.15 + 0.85 * sum
            Emit(key,  (pr,  link_list))
```

可以看到，Reduce 步骤输出的信息和 Map 步骤的输入信息格式完全相同，所以就可以循环执行第二步 MapReduce 计算，直到最后网页积分数值稳定下来。在计算中选择的 0.85 就是算法介绍中的 c 的取值，而 0.15 则来自（$1-c$）的计算结果。当然，这个程序是很粗糙的，在重构外链 URL 时，只是简单地用逗号做了分隔，而逗号是合法的 URL 字符，可能会在 URL 内出现，这样就会导致计算结果错误。不过以上程序足以体现佩奇排序法的主要思想。

此外，以上示例程序仅仅是 Map 和 Reduce 步骤的示意。由于佩奇排序法是需要迭代的，还需要一个统一的调度程序来重复 MapReduce 步骤。这个步骤就是一个循环，通常循环 30 遍就足够收敛了。也可以比对每轮中每个页面的网页积分变化，当变化小于给定阈值时就停止执行。

在 MapReduce 算法之外，计算佩奇排序法的网页积分还可以利用图计算的方法获得，利用图计算在计算模型上更加简单。所使用的代码大致如下：

```
Class PageRankVertex : public Vertex<double,  void,  double> {
public:
   virtual void Compute(MessageIterator* msgs) {
      if (superstep() >= 1) {
        double sum = 0;
        for (; !msgs->done(); msgs->Next())
            sum += msgs->Value();
        *MutableValue() = 0.15 + 0.85 * sum;
      }
      if (supersteps() < 30) {
        const int64 n = GetOutEdgeIterator().size();
        SendMessageToAllNeighbors(GetValue() / n);
      } else {
       VoteToHalt();
      }
   }
}
```

以上代码也来自 Pregel 的论文。从代码中可以看到佩奇排序法是天然适合用图计算模型来处理的，处理原理和利用 MapReduce 的算法是完全相同的，但是处理起来却很简单，直接计算节点的值作为网页积分，直接除以外链的个数，作为消息发送出去即可。而外链的个数就是图上连接的边的个数。收到消息的节点只要简单地累加一下消息的值，然后用衰减权重 c 处理一下即可。同样的，由于 30 次迭代后网页积分值基本上会收敛，因此代码直接就给了一个 30 次的循环。

佩奇排序法只是搜索信息排序方法的其中之一。当然，作为 Google 的官方方法，也应该算是应用范围最广泛的方法了。但是，这个方法也存在一些问题，例如，这个方法是对于搜索信息匹配算法的结果按重要性进行排序，而有的网页虽然是某个领域的，但是文字中也许根本没有出现相关词汇，导致不在搜索信息匹配结果中的文字，也就不会出现在最后的排序结果中。

在搜索信息排序算法中还存在其他的一系列方法。其中，有的方法不仅根据页面被链接的情况确定其重要程度，也会根据页面链接到的目标页面的重要程度确定该页面是否是中继页面，就类似于“hao123”这样的导航网站基本上没有自己的内容，但这些网站却收录了大量高质量的重要网站的链接，所以这些网站就是非常有价值的中继页面。此类算法在分析网站的页面积分值之外，还会处理页面的中继权重值，并综合考虑这两个值的影响。这些算法比较典型的有 HITS（Hyperlink Induced Topic Search）算法、ARC（Automatic Resource Compilation）算法①等。

还有另外一些算法会考虑用户点击浏览器上的后退（Back）按钮的情况下，对于页面访问到达状态的影响，以构成随机排队模型的方式来计算网页之间的重要程度。例如 SALSA（Stochastic Approach for Link Structure Analysis）算法②。

在纯粹根据链接分析做搜索信息排序的算法之外，还有结合链接信息和网页等文档内容的搜索信息排序方法。例如，百度创始人李彦宏的专利就是利用了链接信息和链接本身的文字信息作为目标页面的排序积分的计算基础。这种方法的优点是计算代价比较低，只要分析每个链接到目标页面的链接文字信息——Anchor（锚点信息）即可。例如，可能有一个链接“大数据实践”指向本书，就可以说明本书是关于大数据理论和实践的。但是，这种方法存

① ARC 也正好是 IBM 的 Almaden 研究中心的缩写 (Almaden Research Center)，这个算法是由这个研究中心的研究人员提出的，因此这个命名应该不是巧合。

② 这两节内容参考了网上关于“几种搜索引擎算法”的相关内容。

在两个问题，一个问题是容易作弊，只要构造一堆指向某个页面的链接，然后把链接文字改成相同的，就可以人为提升该页面对于特定文字的匹配度，而无论这个页面的内容如何。另一个问题是，这个方法本质上是一种搜索信息匹配算法，而不是搜索信息排序算法。也就是说，这个方法是和信息相关的，就需要和输入信息进行关联计算。而佩奇排序法是与信息完全无关的，可以预先计算好各个页面的重要程度（页面排序积分）。

文档相似性判定

文档处理是广义概念，当然包括搜索匹配算法和搜索排序算法。同样的，在搜索之外还有很多处理文档的需求，也对应着相应的算法。例如，文档主题生成和文档相似性判定，都是应用非常广泛的文档处理算法。

文档相似性判定有时也叫作文档除重，用于确定两个文档是否雷同。很常见的一种应用就是当论文或者特定的文档发表时确定是否有抄袭，也可以用于对论文进行分析归类，将比较类似的文档归纳到同一类型中组织起来，便于查找。从另一个角度来看，对于非常相似的两个网站，好比是一个转载的帖子，在搜索引擎中把它们排在一起也是不太合适的，很可能导致用户看到的都是一摸一样的内容，所以搜索引擎也具有这方面的需求。

对于两个文件来说，对比它们相似性的方法比较直接。常用的工具 diff 就是把文件分成行，然后用逐个字符递归比较的方法来寻找其中的相似性和差异性。这种方法在文件长度不长且只有两个文件对比时才适用。回到搜索引擎的几百亿页面级别，用这种方法就很明显不适合。即使降低一些数量级，只考虑人类产生的学位论文或者某个学术期刊发表的论文，其文档数量也有几万到几亿的规模，这就要求研究人员不得不去寻找适合这种规模问题的解决方案。

仔细分析问题后会发现一些不同的思路，首先讲一个来自 Google 的 SimHash 算法。

这个算法的基本思想是利用数学工具对文档进行散列处理，从大空间向小空间映射，用散列值作为文档的特征。传统的散列方式，特别是散列目标空间较大的密码级散列函数具有非常灵敏的特性，例如 MD5 或者 SHA 之类，只要原文有轻微变动，散列出来的结果就会有巨大变化。这显然不太适合用于做文档相似性判定，因为只要修改一个词，结果就谬以千里了。同样用散列的方法，就需要构造一种特殊的散列函数，使得这种函数和内容的关系比较紧密，文档内容的轻微改变基本不影响散列结果，这样的散列函数被称为本地敏感性散列函数（Locality Sensitive Hash）。

那么，问题回来了，如何才能设计满足这种特性的散列函数呢？SimHash 算法给出了一个解决方案。首先，在文档中挑出有意义的词汇，或者说过滤掉那些重要但是到处都是的介词（a、an、the 之类）。然后，对剩下的有意义的词汇进行去重，每个词保留一份即可。按出现次数每个词汇保存多份也是可以的，这会使得计算速度下降，准确度也许更高，具体情况需要根据需求情况调试。最后，用一个比较敏感的散列函数对每个词计算散列值，由于词汇是给定的，从工程上可以预先对每个词汇进行散列，构造散列字典。图 5-1 是一个示意图，其中的散列值是一个 8 比特的结果，具体的计算函数在这个示例并不真实存在，所谓的散列结果是随意填写的。

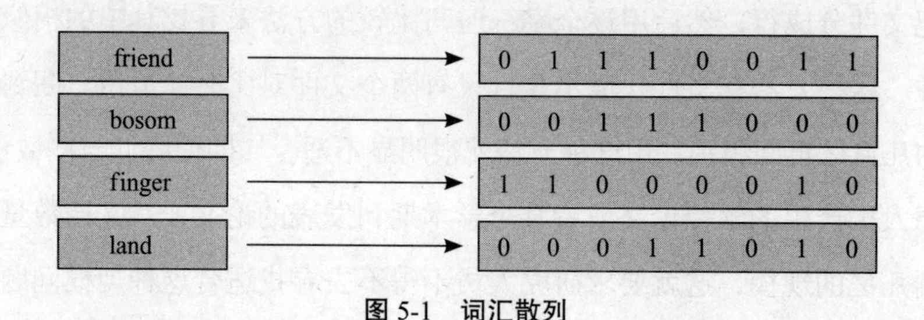

图 5-1　词汇散列

对于给定的文档，把其中出现的词汇找出来之后，开始按散列字典逐个比特进行处理。先给出一个全0的特征，把出现的词汇的特征中对应比特加以处理，如果一个比特是1，就把该比特加1，否则就减1。假定有一篇文档就出现了上面的四个词汇，那么处理后的计算结果如表5-1所示。

表5-1　散列后的处理结果

文档初始特征	0	0	0	0	0	0	0	0
friend 贡献的特征	−1	1	1	1	−1	−1	1	1
bosom 贡献的特征	−1	−1	1	1	1	−1	−1	−1
finger 贡献的特征	1	1	−1	−1	−1	−1	1	−1
land 贡献的特征	−1	−1	−1	1	1	−1	1	−1
按比特计算结果	−2	0	0	2	0	−4	2	−2
散列结果	0	0	0	1	0	0	1	0

在实际工程实施上，通常不会使用8比特这么短的长度，在一般情况下常常使用64比特的字长。这个例子只是示范而已。

利用这个方法把所有的文档都分析一遍，计算出它们各自的SimHash数值，存放在数据库或者高速缓存中，以便使用的时候查询。当有一篇新的文档加入、需要计算该文档和现存文档的相似度时，先计算新文档的散列值，再计算这个散列值和现有文档散列值之间的海明距离（Hamming Distance）。

广义的海明距离定义是两个字符串之间不同字符的个数，在SimHash算法中的定义是不同比特的个数。例如，两个单词“astronomy”和“astrology”中只有倒数第四个字符和倒数第二个字符不同，所以海明距离是2。同样的，在上面的散列结果例子中，如果有一篇文档的散列结果是“00110010”，和示例的结果只有第三个比特不同，则海明距离是1。

当海明距离的值小于一个给定阈值时，就认为两篇文档接近。这个阈值根据不同的散列字长和需求会有所不同，可以根据实际需要测试并选定。在 64 比特散列长度时，一般采用 3 的海明距离。

海明距离的比较计算过程还是较快的，而且有个巨大的好处是不同文档的计算结果是无关的，因此很容易进行负载均衡分配，适合于大数据计算环境。但对于海量文档而言，每个文档比对几十个比特，累计起来生成了巨大的计算量。为了解决这个问题有一些优化方法，例如，在 64 比特散列长度和 3 的海明距离的情况下，最直观的是利用抽屉原理，把 64 比特分成 4 个 16 比特的片段。如果这 4 个片段都不相同，那么不同比特数至少有 4 个。对于至少有一个片段相同的散列值，可以把这个值作为键值，把文档 SimHash 值保存到键值对高速缓存中（键值的个数最多为 65 536 乘以 4，也就不到 30 万），从而把逐个比特的循环比较变成查表操作，这也是 SimHash 在工程上比其他文档除重算法要更容易应用的原因。

在 SimHash 算法之外还有一些其他算法，思路也很有意思。有的算法类似于上文中搜索使用的定长度切词算法，把若干长度的短语作为匹配词，这个长度也可以是固定的，比如 3 个词或者 5 个词，然后把这些短语作为处理单元。有的算法认为不是所有词都是等价重要的，只需要观察冠词和介词等词语后的单词，例如“the”“a”“this”之后的词，这些词所构成的信息空间的相似性就完全体现了一篇文档涉及的内容。这两种思想有自己的算法名称，不过它们实际上可以作为 SimHash 等算法的补充，用于对文档进行预处理，而 SimHash 等算法才是真正的文档信息空间相似性匹配算法。

这些信息空间相似性的算法也有多种思路，SimHash 只是其中比较有代表性的一种思路。因为 SimHash 计算简单、适合并行处理、容易优化、容易借用现有大数据基础架构支持。其他算法中最直接的算法是计算两个信息向量的余弦，两个向量的余弦值越大，说明这两个向量的夹角越小，1 就表示完全重合。信息向量是信息空间中以词为维度所构成的空间中，特定文档的向量。假定某种语言有 10 000 个词，那么这些词就构成了一个 10 000 维的空间。假设有个文档是“Sow nothing，reap nothing”，这个文档在“sow”和“reap”维度上长度为 1，在“nothing”维度上长度为 2，在其他维度上的长度就是 0。计算向量余弦或者夹角的方法实际上很简单，公式是：

$$\cos(\theta) = \frac{A \cdot B}{Length(A) \times Length(B)}$$

其中的 A 和 B 是两个需要比较的向量，“•”是点积运算符，也叫作内积运算符。计算公式是按维度相乘后求和，如在一个 x、y、z 维度的三维空间中，计算点积的公式就是：

$$A \cdot B = x_A x_B + y_A y_B + Z_A Z_B$$

扩展成任意维度的通用公式就是：

$$A \cdot B = \sum_i A_i B_i$$

其中的 A_i 和 B_i 就是 A 和 B 向量第 i 维度的值。而长度就可以用简单的长度计算公式，也就是各个维度的长度平方和的平方根：

$$Length(A) = \sqrt{\sum_i D_i^2}$$

其中的 D_i 是第 i 个维度的长度。在上文的例子中就是$\sqrt{6} \approx 2.4495$。信息空间向量夹角算法的问题是需要做开方之类的计算，在工程实践上的效能会相对比较低。

另外，信息空间向量夹角只是一种思路，当然还有其他思路。例如，用两个文档中出现的相同词汇的个数除以两个文档出现词汇的总数，这个值越高就说明两个文档相似度越高；如果这个比例是 1 的话，就说明两个文档使用的词汇是完全相同的。

文档主题生成

文档主题生成也常被称为主题建模（Topic Model）。从某种概念上说，它也可以算一种语义级别的文档除重，或者说是文档相似性判定算法。在上文介绍的文档除重算法中，都是用文档中出现的词语来进行判定的。也就是比较两个文档中用了哪些词，特别是一些关键词。如果用的词类似，就说明两个文档相似度高。可实际情况下，有的文档可能用的词不同，但是说的是非常相关的意思。例如：

> 中国北方十二月份太干燥了。
> 北京在冬天的时候很容易产生静电。

按词汇来说，这两句话基本没有使用相同的词，可实际上它们是高度相关的。这样，如果从分类角度看，这两句话都可以被分配到相似的主题下。而文档主题建模比简单分类要复杂得多，最后的结果也不是把一篇文档放入某个主题，而是形成一个主题分布。这个主题分布似乎不太好理解，我们举个例子；有三个口袋，每个口袋里都可能放着红、黄、蓝、绿四种颜色的球（如表 5-2 所示）。

表 5-2　示例数据

]	红球	黄球	蓝球	绿球
1	10	2	0	5
2	3	6	3	8
3	1	7	9	0

现在我们摸到了一个黄球，那么这个球来自哪个口袋呢？当然，这三个口袋都有可能，只不过口袋 2 和口袋 3 的可能性要高一些，口袋 1 的可能性要低一些。然后，我们又摸出了一个蓝球，那么可以知道口袋 3 的可能性更大了，口袋 2 的可能性小一些，口袋 1 不可能了。这就是一种主题分布。例子中的三个口袋就类似于三个主题，不同颜色的球就类似于文章中出现的词汇，文章中出现的各个词汇就类于一次一次地摸球。根据摸出的球的情况就形成了一个主题分布，也就是有的口袋的可能性高一些，有的口袋的可能性低一些，这就是可能性的分布情况。

根据上文的例子，定义几个基本的变量①（如表 5-3 所示）。

表 5-3　基本概念定义

变量	含义
K	主题的个数，主题范围是预先确定的，比如 50 个主题
V	全部词汇的个数，不同语言会有差别，差别在几万到几百万之间
M	文档的个数，可以认为是学习样本的数量，也可以当作文档全集
$N_{d=1..M}$	每篇文档中出现的词汇数量
N	所有文档中出现的所有词的总和。即，$N=\sum_{d=1}^{M} N_d$
$\alpha_{k=1..K}$	对于特定文档的主题 k 的先验权重，所有的 α 构成一个 K 维向量
$\beta_{w=1..V}$	对于特定主题的单词 w 的先验权重，所有的 β 构成一个 V 维向量
$\phi_{k=1..K,\ w=1..V}$	在主题中不同词汇的出现概率
$\theta_{d=1..M,\ k=1..K}$	对于文档 d 的主题分布概率

① 来自维基百科中对于 LDA 的定义，这个定义也用于其他类似应用。

（续表）

变量	含义
$Z_{d=1..M,\ w=1..Nd}$	对于文档 d 中的每个词的主题编号（1..K 之间）
$W_{d=1..M,\ w=1..Nd}$	对于文档 d 中的每个词的词汇编号（1..V 之间）

继续上文的例子，现在无限猴子理论中的猴子要准备写文章了，它首先面对的不是打字机，而是 K 个口袋，每个口袋里面放着很多很多的球，球的颜色有 V 种，但是不同颜色的球的数量在各个口袋中是不同的，体现出了不同主题中词汇的分布，正如上文例子中 1 口袋里红球多而 3 口袋里蓝球多，也就是上表中的 $\phi_{k=1..K,\ w=1..V}$，其中 k 表示的是主题编号，w 是词汇库中的编号。比如在一个标着“体育”字样的口袋中，那些“篮球”“游泳”之类的球就很多，而“硬盘”之类的球会比较少。

现在猴子打算写作本节，在写作之前，猴子先去取了一个空口袋，然后闭着眼睛在 K 个主题口袋中摸了一个，摸到了一个写着“大数据”的口袋。猴子把其他口袋扔掉，只用这个“大数据”的口袋，伸出毛绒绒的爪子从“大数据”主题口袋中摸出一个写着“文档”的球并把它放入空口袋，原来的主题口袋里又变出了一个相同的写着“文档”的球以保证概率不变。猴子又抓了几次，分别摸到了“主题”“生成”和“建模”（这几个词就是本节的第一句话，而其他过于常用的词“也”“被”等可以不分析）。猴子新建立的这个口袋就是文档中的一个，属于 1..M 中，所以每个文档也是一个口袋，里面放着不同猴子摸出的球，这样的口袋总计有 M 个。每个口袋里面分别放着 $N_{d=1..M}$ 个球，所有猴子的所有文档口袋中所有球的总和就是 N。

这个创作过程比较直接，但是贝叶斯学派的数学家表示不满意，作为一只猴子拿着一个主题口袋抓球太容易了，不能体现智慧。现在规定每次抓球之前都需要先抓一个新的主题口袋，然后再从新抓出的主题口袋中抓一个球。[1]这样就使得一开始的 K 个主题口袋不够了，否则每次抓到不同口袋的概率都是一样的。应该说一开始是 K 类主题口袋，不同口袋的个数也是不同的，体现了一种分布，即表 5-3 中的 $\theta_{d=1..M,\ k=1..K}$。对于特定的猴子创作的特定文档，那个放着主题口袋的大口袋就是 $\theta_{d=1..M}$ 向量。主题建模的目的就是针对特定的文档，窥视出猴子抓取第一次主题袋子的那个大口袋里的主题分布向量。

贝叶斯学派的数学家还是不满意，一开始那个大口袋里面的主题分布情况实际上是和猴子想写的文章内容和它的创作风格有关的，一只猴子如果想写一篇“大数据”方面的文章，那么和“计算机”“统计”相关的主题的比例就会更高。这群猴子最初想写什么，写作风格是什么也是一个随机过程，这个过程要求猴子先抽取一个 $\theta_{d=1..M}$ 的大口袋，这个就是表 5-3 中的 $\alpha_{k=1..K}$。这个大口袋里面的分布是由很多猴子共同组成的先验分布，就比如喜欢写小说的猴子多，那么新来一只猴子喜欢写小说的可能也高些。虽然在工程上，这个分布常常被取成平均的。

以上这些解释比较形象，但准确度不算高，只是帮助读者理解上下文。而这里提到的方法就被称为隐式狄利克雷分配（Latent Dirichlet Allocation，LDA）。同时，LDA 是概率隐式语义分析（Probabilistic Latent Semantic Analysis，PLSA）的一种泛化形式。

无论是看论文，还是上网搜索资料，LDA 的数学复杂度（动不动就是一堆积分连乘符号）都让工程师们望而却步，图 5-2 就是维基百科上关于 LDA 的贝叶斯推理的一些说明。

① 这个例子参考了靳志辉的《LDA 数学八卦》一文。

$$P(\boldsymbol{W},\boldsymbol{Z},\boldsymbol{\theta},\boldsymbol{\varphi};\alpha,\beta)=\prod_{i=1}^{K}P(\varphi_i;\beta)\prod_{j=1}^{M}P(\theta_j;\alpha)\prod_{t=1}^{N}P(Z_{j,t}\mid\theta_j)P(W_{j,t}\mid\varphi_{Z_{j,t}}),$$

where the bold-font variables denote the vector version of the variables. First, $\boldsymbol{\varphi}$ and $\boldsymbol{\theta}$ need to be integrated out.

$$P(\boldsymbol{Z},\boldsymbol{W};\alpha,\beta)=\int_{\boldsymbol{\theta}}\int_{\boldsymbol{\varphi}}P(\boldsymbol{W},\boldsymbol{Z},\boldsymbol{\theta},\boldsymbol{\varphi};\alpha,\beta)\,d\boldsymbol{\varphi}\,d\boldsymbol{\theta}$$

$$=\int_{\boldsymbol{\varphi}}\prod_{i=1}^{K}P(\varphi_i;\beta)\prod_{j=1}^{M}\prod_{t=1}^{N}P(W_{j,t}\mid\varphi_{Z_{j,t}})\,d\boldsymbol{\varphi}\int_{\boldsymbol{\theta}}\prod_{j=1}^{M}P(\theta_j;\alpha)\prod_{t=1}^{N}P(Z_{j,t}\mid\theta_j)\,d\boldsymbol{\theta}.$$

All the θs are independent to each other and the same to all the φs. So we can treat each θ and each φ separately. We now focus only on the θ part.

$$\int_{\boldsymbol{\theta}}\prod_{j=1}^{M}P(\theta_j;\alpha)\prod_{t=1}^{N}P(Z_{j,t}\mid\theta_j)\,d\boldsymbol{\theta}=\prod_{j=1}^{M}\int_{\theta_j}P(\theta_j;\alpha)\prod_{t=1}^{N}P(Z_{j,t}\mid\theta_j)\,d\theta_j.$$

We can further focus on only one θ as the following:

$$\int_{\theta_j}P(\theta_j;\alpha)\prod_{t=1}^{N}P(Z_{j,t}\mid\theta_j)\,d\theta_j.$$

Actually, it is the hidden part of the model for the jth document. Now we replace the probabilities in the above equation by the true distribution expression to write out the explicit equation.

$$\int_{\theta_j}P(\theta_j;\alpha)\prod_{t=1}^{N}P(Z_{j,t}\mid\theta_j)\,d\theta_j=\int_{\theta_j}\frac{\Gamma\left(\sum_{i=1}^{K}\alpha_i\right)}{\prod_{i=1}^{K}\Gamma(\alpha_i)}\prod_{i=1}^{K}\theta_{j,i}^{\alpha_i-1}\prod_{t=1}^{N}P(Z_{j,t}\mid\theta_j)\,d\theta_j.$$

Let $n_{j,r}^{i}$ be the number of word tokens in the jth document with the same word symbol (the rth word in the vocabulary) assigned to the ith topic. So, $n_{j,r}^{i}$ is three dimensional. If any of the three dimensions is not limited to a specific value, we use a parenthesized point $(\cdot)$ to denote. For example, $n_{j,(\cdot)}^{i}$ denotes the number of word tokens in the jth document assigned to the ith topic. Thus, the right most part of the above equation can be rewritten as:

$$\prod_{t=1}^{N}P(Z_{j,t}\mid\theta_j)=\prod_{i=1}^{K}\theta_{j,i}^{n_{j,(\cdot)}^{i}}.$$

So the θ_j integration formula can be changed to:

$$\int_{\theta_j}\frac{\Gamma\left(\sum_{i=1}^{K}\alpha_i\right)}{\prod_{i=1}^{K}\Gamma(\alpha_i)}\prod_{i=1}^{K}\theta_{j,i}^{\alpha_i-1}\prod_{i=1}^{K}\theta_{j,i}^{n_{j,(\cdot)}^{i}}\,d\theta_j=\int_{\theta_j}\frac{\Gamma\left(\sum_{i=1}^{K}\alpha_i\right)}{\prod_{i=1}^{K}\Gamma(\alpha_i)}\prod_{i=1}^{K}\theta_{j,i}^{n_{j,(\cdot)}^{i}+\alpha_i-1}\,d\theta_j.$$

Clearly, the equation inside the integration has the same form as the Dirichlet distribution. According to the Dirichlet distribution,

$$\int_{\theta_j}\frac{\Gamma\left(\sum_{i=1}^{K}n_{j,(\cdot)}^{i}+\alpha_i\right)}{\prod_{i=1}^{K}\Gamma(n_{j,(\cdot)}^{i}+\alpha_i)}\prod_{i=1}^{K}\theta_{j,i}^{n_{j,(\cdot)}^{i}+\alpha_i-1}\,d\theta_j=1.$$

Thus,

图 5-2 LDA 的贝叶斯推理过程

当然，为了深刻理解其中的原理，学习相应的数学原理是很有必要的，我们可以参考靳志辉的《LDA 数学八卦》一文，这篇文章是相关资料中写得最浅显易懂的。如果纯粹在工程上使用，则实际上不用那么麻烦，类似猴子抽球例子中提到的各种变量和分布，只要知道这些变量的生成方法即可。

在文档建模过程中，存在两种类型的过程。在第一种过程中，我们已经有了一大批文档，甚至可以认为这些就是我们要分析的全部文档，通过学习和推导过程，求解出 $\theta_{d=1..M,\ k=1..K}$ 和 $\phi_{k=1..K,\ w=1..V}$ 就够了。前者是每篇文档的主题模型，后者是每个主题的词汇模型。这两个变量的含义在猴子抽球例子中都有对应。第二种过程是第一种过程的特例，或者可以作为一种增量算法：就是在模型生成之后，又有新文档被产生出来，需要对新文档学习这个文档的 θ 向量，对应的文档编号 d 可能是 M+1，结果也是一个 K 维向量表示主题分布情况。两种算法是几乎相同的，只需要理解第一种就足够了。

图 5-3 是维基百科上对于 LDA 的随机变量之间的平板标注法（Plate Notation）的说明。平板标注法是贝叶斯推理过程的一种图形表示方法，用于

表示随机变量之间的一种一对多关系。

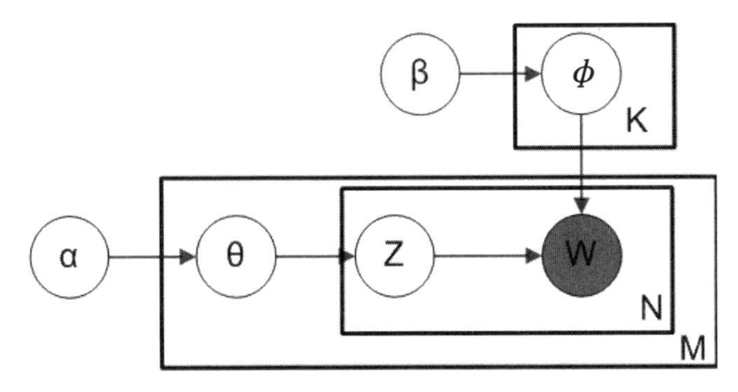

图 5-3 平板标注法

其中的 α、ϕ、θ 在猴子抽球例子中有说明，而 β、Z、W 没有出现，虽然它们也被列在了变量表格中。W 最简单，就是文章中出现的每个词汇，只不过为了处理方便，这里不是指词本身，而是指一个“1..V”之间的词汇编号。例如，“大数据”这个词对应的词汇编号可能为 271 665 号球（这个编号是随意写的，没有含义）。Z 是 W 对应的主题编号。大家应该还记得，根据贝叶斯学派数学家要求，猴子在从主题口袋抽取词汇球之前，要从放置主题口袋的超级大口袋中先抽取一个主题口袋吧。这个抽取出来的主题口袋的编号我们也要记录下来，这就是 Z，它是一个“1..K”之间的值。因为文章的词是 N 个，所以在平板上标注了一个 N；而从 Z 到 W 是每次取出主题口袋后，从主题口袋抽一个球的过程，所以就不需要额外标注数字了。β 和 α 类似，在从主题口袋抽取词汇球之前，我们对主题还没有理解，这时所有的词汇球也存在一种先验分布：α 是主题先验分布，而 β 是词汇先验分布，我们通常一开始也是从均匀的常数开始计算。

现在盘点一下我们知道些什么。W 是我们要分析的文档，词汇自然是知道的，属于已知条件。文档总数 M 和主题总数 K 自然也是知道的。词汇总数 V 可以数一数所有的 W，凡是没有在 W 中出现的词，我们也不用管，所以 V

也是很容易计算的。每个文档的词汇数 N_d 是不同的，但是简单数数也可以获得。α 和 β 是先验分布，因为一开始我们对分布一无所知，设成相同的值就好了（需要注意的是 α 可以直接用 K 取倒数，变成均匀分布。β 的计算略微复杂些），所以需要求解的只有 ϕ 、θ 和 Z，算法如下[①]：

```
// 输入信息有：
//     K：主题数；V：词汇总量；N：出现在文档中的词汇总量
//     alpha， beta：初始化参数对应于 α 和 β
//     所有需要分析的文档。文档中的词假定都可以获得词汇编号 Wn
// 统计步骤：
//     对每一个主题，都有若干文档作为正样本，统计每个主题的正样本
//     词频 WC[K][V] 的计数，是每个主题 k 的正样本对应词汇计数 WC[k][Wn]
//     主题 TC[K] 计数，就是 WC[k][Wn] 中对应的 k 的计数和
//     词频对数概率 WP[K][V]，其中 WP[k][Wn]=ln(WC[k][Wn])-ln(TC[k])
//     如果 WC[k][Wn] 是 0，WP[k][Wn] 就取一个大的负数，例如 -100
初始化数组 TGamma[K] 中的每个元素为 alpha + N / K
初始化数组 TPsi[K] 中的元素为 Ψ(TGamma[k])，其中 k 是 1..K 中的循环变量
初始化数组 Phi[K][N] 的每个元素 1 / K，相当于按词 Phi[n] 做了归一化
for（循环迭代，直到收敛）
{
    for (n=[1..N] 之间每篇文档中的每一个词，令第 n 个词的编号是 Wn)
    {
        for (k=[1..K] 之间的每一个主题）
        {
            OldPhi[k] = Phi[k][n] // n 在本循环中不变，保留一下 Phi
            Phi[k][n] = TPsi[k] + WP[k][Wn]
```

① 程序和 LDA 的原论文 Blei，David M.; Ng，Andrew Y.; Jordan，Michael I. Lafferty，John，ed. *Latent Dirichlet Allocation.* Journal of Machine Learning Research. 2003.01 中的算法很类似，但是更加详细。此代码参考了 Blei 等人给出的示例代码。

```
        }
        LS = ln(Σ_k e^{phi[k][n]})
        // 计算 Phi[n] 中幂数和的对数。因为 Phi 是对数空间上的
        // 可以在上面的循环中不断根据 log(a) 和 log(b) 累计 log(a+b)
        for (k=[1..K] 之间的每一个主题)
        {
            Phi[k][n] = e^{phi[k][n]-LS}
            TGamma[k] += (WC[k][n] * (Phi[k][n] - OldPhi[k]))
            TPsi[k] = Ψ(TGamma[k])
        }
    }

    // 更新词频和主题的对应关系
    for (n=[1..N] 之间每篇文档中的每一个词，令第 n 个词的编号是 W_n)
    {
        for (k=[1..K] 之间的每一个主题)
        {
            // 词频 [n] 相当于 WC[k][W_n] 的初始值
            // 由于 WC 会被更新，初始值需要被保存
            WC[k][W_n] += (词频 [n] * Phi[k][n])
            TC[k] += (词频 [n] * Phi[k][n])
        }
    }
}
```

程序中提到的词都是不同的词，如果有相同的词，则只保存一份，记录词出现的次数。ln( ) 是自然对数为底的对数计算，在 C 和 C++ 语言中可以直接使用函数 log( )。

其中程序中多次出现的字母 **Ψ** 和其他希腊字母不同，不是表示某种随机变量，而是被称为箇伽马（Digamma）函数。这个函数是伽马函数 $\Gamma(x)$

的对数的一阶导数，定义为：$\Psi(x)=\frac{d\log\Gamma(x)}{dx}$。而伽马函数是在大数据和人工智能领域被广泛使用的一个函数，定义是：$\Gamma(x)=\int_0^\infty t^{x-1}e^{-t}dt$。伽马函数是著名数学家欧拉发现的，是把阶乘从整数拓展到实数空间的函数：$\Gamma(x)=(x-1)!$。在LDA的计算中，不需要计算伽马函数，只需要能够对任意 x 计算出对应的Digamma函数 $\Psi(x)$ 的结果即可。这个计算看起来比较复杂，实际上可以用泰勒级数展开后用多项式近似求解。在弗洛里达州立大学的何塞·贝尔那多（Jose Bernado）制作的ASA103的数学包中有各种语言的实现版本，工程人员只需要直接调用或者参考后自行实现。

根据上面的代码计算后得到的Phi数组，根据词汇顺序号 n 展开到词汇空间 V 上之后，就得到了模型 ϕ，可以用于后续分析。

这个算法来自LDA的原作者的示例代码，使用的是期望最大化（Expectation Maximization，EM）方法。目前LDA的研究主要集中在提高推理的速度上，因此最常见的方法是采用吉布斯采样（Gibbs Sampling）的方法。这个方法事先为每个 W 随机出对应的 Z，然后通过迭代过程，使得 Z 随机变化，最后文档中 Z 的分布情况会倾向于稳定，这时就可以获得文档的主题分布模型 ϕ 了。这个方法更有美感：

```
// 输入信息有：
//     K：主题数；V：词汇总量；N：出现在文档中的词汇总量
//     alpha， beta：初始化参数对应于 α 和 β
//     所有需要分析的文档。文档中的词假定都可以获得词汇编号 Wn
// 准备以下信息用于统计和分析
主题计数：TC[K]，准备存放每个主题出现的词数量
词频计数：WC[K][V]，准备存放每个主题所对应的所有词汇出现的数量
文档主题计数：DT[M][K]，准备存放每个文档中各个主题出现的数量
Z[M][N]，就是表格中的Z，用于存放和词汇所对应的随机分配的主题 k
```

（续表）

```
// 计数功能
function Count()
{
    清空 TC、WC、DT 中的数据
    for（每个文档 m 的每个词 n）
    {
        如果是第一次，为该词 n 随机分配一个分类 k
        可以是均匀随机也可以按 TC 的值多项分布
        记录分配到的分类 k 到 Z[m][n] 中
        如果不是第一次，已经在 Sampling() 过程中分配过了
        TC[k] ++   // 主题 k 出现的量增加
        WC[k][Wn] ++ // 主题 k 对应词汇表词频增加
        DT[m][k] ++ // 文档 m 所对应的主题 k 出现数量增加
    }
}

// 随机采样
function Sampling()
{
    for（每个文档 m 的每个词 n）
    {
        减少和原有 Z[m][n] 所对应的主题 k 相关的 TC、WC、DT 计数
        计算概率 p[K]，每个 p[k] 的数值是：
        p[k] = (WC[k][Wn] + beta) / (TC[k] + V * beta)
             * (DT[m][k] + alpha) / (Nm + K * alpha)
        计算 Z[m][n] 为利用 p 计算的多项分布获得新的主题 k'
        增加和新的主题 k' 所对应的 TC、WC、DT 计数
    }
}
```

（续表）

```
Count()  // 初始化并计数
for（循环迭代，直到收敛）
{
    // 为每篇文档 m 中的每个词 n 重新采样获得，并更新对应的计数
    Sampling()
    // 根据新的采样计数值重新计算 Theta。每项的值是：
    Theta[m][k] = (DT[m][k] + alpha) / (N_m + K * alpha)
    // 根据新的采样计数值重新计算 Phi。每项的值是：
    Phi[k][W_n] = (WC[k][W_n] + beta) / (TC[k] + V * beta)
}
```

其中的 N_m 表示文档 m 的字数。这个值在整个过程中是不变的。而 W_n 是文档 m 中位置 n 对应的词汇的编号。这个迭代过程非常简洁优美，就是用多项分布为每个词汇随机分配一个新的主题 k，更新计数值，重新计算 Theta 和 Phi，直到收敛。而 Theta 和 Phi 就是表格中的 θ 和 ϕ，也分别对应了每篇文档的主题分布和整个 LDA 的主题词汇模型。

代码中的多项分布就是按概率分布的一个随机过程，例如抛硬币就是一个 50%~50% 的二项分布。直观地说，如果红、黄、蓝、绿四种球的概率分别是 10%、30%、40%、20%，就相当于 0~9 的一个数组，下标分别是：[红、黄、黄、黄、蓝、蓝、蓝、蓝、绿、绿]。在 0~9 中随机，如果随机到 1，就是黄色，随机到 9，就是绿色。在实际计算中，k 值可能很大（例如 50），那么可以根据概率的不同，在“0..1”的实数空间中给予不同的宽度，落在谁的范围内就是谁。

当模型计算好之后，如果出现了一篇新的文档 M+1，需要构建它所对应的 θ_{M+1}，计算方法也是类似的。可以类似于现有的模型生成方法，只是单独统计新增加的文档并修正计数值，而无需重复计数，将算法变成增量算法。

用户画像

用户画像，其实就是机器眼中的你。你看了篇育儿知识的文章，机器猜测你有个小孩，而你可能是孩子的父母。随后你在网上买了包纸尿裤，机器认为你的孩子在 0~3 岁。然后你买了条大牌腰带，机器会觉得你是个辣妈，并且收入不低。随着对你网络行为的不断分析，对你的画像就越来越具体，可能会比你自己更了解你。

准确的用户画像是企业的重要资产，是其进行精细化运营的基础。企业通过它可以深入了解自己的产品受众，进而提供精确的营销决策；或者根据不同客户的特点，提供个性化服务。通常对于一个用户刻画得越仔细，用户可以带来的价值越大。

构建用户画像一般需要经历数据收集、数据整理、数据存储、用户画像生成、用户属性预测等阶段，下面我们详细描述其中的过程。

数据收集

作为用户画像的基础，收集用户的行为是最基础也是最重要的事情。通常我们对一个用户的历史行为记录得越详细，时间越长，对这个用户的认识就越深刻，对其未来的行为进行预测的能力就越强。同时，用户行为数据也可以反过来帮助我们对预测的标签进行调试（Debug）。下面就以一个移动广告平台十亿级别的用户行为收集为例，详细介绍其中的技术细节。

在收集之前，我们需要对行为进行一个普适性强的定义。例如，我们将用户的行为定义为，用户使用一个 x 设备（Device）在 x 地点（Position）x 时间（Time）对设备上的媒体（Media）进行了 x 操作（Action），结构如下所示：

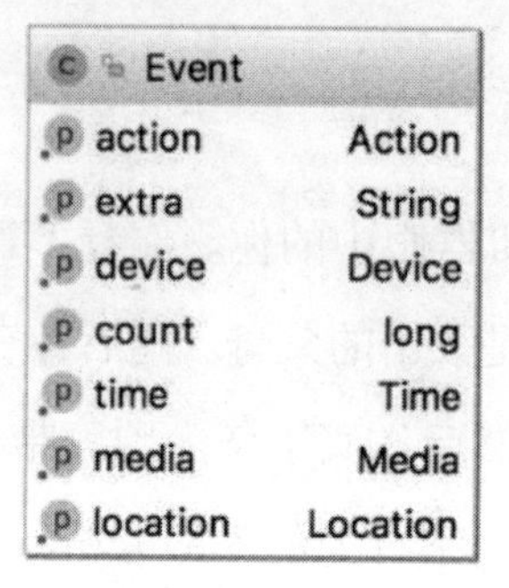

详细的字段结构描述如下所示：

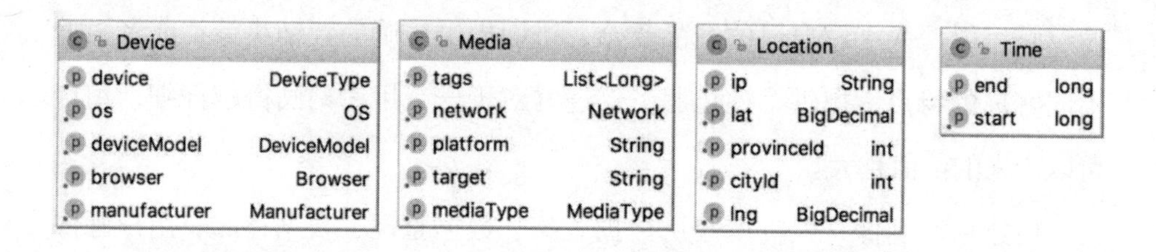

示例如下：

```
{
    time : “2017-12-16 09:23:31”
    device: {
        type : “平板”,
        os : “Android”,
        model : “mediapad-m3”,
        manufacturer:“华为”
    },
    location : {
        ip : “45.121.**” ,
        lat : 39.904989
        lng : 116.405285,
        city : “×× 市”
```

（续表）

```
        province : “××”
    },
    media : {
        type : “公众号”,
        target : “******”,
        tags : [45, 22, 12, 10],
    },
    action: ‘浏览’
}
```

这里只是为了方便看清内部的数据存储，实际上我们不太可能以这么“直白”的方式存储数据，这样可能会带来数据的爆炸式增长。在进行存储之前，我们要考虑对数据进行“瘦身”操作。除了在前面第 2 章介绍的列式存储算法外，下面是一些我们经常使用且行之有效的方法。

过滤异常数据

用户行为中不可避免会出现爬虫、媒体刷量等通过作弊手段产生的数据，这些数据对于用户分析不但没有帮助甚至起到反作用，所以要提前剔除。可以根据使用应用（App）的频次、时间、相关性、位置等进行综合分析。

尽量不使用字符串

正常情况下，一个 UTF-8 数字 / 字母占 1 个字节，每个汉字占用 3 个字节。字符串的压缩没有太好的方式，一般都是用 zip 等通用压缩算法，而数字（Number）类型则可以采用 VarInt（变长），DeltaEncoding（差量编码）等编码节省空间。那么，我们如何将字符串转成整形（Integer）呢？

第一种常见的方式是使用一个字典表，建立字符串和 ID 之间的映射关系。

我们设置一个字典表 { 北京 : 1，上海 : 2}，这样以后在记录北京时只需要使用一个字节（用 VarInt 表示）即可，而原来“北京”两个字占用 6 个字节。

第二种方式就是可以根据某个规则进行转换，例如我们可以将 IP 地址转换为数字类型：

```
def toLong(ip){
    return (ip[0] << 24) + (ip[1] << 16) + (ip[2] << 8) + ip[3];
}
```

类似的，将日期存储为时间戳也是如此。

第三种方式就是模糊正确，即通过散列的方式，将字符串散列到一段数字空间上。这种方式有个缺点就是不同的字符串会产生碰撞，使用此方式前需要根据自己的数据特点做好测试，评估碰撞后的结果偏差是否可以接受。

```
public long hash(String key) {
    return MurmurHash3.murmurHash3_x64_64(key,  seed);
}
```

合并连续行为

由于用户在移动设备上的行为通常具有连续性，例如在今日头条这个应用上连续使用了 10 分钟，可能会收到几百条日志记录，这几百条数据大部分都是重复的。为了减少行为数据的收集，这里使用一个技巧，将 time 构造为 {start，end} 结构，在媒体中使用 tags 列表字段来记录这期间访问的所有内容标示。这样原来的几百条日志就只需要存储为一条即可，大大节省了空间。

构造好用户的单个 Event 后，我们可以按天对用户的行为进行合并，例如：

```
10：01~10：07 刷头条
12：12~12：47 看电影
16：31~17：28 使用 Office 软件
```

用户每天的行为集合使用下面的 UidHistory 表示：

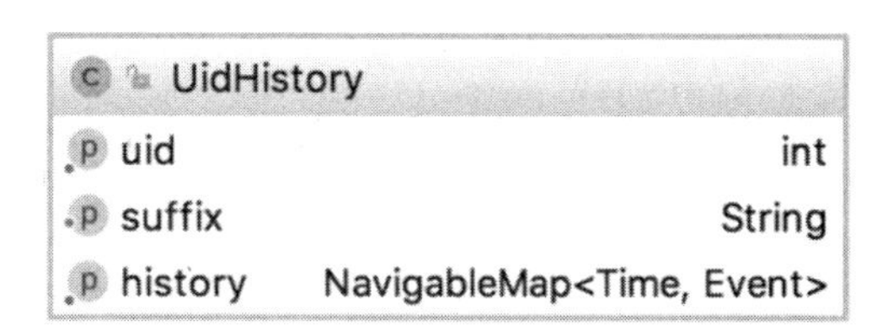

数据整理

经过一段时间的分析，用户的某些行为信息，例如设备信息等会固化下来，我们就可以考虑固化这块的数据，减少这部分数据的存储。也可以考虑用列存储加 delta 编码的方式进一步减少该周期内数据的数量。

这里利用 Spark 对用户的行为进行整理、合并后生成 UidHistory，然后写入数据库。示例代码如下：

```
val eventItemRDD = baseRDD.map(row=>{
  val items = ...
  (uid, SparkCodec.encodeEvent(items))
})
val historyRDD = eventItemRDD.groupByKey().map(s=>{
  var builder = UidHistory.newBuilder()
  ....
  s._2.foreach(event=>{
    builder.addEvent(item)
  })
  val bytes = SparkCodec.encodeUidHistory(builder.build())
  (uid, bytes)
})
```

（续表）

```
val resultRDD = historyRDD.partitionBy(new LjjPartitioner(60)).
mapPartitionsWithIndex { case (shard, iter) =>
  var i: Int = 0
  UidIndexer._LOCK.synchronized{
    val writer = new HistoryWriter(shard)
    while (iter.hasNext) {
      val history = SparkCodec.decodeUidHistory(iter.next()._2)
      writer.addEvent(history)
      i = i + 1
    }
    writer.close()
  }
  Array[Int](i).toIterator
}

val num = resultRDD.sum().toInt
println(s" total number of uid written: [$num]" )
```

在示例中，整个生成过程分三步进行：

（1）对收集的日志进行处理，预生成 Event，减少后面 group 时的网络 I/O 消耗。

（2）按 uid 进行 group 后生成 uid_history。

（3）创建多个 client，并行写入数据库中。

数据存储

前面经过一系列操作，我们已经可以将用户行为数据压缩到一个可以接受的范围了，接下来就要考虑将它们存储起来交给数据专家，让他们去挖掘数据的价值了。

通常用户使用应用时，访问时间通常不是连续的。可能我们会在 2 月 11 日记录一次访问，2 月 15 日又记录一次访问。按照传统存储的特点，这些行为数据可能会分布在不同的文件甚至不同的机器上。这样获取一个用户的数据时就会涉及很多次磁盘 I/O 和网络 I/O 操作，效率可想而知。如果我们插入的用户行为可以自动按照用户进行聚合并放在一个文件块上就好了。事实上这个是 SSTable（Sorted Strings Table）类型数据库和特性之一。

SSTable 最早是 Google 在 BigTable 论文中提出的概念，其定义为一个排序的、不可变的、持久化的键值对映射表，其中键（key）和值（value）可以是任意的字节数组的存储文件。这在大数据表一节有过基本介绍，图 5-4 给出了一个简化的 SSTable 结构。这里不用关注 Block，我们的重点是表明 SSTable 中存储的数据是排序的。

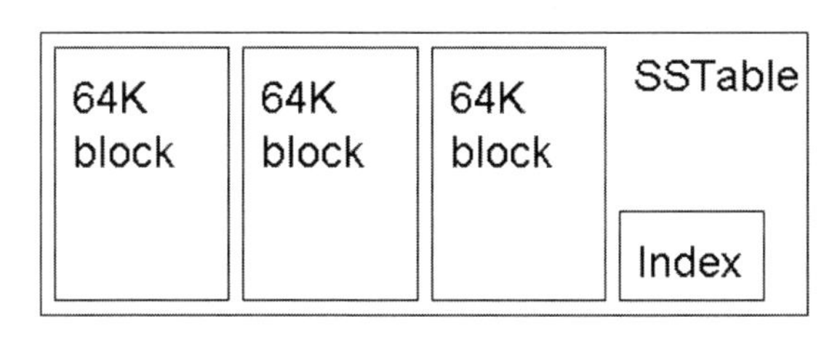

图 5-4　SSTable 内部存储结构

为了维护这个排序的特性，数据库会定期启动合并（Compaction）程序，将 key 相同或相近的数据合并到同一个数据块中，这样，进行一次磁盘的连续读取就可以获取所有的数据。图 5-5 显示了经过一轮合并后，key 相同的数据会被合并到一起的过程。

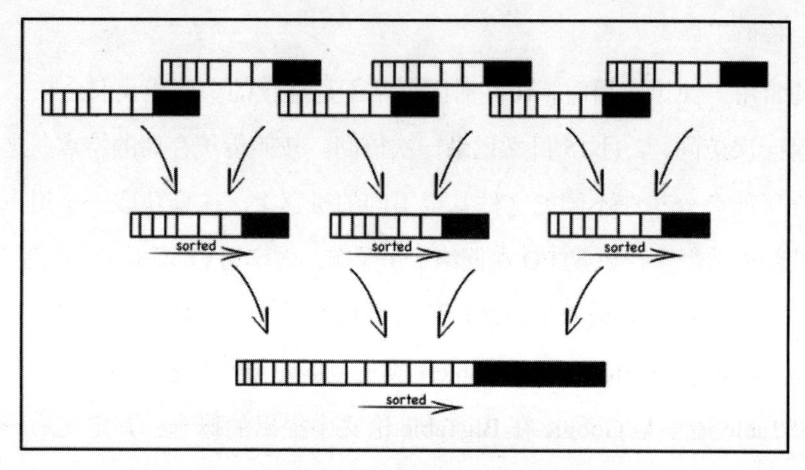

图 5-5　SSTable 合并过程

资料来源：Leveldb 论坛

Hbase、Cassandra 和 Leveldb 等 LSM 数据库都是使用 SSTable 结构构建的优秀的开源实现。考虑到跟系统的集成，以及易用性、扩展性、效率等问题，这里的数据库我们采用 Cassandra。创建表结构如下：

```
CREATE TABLE events (
    uid VARCHAR,
    time BIGINT,
    data BLOB,
    PRIMARY KEY (uid, time)
) WITH bloom_filter_fp_chance=0.010000 AND caching='KEYS_ONLY';
```

此时 Cassandra 内部的存储结构如下所示：

	time1	time2	time3
uid-1	history-11	history-21	histroy-31
uid-2	history-21		
uid-3			

查询时，直接使用 CQL（Cassandra Query Language）即可方便地查出，这里不做过多说明。

```
// CQL 查询  需要获取一个用户在某段时间范围的行为数据.
select data from events where uid = 'uuid' and time > 20171228000000 and
time <=20171231000000;
```

用户画像生成

有了前面存储的用户行为数据，我们可以给这些数据指定一些专家规则，进行初期的用户画像。例如，我们认为订阅美妆公众号的人群是女性用户；经常熬夜上网看球赛的人群可能男性多一点。需要注意的是，单个行为并不构成可信用户的画像，通过对历史行为的统计分析得到用户的画像才是可靠的。

专家规则往往是我们进行画像操作的第一步。这一步通常费时费力，需要不断进行验证。但是只有利用这一步打下的坚实基础，我们才有可能让机器从这些规则上进行扩展学习。接下来我们就以用户的性别判断为例，说明如何用机器学习的方式来预测用户的属性，其他标签的预测处理过程大同小异。

有了前面的标注数据，我们就可以使用有监督的机器学习方法对用户的行为进行预测了。在预测之前，还需要做一些特征处理。

构造 App 特性

第一步：获取 App 的信息。

使用定向爬虫抓取 App 信息，包含名字、分类、描述等信息。

第二步：对 App 信息进行分词、去停用词等预处理。

分词可以采用 Jieba、Hanlp、N-gram 等不同的类型，其中停用词表需要结合自己的业务不断维护和扩充，初期可以使用通用的停用词表。

第三步：计算每个单词在 App 信息下的词向量。

对于文本特征的构造，我们通常会采用词袋（Bag of Words）的方式。这种方法简单有效，但其无法描述词与词之间的语义相关性，同时也会带来过多的维度，需要自己去仔细挑选。

Word2Vec 是 Google 提出的一种词嵌入（Word Embedding）方法，可以将每个词语映射到一个固定大小的向量上，同时也充分考虑了每个单词所在的上下文信息。它提供了两种模型：一种是 CBOW（Continous Bag of Words），通过每个词的上下文词向量来预测中心词的词向量；另一种是 Skip-gram，通过每个中心词来预测其上下文窗口（Window）词，并根据预测结果修正中心词的词向量（如图 5-6 所示）。

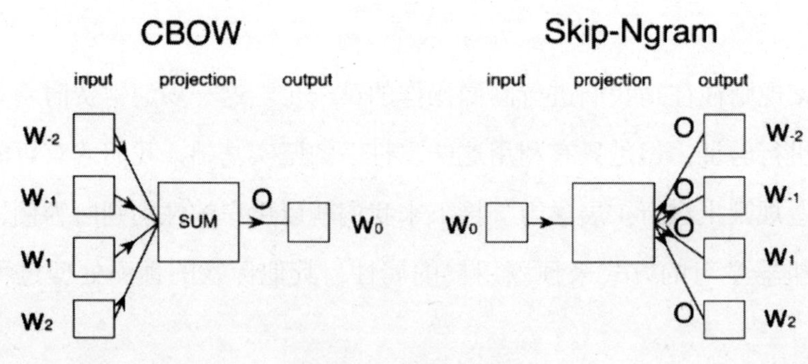

图 5-6　word2vec 算法

资料来源：Word2Vec 论文

实验证明这个方法比简单的 Bag of Words 要好 5% 左右。所以这里就通过构造词向量（Word Vector）来进行。Spark 本身也已经提供了很好的技术支持。

```
val word2Vec = new Word2Vec()
      .setInputCol("app_info")
      .setOutputCol("result")
      .setVectorSize(200)
      .setMinCount(5)
val model = word2Vec.fit(dataDF)
```

第四步：构造 App 向量。

使用向量表示 App，这样就可以方便地将 App 作为机器学习模型的特征进行处理。这里采用的方法是对构造词向量进行加权平均。

在实践中也会用到前一部分提到的 LDA 主题模型，它针对 App 信息会生成一个主题模型，可结合使用。

其他特征

除了用户行为，用户经常使用计算机的时间段、所处的地理位置、使用的手机品牌，上网环境等特征也是用户画像时需要处理的。

用户属性预测

人群画像中性别可以划分为男性、女性、未知三种情况，因此，可以把人群画像作为一个机器学习中的多分类问题来看待。这里我们使用 GBDT（Gradient Boosting Decision Tree，梯度提升决策树）算法来进行多分类的处理。相对于普通的决策树来说，它多了 Gradient Boosting 的步骤。接下来我们先来了解相关概念。

俗话说，“三个臭皮匠赛过诸葛亮”，集成学习的思想就是将多个预测能力较弱的基分类器（例如单独的决策树、逻辑回归、朴素贝叶斯等算法或者相同算法不同参数）组合在一起，从而构造一个强分类器的过程。它有

Bagging 和 Boosting 两种方式。Bagging 就是我们通常理解的群体决策。训练多个基分类器，将各个基分类器的结果采用某种方式（例如投票或者再学习）处理后进行结果输出，各个基分类器之间没有依赖关系。而 Boosting 的各个基分类器之间有依赖的，当前的基分类器会对前面一个基分类器处理出错的结果进行重点处理，这样不断迭代直至达到收敛。

GBDT 是对多棵决策树的 Boosting 组合。当前决策树模型学习的目标是前面所有结果的残差。假设存在一个真实值 Y 为 10，第一个决策树预测出结果是 7，此时残差为 10−7=3。下次构造新的决策树时就使用残差 3 作为新的 Y 值继续学习、直到残差收敛。使用时，我们需要把多棵树的预测值加起来得到最终的结果。

从 GBDT 的构造过程可以知道，GBDT 是一个非线性模型，可以提供比线性模型更好的分类准确度。同时由于其在寻求最优解的过程中，可以自动寻找好的特征组合，找出重要的特征，这样对于最终生成的模型预测具有更好的可解释性。

XGBoost 是在 GBDT 算法的一个工程实现，做了很多技术的优化（例如寻找分裂点近似算法）和改进（例如加入正则项来控制模型复杂度），被广泛应用到各大机器学习项目中并都取得了不错的效果。

示例代码如下：

```
import pandas as pd
import numpy as np
import xgboost as xgb


params = {
    “objective”: “multi:softprob”,
    “booster”: “gbtree”,
```

（续表）

```
    'min_child_weight' :0.8,
    'subsample' :0.7,
    "num_class" :3,
    'max_depth' :7,
    'colsample_bytree' :0.4,
    'gamma' :0,
    "eta" : 0.01,
}

dtrain = xgb.DMatrix(X,  y)
dvalid = xgb.DMatrix(X_te,  y_te)
watchlist = [(dtrain,  'train' ),  (dvalid,  'eval' )]
model = xgb.train(params,  dtrain,  evals=watchlist ...)
preds = model.predict(X_test)
```

广告投放决策

通常来说，一个较大规模的广告系统每天有上百亿请求，峰值时每秒有几十万的并发请求。

同时接入广告系统的 App 流量方为了让自己的广告位得到有效填充，以达到更好的用户体验，也会要求广告系统必须在规定时间（一般情况下不大于 100 毫秒）内返回。高并发、低延时就是广告系统的基本特征。图 5-7 是广告投放系统的架构示意图。

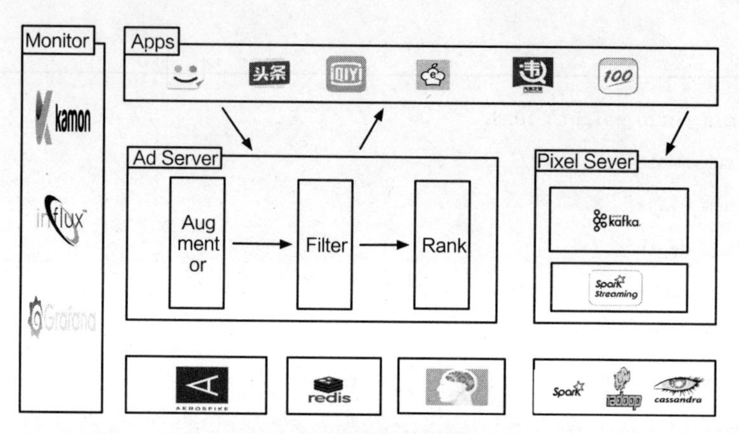

图 5-7　广告投放架构

下面对上图中的广告处理流程做进一步说明。

（1）当用户使用某个 App 时，App 中定义的广告位会向服务器端发起一个广告请求。

（2）广告服务器 (AdServer) 接收到请求后，将当前广告请求的上下文信息封装成一个 AdRequest 对象，其中包含广告位信息、用户设备信息、App 信息等。

（3）增强器 (Augmentor) 会将这个 AdRequest 中的信息进一步进行扩充。例如，获取当前广告媒体的竞投行业，底价信息，使用当前设备的用户的人群画像信息等用于后面的广告决策。

（4）过滤器 (Filter) 根据广告主设置的条件与当前广告请求的信息，找出满足条件的广告物料信息，通常是一个链式的结构。

（5）排序模板 (Rank) 会结合物料的预估点击率、价格、时间、消耗等因素综合考虑，从多个物料中选择一个最优的物料展示给用户。

（6）在给用户展示广告时，广告代码里面会带有曝光监测和点击监测代码。在发生广告曝光 / 点击时会进行记录，然后将信息发送到 Pixel Server，记录到 Kafka 的日志队列中。

（7）利用 Spark Streaming 对日志数据做进一步处理后发送到 HDFS 或者 Cassandra 等存储中，用于进一步的实时 / 批处理操作。

整个广告投放系统我们采用 Java 虚拟机上的 Akka 框架作为整个架构的基础。

Akka是一个基于Actor模型的消息系统，天然地对并发程序友好。在单机模式时，将一个Actor拆分成多个细粒度的Actor可以提高线程并行，增加多个Actor并将其分散到多个机器上，可以获取进程级别的并行。

在设计上，Akka也提供了很多现成的分布式架构的开发模式，例如scatter-gatter、router、filter-chain等，来简化开发。以Rank模块为例，它是一个CPU密集型的任务，在物料策略很多的情况下很容易成为计算瓶颈。这里我们就可以利用Akka提供的scatter-gatter模式，将请求分散到多个Actor上进行计算，然后将结果合并后进行处理。更方便的是，Akka为本地开发和远程开发提供了几乎一致的编码接口，可以在本机进行测试开发，如果需要将程序运行在分布式环境下，那么往往只需要修改配置就能达到目的。

对应上面的架构，Akka在整个广告系统中的位置如图5-8所示。

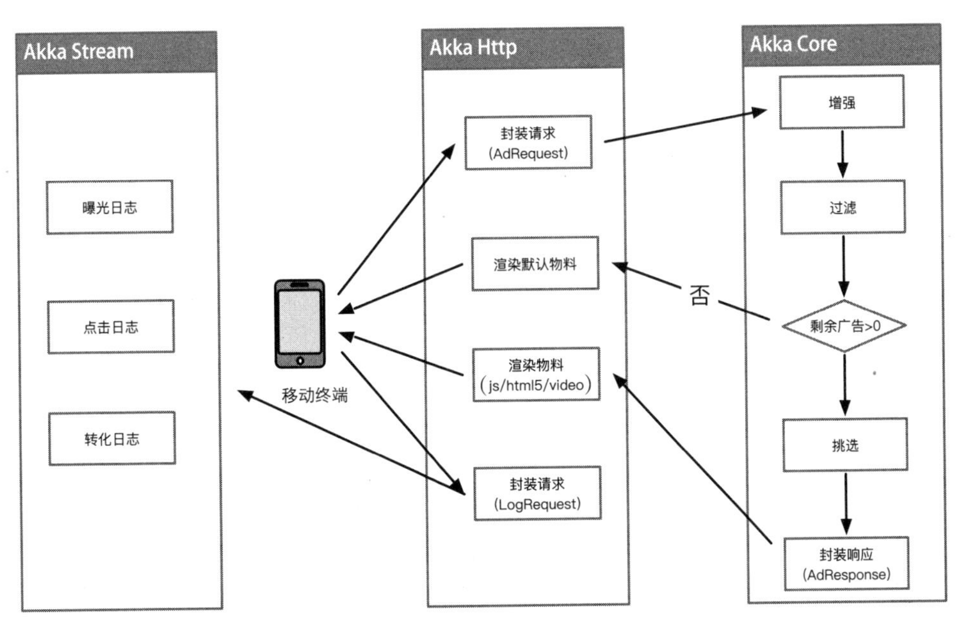

图5-8　Akka在广告系统中的使用

Akka Http接受请求，Akka Core处理业务，Akka Stream处理所有的日志数据。

接下来我们来重点关注如何实现广告系统中的一些细节。

监控系统

如果说行军打仗是“兵马未动，粮草先行”的话，那么做广告系统应该做到“代码未动，监控先行”。

广告投放系统是一类高并发、低延时的系统，性能是我们进行系统考量的重要因素。为了避免过早进行优化，以及方便对后续工作进行持续改进，我们需要对系统的内部状态了如指掌，在系统上设置各种埋点。这时，一个可靠的监控系统尤为重要。

这里整个监控系统采用的是 Kamon + InfluxDB + Grafana。其中 Kamon 收集数据，InfluxDB 存储数据，Grafana 展示数据同时提供报警通知。这个系统很类似介绍过的 ELK 结构，也是用来解决数据收集、存储、展示的通用问题，只是使用的具体工具不同而已。

Kamon

Kamon 是 JVM 上的一个监控工具集。相比于 Dropwizard、Metrics 等监控工具集，它对 Akka 上的生态提供了更好的支持，不用做任何配置就可以获取 ActorSystem、Actor、Akka Http 上的状态数据。同时 Kamon 也提供了简洁的 API 调用来自定义一些监测内容。

Kamon 提供多种种类的度量来记录数据变化。

（1）Counter：用来记录某个时间发生的次数，例如错误次数，cache miss 次数等。

（2）Gague：用来记录单个值的变化情况，这个值可以增加，也可以减少。适合用来记录变化缓慢的变量。例如数据库连接数，内存容量变化等。

（3）Histogram：用来记录一段时间内数据的分布情况。通常我们会需要知道监控的维度的最大 / 最小值、均值、标准差、分位数等统计结果。常用在记录请求处理延时，消息大小等场景。

InfluxDB

InfluxDB 是一个开源的分布式的时序数据库，可以通过 HTTP/UDP 协议来接收数据。

所谓时序数据库就是用来存储时间序列的数据，提供了多维的数据模型，使用的存储格式如下：

```
<measurement>[，<tag-key>=<tag-value>...] <field-key>=<field-value>[，<field2-key>=<field2-value>...][unix-nano-timestamp]
```

其中，measurement 表示要监测的维度，tag 和 field 的区别在 tag 有索引，可以用来辅助查询，而 field 只记录数据，没有索引。

例如，下面这条记录表示记录一个测试环境的服务器在某个时间点的内存占用情况：

```
memory，host=192.168.1.10，env=test value=60 1557697690152767
```

InfluxDB 内部对这些数据的存储的形式为 TSM tree（Time Structured Merge Tree）。类似于 LSM Tree（Log Structured Merge Tree），TSM tree 仍然保证根据 key 是有序的，不同的是后者不再按层级（Level）进行文件划分，而是按时间（Time）进行划分。这样的好处就是对于时序库来说，可以直接把过期的文件删掉，而不用像之前 LSM 那样，在进行 Compaction 时才删除。

同时 InfluxDB 内部做了大量的索引和存储方面的优化，可以确保高效地获取数据。

目前为止，我们记录了数据并将其存储起来，但是如何从这些指标数据中挖掘我们需要的信息呢？这时，一个灵活的可视化展示系统就显得至关重要了。

Grafana

Grafana 提供了一系列可视化的组件、灵活的布局管理，通过从其支持的数据源（Graphite、InfluxDB 等）中获取数据来生成监控看板（Dashboard），方便我们直观地了解当前系统的状态。

定向条件

广告主的每次广告投放都是有受众的。如果对每个流量都进行广告投放，除了浪费广告主的投放预算外，还会让被其强制投放的不相关人群产生厌烦的情绪。将广告同目标受众进行有效的匹配，也是投放平台的主要功能之一。

一个常见广告投放平台的定向条件设置如图 5-9 所示。

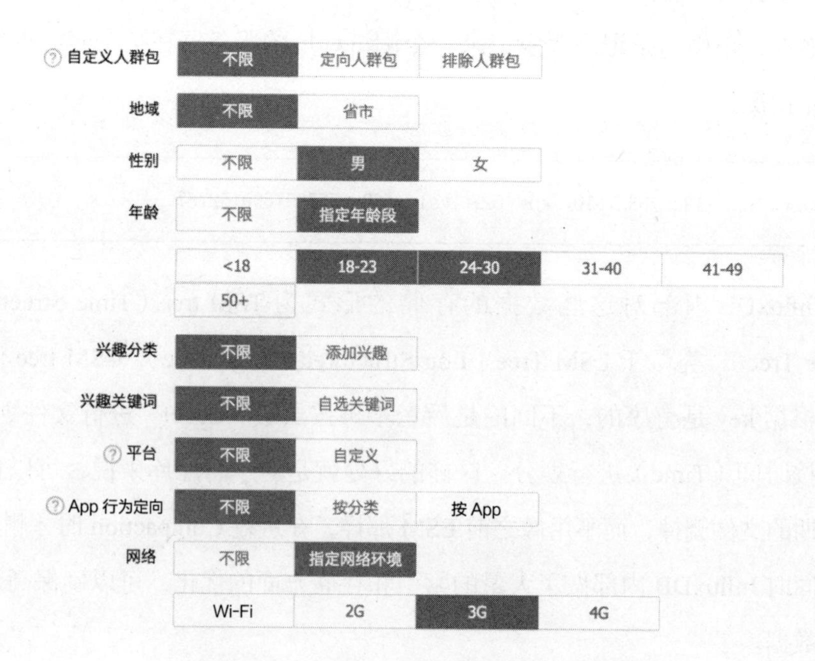

图 5-9　常见广告投放平台的定向条件设置

资料来源：今日头条投放端

基本定向

首先，针对每个分类构造一个倒排表，倒排表存储的数据为投放策略 ID。

例如，可以投放在北京市的策略的倒排索引：

北京：[S1，S7，S19，S20]，需要 3G 网络的策略倒排索引为 3G：[S1，S4，S6，S7]，这样两个倒排取交集就可以得到满足当前请求的策略为 [S1，S7]。

如果需要进行过滤的条件很多，那么策略在很多求交集时也会带来些许效率问题。这时我们考虑将原来的倒排表转换为位图（Bitmap）的格式。

还是以之前网络类型为 3G 的倒排举例，对于满足条件的策略，将所在的位置指定为 1，否则为 0。S1 就在第一位设置为 1，S4 就是第 4 位，依此类推。

最终，所有的过滤条件在内存中构成一张位图表（如表 5-4 所示）。

这样在计算时只用进行相关的位运算即可。

例如，满足城市在北京，周二投放，操作系统为 IOS 的策略就是 S1 和 S7。

表 5-4　过滤条件在内存中构成的位图表

	s1	s2	s3	s4	s5	s6	s7	s8	s9
city_1	1	0	1	0	0	1	1	0	0
city_2	0	0	1	0	1	1	0	1	0
br_IE	1	0	1	1	0	1	1	1	0
br_chrome	1	1	0	1	0	0	1	1	0
weekday_1	1	0	1	1	0	0	0	1	0
weekday_2	1	1	1	0	0	1	1	1	1

city_1	1	0	1	0	0	1	1	0	0
weekday_2	1	1	1	0	0	1	1	1	1
os_ios	1	1	0	1	0	0	1	1	0

复杂定向

通过位图提供的按位的与、或、非、异或等操作，可以处理一般的定向需求。但是我们还会遇到一些复杂的组合请求，特别是针对人群定向时，为了更精确地描述受众，往往需要指定一个复杂的表达式来进行操作。

例如，某个女性美容机构在进行广告推广时会预设其用户受众为：年龄在 30 至 40 岁之间关注减肥瘦身或者 18 至 23 岁关注美容整形的女性，用表达式表示如下：

```
gender== '女'  && ((age== '30-40'  && attention== '减肥' ) || (age== '18-23'
&& attention ==  '整形' ))
```

表达式的返回类型为布尔（Boolean）类型。

处理这个问题，我们一般会用到编译原理中讲过的词法分析构造抽象语法树，然后进行遍历并执行另外一些操作。这里我们使用 ANTLR（Another Tool for Language Recognition）工具包辅助我们更快达成目标。只需要在脚本中定义好词法和语法规则，ANTLR 就会帮我们将脚本解析为一棵抽象语法树。生成后只需要实现 Listener 或者 Vistor 接口，完成自定义的处理逻辑即可。

```
grammar profile;

logical_expr
 : logical_expr AND logical_expr # LogicalExpressionAnd
 | logical_expr OR logical_expr  # LogicalExpressionOr
 | comparison_expr               # ComparisonExpression
 | LPAREN logical_expr RPAREN    # LogicalExpressionInParen
 ;
```

（续表）

```
comparison_expr
 : numeric_entity comp_operator numeric_entity # ComparisonExpressionWithOpera
tor
 ;

 numeric_entity : DECIMAL              # NumericConst
                | IDENTIFIER           # NumericVariable
                ;

comp_operator : GT
              | GE
```

频次控制

在创建一个投放策略时，通常我们会控制一个广告出现的频次，防止过度曝光 / 点击带来的投放预算的浪费。例如图 5-10 中 Adwords 的频次控制的设置表示：对单个用户来说，每个策略每天的曝光不超过 10 次。

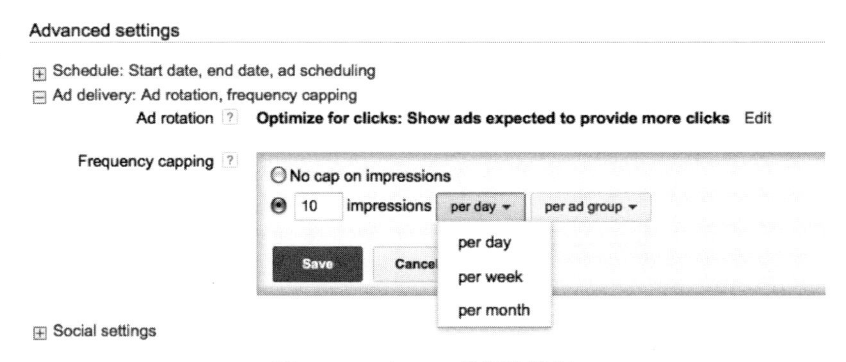

图 5-10　Adwords 的频次控制

简单来说，频次控制就是一个计数操作。我们这里利用 Redis 来存储相关的频次数据，存储结构如下（如图 5-11 所示）：

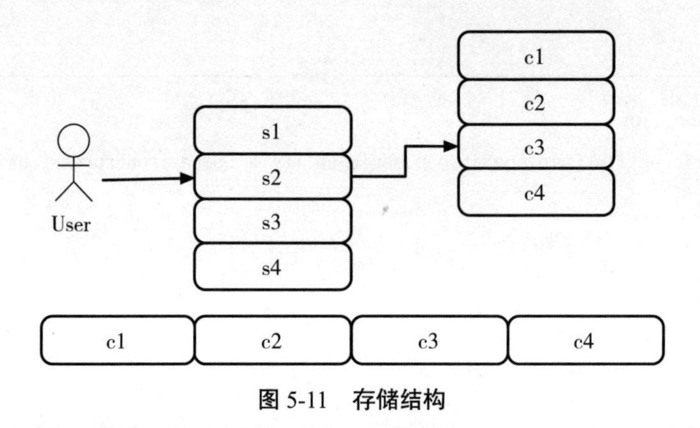

图 5-11 存储结构

其中 s 开头的标示为不同的策略，c 开头的标示每个策略下不同的频次类型。但是实际上，Redis 并不支持 key->hash->hash 这样的多层嵌套，所以我们考虑将 c 类型的数据进行平铺，从而转换为可以支持的 key->hash 结构。

```
<用户，<策略，阈值>>
```

结合实际的广告投放场景，通常我们对单个用户的最大阈值限制为每小时曝光次数不超过 10 次，每天不超过 100 次，整个周期不超过 1 000 次，等等。

我们可以考虑使用 4 个比特位表示日曝光，7 个比特位表示周曝光，依此类推。通过将原来可以表示一个 long 型的 64 个比特位进行分解来达到将各个阈值平铺的目的（如图 5-12 所示）。

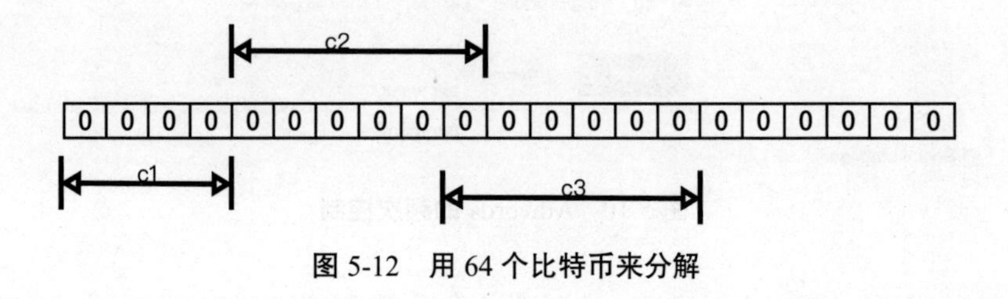

图 5-12 用 64 个比特币来分解

经过这样的处理后，64 位就可以用来处理更多类型的阈值问题了。

在处理周期性问题，例如每小时 / 天 / 周时，我们可以用 N/P 两个位段，采用 round-robin 的方式周期性地选择某个位段的数据作为当前周期进行操作，同时择机将另外一个周期的数据位段重置为 0，便于下一个周期使用。例如，图 5-13 表示的是每天的阈值处理周期。

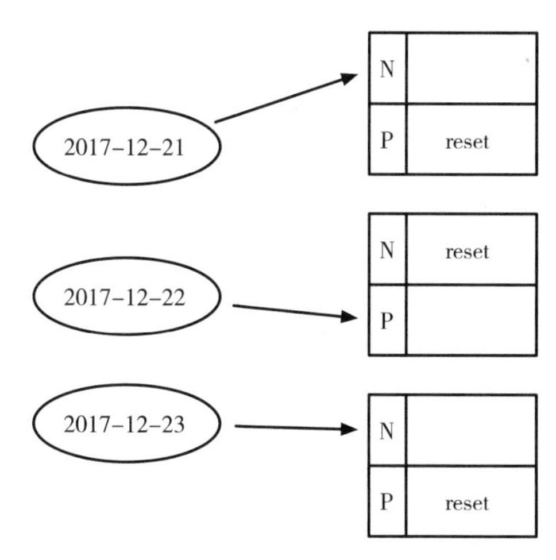

图 5-13　每天的阈值处理周期

更新操作

在用户完成一个曝光 / 点击操作时，就会触发对阈值的更新操作。

正常情况下，如果需要对上述我们构造的阈值进行更新的话，则要先把数据读取到本地，然后对各个字节位段进行更新后再写回到 Redis 中去。这样就需要两次网络 I/O 操作，同时还存在并发修改的问题。

这里我们考虑将更新逻辑采用 Redis 提供的 Lua 扩展来实现。Lua 脚本可以将一些比较复杂的计算逻辑（例如前面介绍的对多个字节位段的更新操作）是运行在 Redis 的服务端，这样可以只用一次网络 I/O 来处理之前的效果。同时，由于 Redis 是单线程的，所以并发修改的问题就解决了。

排序模块

经过前面的各种过滤操作，最后还是会剩下多个广告可以投放的情况，这时我们该如何选择呢？这个时候就到了排序模块发挥作用的时候了。我们这里引入 eCPM（eCPM 等于广告的设定出价乘以广告的预测点击率）的概念。这样除了单纯考虑出价因素外，还加入对每次广告展示后的投放效果的考虑，在广告主和广告平台之间找到一种收益平衡。最终多个广告按照 eCPM 进行排序，取值最大的中选、对用户进行广告投放。由于广告的出价是广告主设定的，是个常量，所以下面我们来聊聊点击率预测的问题。

点击率预测是广告行业的常见问题。一般提到这个问题的解决办法，大部分人首先想到逻辑回归，即使最终选择的不是逻辑回归，也会拿它作为一个基准进行对比。作为一个在工业场景中常用的求解二分类问题（也可以使用 softmax 函数解决多分类问题）的机器学习算法，逻辑回归除了其原理简单求解速度快外，求解后得到的权重相比于神经网络和 SVM 来说，也对特性具有较强的可解释性。广告的点击率预测问题显然就是一个二分类问题：点击或者不点击。用数学语言描述就是对于一个输入的 $X=[x_1, x_2, x_3 .. , x_N] \in R^N$，通过函数 $h_\theta(X)$ 预测输出 $Y \in [0, 1]$，其中 θ 为函数的参数或权重值，也是需要我们从样本中经过机器学习得到到值向量。

相较于线性回归，逻辑回归对其结果引入了一个 sigmoid 函数 $g(z)=\frac{1}{1+e^{-z}}$ 的变换，其中 z 为线性回归的预测结果。从 sigmoid 的函数图像（如图 5-14 所示）可以看出，其可将任意的输入映射到（0，1）的区间，这个就非常适合类似点击率这样的分类概率模型。

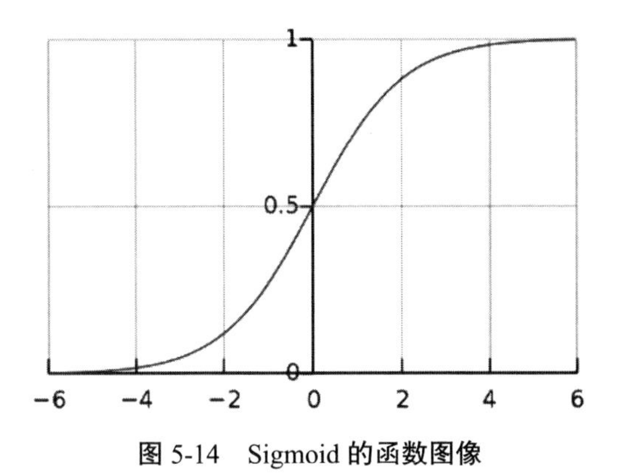

图 5-14 Sigmoid 的函数图像

这样，我们就得到了逻辑回归的一般形式：

$$h_\theta(x)=g(\theta^{\mathrm{T}}x)=\frac{1}{1+\mathrm{e}^{-\theta^{\mathrm{T}}x}}$$

其中 $(h_\theta x)'=h_\theta(\mathrm{x})(1-h_\theta(x))(\theta^{\mathrm{T}}x)'$

$$(1-h_\theta(x))'=-h_\theta(x)(1-h_\theta(x))(\theta^{\mathrm{T}}x)'$$

由于预测的结果 Y 满足伯努利分布，可以得到如下公式：

$$p(y=1|x)=h_\theta(x),\ p(y=0|x)=1-h_\theta(x)$$

将这两个式子合并，得到 y 的概率分布函数：

$$p(y|x)=(h_\theta(x))^y\times(1-h_\theta(x))^{1-y}$$

有了这个分布函数，接下来我们使用最大似然函数推导损失函数。

最大似然估计的思想就是利用已知的样本分布，找出最有可能产生这种结果的参数值。对于点击率问题来说，就是找到一组参数使预测为点击的概率最大，同时预测为不点击的概率也最大。假定样本之间相互独立，所以它们之间的联合分布可以表示为各个边缘分布的乘积，取似然函数为：

$$L(\theta)=\prod_{i\ 1}^{n} p\left(y_i|x;\theta\right)=\prod_{i\ 1}^{n}(h_\theta(x_i))^{y_i}\times(1-h_\theta(x_i))^{1-y_i}$$

两边同时取对数化简：

$$I(\theta)=\log L(\theta)=\sum_{i=1}^{n}\log\left[(h_\theta(x_i))^{y_i}\times(1-h_\theta(x_i))^{1-y_i}\right]$$

$$=\sum_{i=1}^{n} y_i\log(h_\theta(x_i))\times(1-y_i)\log(1-h_\theta(x_i))$$

通过对 $L(\theta)$求极大值，获得θ的估计值。为了方便求解，将对数似然函数取反变为求解最小值，即 $J(\theta)$=-$l(\theta)$。从而可以用梯度下降等常见的优化方式进行求解。

令$K(\theta)=y\log(h_\theta(x_i))\times(1-y_i)\log(1-h_\theta(x_i))$，$J(\theta)=-\sum_{i=1}^{n}K(\theta)$。在对$J(\theta)$求偏导之前，先对$K(\theta)$求偏导：

$$K(\theta)^{'}=y\,\frac{1}{h_\theta x}h_\theta(x)^{'}+(1-y)\frac{1}{1-h_\theta(x)}(1-h_\theta(x))^{'}$$

$$=(y-h_\theta(x))(\theta^{\mathrm{T}}x)^{'}$$

所以

$$\frac{\partial J(\theta)}{\partial\theta_j}=-\sum_{i}^{n}\left(y-\ (h_\theta(x))(\theta^{\mathrm{T}}x)^{'}\right)=\sum_{i}^{n}((h_\theta(x_i)-y_i)x_i^j)$$

最终可以得到迭代公式，其中α为更新的步长。

$$\theta_j:=\theta_j-\ \alpha\frac{\partial J(\theta)}{\partial\theta_j}$$

从上面的公式可以看出，每次更新梯度时需要将所有的 n 个样本都计算一次。假如我们有 1 000 万条样本，则每更新一步就需要进行 1 000 万次计算。虽然梯度下降每次更新的方向都很明确，但是在大数据的场景下这么巨大的计算量基本上是无法接受的。通常我们会采用随机梯度下降的方式，此时梯度的更新方式变为：

$$\frac{\partial J(\theta)}{\partial \theta_j} = (h_\theta(x_i) - y_i)x_j^i$$

这样就变成了在每个样本上都更新一次梯度。虽然这种方式收敛得较快，但是有可能最终收敛的地方只是局部最小值，而不是全局最小值。为了解决随机梯度下降产生的震荡问题，Adagrad、Adam 等算法的提出对其进行了改良。

介于梯度下降和随机梯度下降之间，还有小批量梯度下降的方式。这种方式每次更新梯度时，选择一个小批次的样本（例如 100 条）进行计算，此处的原理大同小异，不再详细介绍。

稀疏解是指一些不重要的特征在训练过程中被过滤掉之后，最终保留下来的有重要特征的解。例如一个函数 f（x）有两组解，一个是 [0.25，0.25，0.25，0.25]，另一个是 [1.0，0，0，0]，第二组被称为稀疏解。可以看出稀疏解经历了一些特征挑选的行为，取值为 1.0 的特征是重要的特征，而第一组解则没有较强的区分性。

通常对于广告系统来说，经过特征组合后的特性很容易就会达到千万甚至是亿的级别，这个时候模型的加载和计算就会变成一个令人困扰的问题，所以一个算法能否得到稀疏解也成了一个很重要的衡量指标。

通常，我们会引入 L1 正则项让模型具有稀疏解，正则项是对求解得到的参数的约束规则，我们把它加入到损失函数中防止因求解得到的参数值过大或者过小产生过拟合的现象。L1 正则项就是：$\|\theta\|_1 = \sum_i |\theta|$。

原来的损失函数就变成了 $\min_\theta L(\theta) + \lambda\|\theta\|_1$，该公式也可以转化成一个带有约束条件的凸优化问题：

$$\min_{\theta} \mathrm{L}(\theta) \quad s.t. \ \|\theta\|_1 \leqslant \eta$$

即将 L1 正则的值限定在某个范围去求损耗函数最小值。在只有 θ_1、θ_2 两个维度时，简单说明一下 L1 更容易得到稀疏解。

令 $|\theta_1|+|\theta_2|= c$，其中 c 是一个常量，其图形如图 5-15 的虚线所示，图中实线表示其上的所有取值都是我们需要的候选解。通过调整 c 的取值，可以看到二者很容易在端点处相交。这也就是 L1 更容易产生稀疏解的原因。

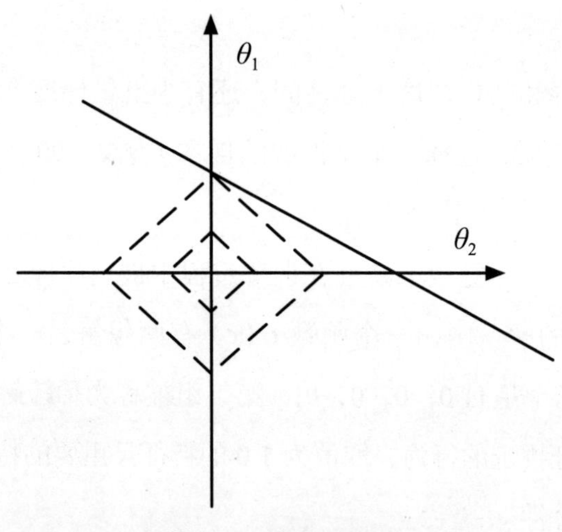

图 5-15　常量 C 图示

Google 在 2013 年提出了 Follow The Regularized Leader（以下简称 FTRL）算法。FTRL 算法具有快速收敛且可产生稀疏解的特点，它被广泛应用到广告行业等具有大规模数据集的算法建模上。

FTRL 算法在机器学习的框架中和梯度下降一样，都是作为一个优化算子（Optimizer）存在的，它并不局限于用来求解逻辑回归的问题。FTRL 算法的求解步骤如图 5-16 所示。

Algorithm 1 Per-Coordinate FTRL-Proximal with L_1 and L_2 Regularization for Logistic Regression

#With per-coordinate learning rates of Eq. (2).
Input: parameters α, β, λ_1, λ_2
$(\forall i \in \{1, \ldots, d\})$, initialize $z_i = 0$ and $n_i = 0$
for $t = 1$ **to** T **do**
  Receive feature vector $\mathbf{x}_t$ and let $I = \{i \mid x_i \neq 0\}$
  For $i \in I$ compute

$$w_{t,i} = \begin{cases} 0 & \text{if } |z_i| \leqslant \lambda_1 \\ -\left(\frac{\beta+\sqrt{n_i}}{\alpha} + \lambda_2\right)^{-1}(z_i - \operatorname{sgn}(z_i)\lambda_1) & \text{otherwise.} \end{cases}$$

  Predict $p_t = \sigma(\mathbf{x}_t \cdot \mathbf{w})$ using the $w_{t,i}$ computed above
  Observe label $y_t \in \{0, 1\}$
  for all $i \in I$ **do**
    $g_i = (p_t - y_t)x_i$ *#gradient of loss w.r.t.* w_i
    $\sigma_i = \frac{1}{\alpha}\left(\sqrt{n_i + g_i^2} - \sqrt{n_i}\right)$ *#equals* $\frac{1}{\eta_{t,i}} - \frac{1}{\eta_{t-1,i}}$
    $z_i \leftarrow z_i + g_i - \sigma_i w_{t,i}$
    $n_i \leftarrow n_i + g_i^2$
  end for
end for

图 5-16 FTRL 算法步骤

资料来源：FTRL 论文

从算法可以看出，FTRL 是通过对达到某种条件的解进行了截断操作而产生的稀疏解。

基数计算

本章给出的各种算法都是和应用紧密相关的，试图解决实际环境下的确定问题。还有些问题是通用的，它们会作为基础被用于各种场景，这里就用基数计算（cardinality Counting）举例说明。基数计算问题的解决方案是大数据算法中很有特色的一类情况，很值得单独讲解。

基数计算是一类计算出集合中不相同的元素的个数的问题。基数也被称为集合的“势”，在数学中表示为“|A|”，也就是集合的两边用两个竖线。基

数计算可以用于计算一个网站的独立访客（Unique Visitor，UV）；也可以在广告投放和搜索引擎中统计页面数、网站数等；还可以在大数据算法统计前估计计算的数量级，有相当广泛的应用。

对没有重复元素的集合做基数计算，直接数数元素个数就可以，但对于存在大量重复的元素的集合，如果要找出其中所有不同的元素的个数，那么直觉方法是对每个元素都过滤一遍：先设置一个空集合，看看原始集合中的每个元素是否已经出现在新准备的集合中了；如果出现过了就不加入，如果没有出现，就添加到新集合中；最后再数数新集合中的元素个数即可。

上述直觉算法有两个缺点：一个缺点是耗费空间巨大，特别是当数据量达到大数据规模时，存放这些数据本身就需要巨大的空间；另一个缺点是，随着新的、保存不重复数据的集合空间增加，查找出一个数据是否在其中的代价会越来越大。

有些常规的算法可用于解决查找复杂度增加的问题，例如用折半查找、平衡树或者用散列加链表的查找结构，但即使用散列加列表的方式，当数据量达到几十亿字节的时候，每个散列值对应的查找链表长度也会极大地增加，而且要把每个散列结构放入内存也会在工程上变得复杂。我们还可以采用两次 MapReduce 计算，一次类似词频统计，只不过每个元素都只需要保存计数值 1，然后再做一次只有 Reduce 操作的计数。但真实场景下，这个计算可能会比词频统计还要困难，因为人类语言中词语的个数是有限的，最多也就几百万的级别，基数计算时则可能会有几亿甚至几百亿个不同元素，真遇到几百亿个元素，MapReduce 计算模型也会变得不太可行或者超级缓慢。

为了解决这些缺点，美国计算机专家菲利普·弗拉若莱（Philippe Flajolet）提出，不需要准确的结果，可采用概率估计的方法来获得大致的结果。这样极大地减少了对内存空间的消耗，大大提高了计算效率。

菲利普和他的合作伙伴 G. 尼尔·马丁（G.Negal Martin）、玛丽安·杜兰德

（Marianne Durand）、埃里克·富西（Eric Fusy）等人从 20 世纪 80 年代开始就提出了一系列基于概率的基数计算方法，沿着他的思路可以看到这类方法的有趣的演进过程。不过目前基本上只有最新的超对数对数（HyperLogLog）等算法被使用，其他早期算法已经退出了历史舞台。

概率基数统计算法最早是利用位图（Bitmap）来操作的，过程如图 5-17 所示，先用一个散列函数把元素均匀散列到一个数值，例如 32 位整数；然后再提供一个和这些数值一一对应的一个位图。如果是 32 位整数，那么对应的位图就有 2^{32} 比特，也就是 536 870 912 字节，相当于 512MB。把所有的数都处理一遍之后，数出其中为 1 的位数就可以估计原始集合中不同元素的个数了。由于存在冲突的概率，还需要进行调整，具体数学计算很复杂，就不在此详细说明了。

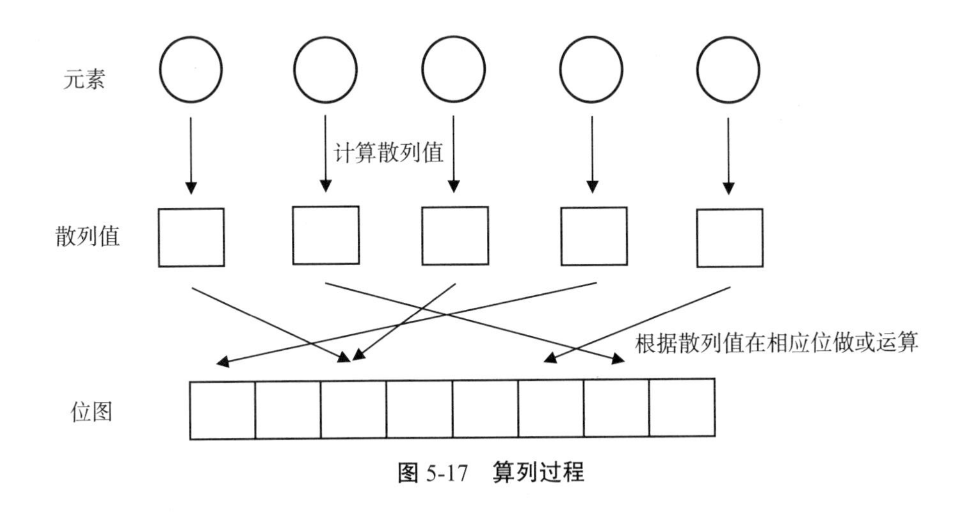

图 5-17　算列过程

当元素数量不多时，这个方法使用的空间反而比较大，因此并不划算；但当元素数量很多时，通过合理选取散列位图的长度，这个方法所需要消耗的空间是上文中直觉方法的对数。[①] 后来专业随机基数统计方法的研究人员又提出了一种对数对数计数方法（LLC，LogLog Counting）。这个方法也是先对每个元素计算一次散列，不同的是，散列出来的结果分成两部分。一部分作为桶编号，一部分计算左侧或者右侧所出现连续 0 最多的个数，也可以加 1 变成第一次出现 1 的位置。

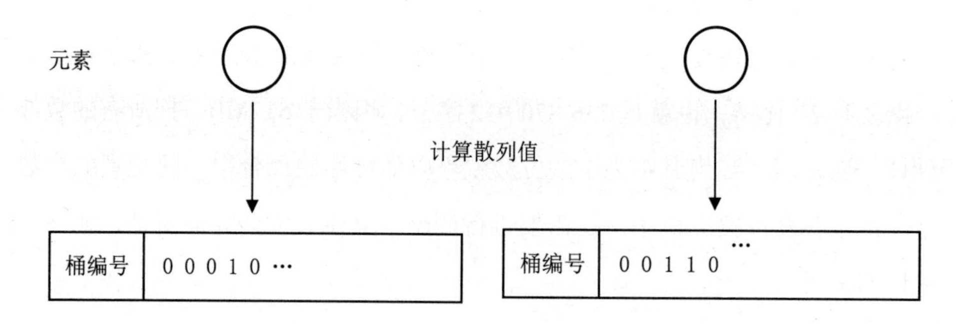

在示例中，左边的元素散列左侧是 3 个 0，而右边元素左侧是 2 个 0。如果它们的桶编号是相同的，那么在例子中的最长 0 前缀就是 3，第一次出现 1 的位置就是 4。计算连续出现的 0 的个数似乎是一个很奇怪的事情，这个和估计基数有什么关系呢？仅仅从算法描述上看，这个方法确实不够直观，但实际上这个方法也是很直观的。首先需要假定散列算法的散列性质很好，散列出来的数据非常均匀，那么每个位置出现 0 或者 1 就相当于把一枚硬币直接抛入桶中。如果出现正面，该位置就是 0；出现反面，该位置就是 1。

假定在一个特定的桶中，左侧出现的最长 0 前缀的长度是 0，也就是所有出现在这个桶中间的硬币的第一次抛掷都是反面，那这个桶里面有多少枚硬币呢？这个是可以用概率来估计的。假定只有一枚硬币，那么出现反面的概率是一半；如果有两枚硬币，那么它们都是反面的概率就只有四分之一了，依此类

① 这个说法是非常不准确的，只是给出一个大概的程度而已。

推。若我们见到最长 0 前缀的个数是 0，那么桶里面硬币的预计个数是：

$$\frac{1}{2}+\frac{2}{4}+\frac{3}{8}+\frac{4}{16}+\cdots$$

为了直观，就不表示成公式形式了。当然，这种类型的级数计算也是很简单的，这个级数收敛到 2。

问题又来了，这个情况仅是左侧 0 前缀的长度正好是 0 的特殊形式，如果最长 0 前缀的个数不是 0，怎么办？实际上，这是完全类似的。假定最左侧出现的最长 0 前缀是 2 个 0，也就是对应到比特值“001”，这就说明在“11”“10”“01”“00”开头的 4 段空间中，“00”段有值，不妨认为每段里面都有值，因为其他三段我们没有看。可是在“00”段里面却发现有一半是空的，因为没有出现过“000”，一定有“001”。扣除掉开头的“00”，就和直接 1 开头的情况完全类似了，也就是在“00”开头的部分有硬币的个数预计是 2 个，如果散列结果非常均匀，算上“11”“10”“01”三段开头，那么总硬币数量就是 8 个。从这个说明可以看出，根据概率预测的某一个桶里面的硬币个数是 $2^{(n+1)}$，其中的 n 是最长 0 前缀的长度。不妨修改一个定义：

$$\rho=n+1$$

其中的 ρ 就成为了最左侧 1 的出现位置。那么桶里面的硬币个数的估计值就是 2^{ρ}。

当然，以上说明是非常不严谨的，更谈不上是证明。如果感兴趣，可以直接阅读原始论文[①]。不过原始论文充斥着各种公式，而本书是以工程应用为主，需要开发人员在不一定具备那么深的数学基础的情况下也能够实现代码、

① DURAND，M.& FLAJOLET，*P. LOGLOG counting of large cardinalities.* In Annual European Symposium on Algorithms (ESA03) (2003)，G. Di Battista and U. Zwick，Eds.，vol. 2832 of Lecture Notes in Computer Science，pp. 605–617.

完成任务。根据说明知道一个桶里面的硬币（或者叫元素，也可以叫物品）的估计值。如果只有一个桶，且运气很糟糕，只有一个元素，但是散列结果左侧有五六个连续的 0，那么估计结果就可能会误差几十甚至上百倍。为了避免这种严重的偏离，在对数对数计数中，引入了多个桶。当桶的数量足够多的时候，估计结果就能非常准确。所以，在一开始就要把散列值分成两部分，一部分作为桶编号，另一部分用于个数估计。其中用于桶编号的是 k 个比特，其余部分就是估计用的。例如，散列结果是 32 比特的整数，假定 k=10，也就是有 1 024 个桶，剩余的 22 个比特就可以用于估计超过 400 万的元素个数，总计估计可以超过 40 亿个元素的集合。如果散列结果用 64 比特整型，就可以轻松估计天文数字般的大规模的集合。

具体程序的伪代码如下：

```
// b 是散列结果的总比特数，例如 32。k 是桶编号比特数，例如 10;
// bmask 是桶内的位掩码，例如 0x003FFFFF
初始化桶数组 M[i] 中每个元素的值为 0。其中桶个数 m=2^k;
for(每个元素 A)
{
  D = H(A); // 其中 H 是散列函数，例如 Murmurhash 或者 Murmurhash64
  j = D >> (b - k); // j 保存了桶编号。必须是逻辑右移
  x = D & bmask;  // x 保存了去除桶编号的剩余比特
  ρ = x 中最左侧 1 出现的位置；
  M[j] = Max(M[j], ρ); // 保留对应桶数组元素最大的 1 出现位置
}
return E = a_m m 2^(Σ_j M[j] / m);
```

伪代码中的 E 的估计值看起来很复杂，实际上很好理解，2 的幂就是对所有的桶数组 M[j] 的值做了一次算术平均。也就是用左侧 1 在每个桶里面出现

的位置的平均值来避免异常运气导致的误差。估计出每个桶里面元素的个数后，再乘以桶的个数 m，就可以得到整体元素个数了。唯一较不直观的就是最前面那个校正系数 a_m 了。这个值是和桶个数 m 相关的一个常数，也就是当桶个数确定时，这个值也是确定的。但是计算公式有些复杂，是用伽马函数定义的。原论文给出的公式是$a_m = (\Gamma(-\frac{1}{m})\frac{1-2^{\frac{1}{m}}}{log2})^m$，其中的 Γ() 就是伽马函数，在上文有过这个函数的简单介绍。由于对数对数计数已经没有超对数对数使用得多，所以不会计算也问题不大。也可以使用有些语言自带的伽马函数库计算，反正对于给定的桶数 m，只要计算一次即可。

在同一篇论文中，弗拉若莱和他的合作者发现对数对数计数在奇异点多的时候估计准确度不足，因为奇异点的影响太大了，所以采用了截断规则，只选取最小的一些桶。根据实践，选择最小的 70% 的桶做估计的效果最好。这个改进算法被命名成超级对数对数（Super-LogLog）。

后来，又发现采用调和平均数计算比使用算术平均数计算更好，这个就是超对数对数（HyperLogLog）[①]。超对数对数算法在伪代码层面上和对数对数计数算法几乎是完全一样的；仅有的区别是，最后的返回公式和不同密度情况下的二级校正方法有些差异。估计值的返回公式在超对数对数中变成了：

$$E = a_m m^2 (\sum_j 2^{-M[j]})^{-1}$$

其中$m(\sum_j 2^{-M[j]})^{-1}$就是 $2^{M[j]}$ 的调和平均数，简单地说，就是倒数的平均数的倒数。这样看来，实际上超对数对数和对数对数计数的估计公式几乎相同，超对数对数是：$E = a_m m \mathrm{Avg}(2^{M[j]})$，而对数对数计数是：$E = a_m m 2^{\mathrm{Avg}(M[j])}$，一个直接对 2 的幂的结果做平均，另一个对幂本身做平

① Philippe Flajolet, Éric Fusy, Olivier Gandouet, Frédéric Meunier, *HyperLogLog: the analysis of a near-optimal cardinality estimation algorithm*, Discrete Mathematics and Theoretical Computer Science (DMTCS), 2007.

均。那个平均函数 Avg() 的区别就是一个是算术平均数，另一个是调和平均数。这次的 a_{m} 计算公式比对数对数计数的计算要简单些：

$$a_m = (m\int_0^{\infty} (\log_2(\frac{2+u}{1+u}))^m \mathrm{du})^{-1}$$

为了工程实现方便，在原论文中给出了计算好的结果（如表 5-5 所示）：

表 5-5　超对数对数算法计算的结果

桶数 (m)	校正系数 (a_{m})
16	0.673
32	0.697
64	0.709
m >= 128	0.7213 / (1 + 1.079 / m)

在估计之后，根据估计结果和桶数之间的关系，再做一次二次校正。当估计结果既不太稀疏，也不太密集时，可以直接使用估计结果，不用二次校正了。

当估计结果非常稀疏，按公式就是$E<\frac{5}{2}m$的时候，说明基本上所有的桶都是很空的，平均只放了两三个元素。此时整个估计方法可以退化成类似于位图方法的线性计数：统计一下完全空的桶的个数，设为 V；如果 V 是 0，也就是所有桶都至少放了东西，那么还是用原来的估计值；如果 V 不是 0，就用 $E' = m\log(\frac{m}{V})$ 做估计。

当估计结果非常密集，按论文中的 32 位整形散列结果中达到了$\frac{2^{32}}{30}$的时候，也就是元素个数超过了整个 32 位整形空间的 1/30 的时候，就是线性估计的一种高密度形态，需要做二次校正，校正公式是$E' =- 2^{32}\log(1-\frac{E}{2^{32}})$。

所有这种估计都是概率型的，因此还可以继续做一下统计偏差估计。在不同的桶数的情况下，统计偏差也有不同。由于工程上拿到估计结果就够了，因此做偏差估计的方法就不详细解释，感兴趣的读者可以去阅读原始论文。

第 6 章

数据治理

在前面的章节中，我们讲解了数据的存储、管理、资源调度和算法应用。实际上，不同数据的价值是不同的，不同数据在不同的应用环境下，其意义也是不一样的。这就涉及对数据本身的治理工作了。

作为共识，我们都认可数据是资产。如果说数据的价值最后体现在各种场景应用上，是座大厦；那么数据治理就是形成这些价值的基础，是地基。中国科学院院士、大数据标准化工作组组长梅宏教授明确提出：“大数据治理体系建设是我们国家实施大数据战略的重要保障，是发挥大数据作用，做大做强大数据产业的重要因素，也是关键基础，大数据治理体系建设已经成为发展的重点。”

目前，国内各行各业正在积极开展数字化的工作，这不但涉及单位自身的数据，同时也涉及跨部门、跨行业甚至跨国界的协同合作。在这个过程中，数据治理工作的重要性日趋凸显。只有通过数据治理来提升数据质量、建立数据标准，保障数据安全，才可以实现数字化驱动的管理和发展，从而实现科学决策和精细化管理，并为商业模式的改进及创新提供数据量化支持。

数据治理的目标是提高组织数据的质量（例如准确性和完整性等），保证数据的安全性（例如保密性、完整性及可用性等），推进数字资源在组织各机构部门间的高效整合、对接和共享，从而提升机构整体数字化水平，充分发挥数据资产价值。关于这些目标的具体描述如下。

（1）运营合规：组织应建立符合法律、规范和行业准则的数据合规管理体系，并通过评估、审计和优化改进等流程保证数据的合规性，促进数据价值的实现。

（2）风险可控：组织应建立、评估数据风险管理机制，确保数据风险不超过组织的风险偏好和风险容忍度，评估、指导和监督风险管理的实施。

（3）价值实现：组织应形成统一的数据驱动和数据价值理念，完善价值实现相关要素的定义、应用、调整，助力组织加快实现数字化进程。

就其内容而言，数据治理主要包括以下几个方面。

（1）元数据管理。通过对数据资产的梳理，记录各种数据信息，建立数据血缘关系，为数据的自助服务提供可能。

（2）主数据管理。通过技术手段，结合业务需求，筛选和建立主数据，建立一套主数据管理和发布的有效方法。

（3）数据标准。参照一定的体系和业务规则，建立数据标准，包括数据项的命名规则、属性、长度等。

（4）数据管理成熟度评估。这包括对数据质量、数据安全、数据的全生命周期管理的一系列综合评估。

（5）数据资产。建立数据资产管理平台，对数据资产进行评估。

（6）数据治理的组织构架。建立完善的组织构架，建设数据治理团队，并落实相应的认责制定，落实数字经济文化，建立数据治理的长效机制。

元数据管理

元数据的定义

元数据是关于数据的数据。例如，它可以告诉我们顾客姓名存储在哪些系统中，以及字节的名称、属性、长度和数据质量等；也可以告诉我们产品 A 在销售系统中叫“A”，然而在会计系统却叫“B”。

举例来说明，如果你收到这样一条信息：

“1806 张三”

光凭这个数据很难知道其中的具体意思。对此，我们可以理解为：

- 1806 是员工 ID，张三是员工姓名；
- 18 点 06 分，张三到了；
- 2018 年 06 月，某个星球被命名为张三；
- 1 号码头，806 号泊位，船舶名叫张三。

如果我告诉你如下“元数据”，那么解析就很清楚了：

- 这个数据有两个字节；
- 员工代码类型为 Number（4）——得知该数据中前 4 位字符是数字类型，代表员工代码；
- 员工姓名类型为 Varchar（30）——得知后面的 30 位字符是字符类型，表示员工姓名。

以上这些信息就是元数据，用以描述这条数据的背景涵义。元数据表示的就是数据的定义和属性。

再比如，有一个产品的编号在产品库系统中为 101，在其他三个系统中的编号分别是 102、103、104，为了建立数据仓库和统一标准，我们需要建立一个映射表（如表 6-1 所示）来表示这些源值和标准值之间的血缘关系。

元数据包括业务规则、数据源、汇总级别、数据名称、数据转换规则、技术配置、数据访问权限、数据用途等。基于应用，可以将元数据分成以下几种。

表 6-1　映射表

数仓条目名称	数仓标准值	业务系统	数据来源	源值
产品编号	101	产品	产品库 . 表名 . 列名	101
产品编号	101	销售	销售库 . 表名 . 列名	102
产品编号	101	仓储	物流库 . 表名 . 列名	103
产品编号	101	成本	会计库 . 表名 . 列名	104

- 数据的结构：数据集的名称、关系、字段、约束等；
- 数据表结构：事实表、维度、属性、层次、字节等；
- 数据的部署：数据集的物理位置；
- 数据的血缘关系：数据集之间的流程依赖关系，包括一个数据集到另一个数据集的规则；
- ETL 过程：过程运行的顺序，并行、串行；
- 报表语义层：报表指标的规则、过滤条件物理名称和业务名称的对应；
- 日志：数据访问记录等。

元数据管理的目的是厘清元数据之间的关系与脉络，规范元数据设计和实现。有效的元数据管理为数据与业务之间搭建了桥梁，为数据系统建设、运维、业务操作、管理分析和数据管控等工作的开展提供了重要指导。

元数据管理的内容主要包括元数据获取、元数据存储、元数据维护（变更维护、版本维护）、元数据分析（血缘分析、影响分析、实体差异分析、实体关联分析、指标一致性分析、数据地图展示）、元数据质量管理与考核等内容。

元数据采集

元数据可以从多种数据源采集。

- 关系数据库适配器：采集来自 Oracle、DB2、Teradata、Sybase、SQL

Server 等关系型数据库的库表结构等的元数据。

- NOSQL 数据库：比如 HBase、MongoDB 等。
- 建模工具适配器：比如 ERWin 适配器、Powerdesigner 适配器。
- ETL 工具：Datastage、PowerCenter 等。
- 前端工具：Business Objects、Cognos 等。
- 脚本适配器（Perl，存储过程）：对存储过程脚本、Perl 脚本采用 SQL 解析的方式进行 ETL 作业映射关系的元数据进行采集。
- Excel 适配器：采集 Excel 格式文件的元数据（包括库表数据字典、映射关系、代码、指标等）。

元数据的存储和管理

元数据入库后，可以存放在数据库中，也可以存放在其他文档中，例如 Excel 中，并需要进行经常性的维护。

元数据的管理主要包含以下操作。

- 元数据维护：元数据基本信息、属性、依赖关系、组合关系的查询修改和删除操作。
- 元数据查询和导出：根据搜索条件，查询和导出符合数据访问权限的元数据。
- 分析结果导出：例如影响分析、血缘关系分析、ETL 映射分析等分析结果的导出。
- 元数据版本管理：元数据的生命周期管理，例如发布、删除和状态变更。这些都确保元数据的质量，保证了后续使用元数据系统的权威性和可靠性。
- 元数据变更通知：用户可以自行订阅关注的元数据。当这些元数据发生变更后，系统将以用户指定的形式通知用户变更的发生，用户可根据指引，进一步在系统中查询到该变更的具体内容及相关的影响分析。

元数据分析

整理好的元数据应该为业务提供服务。这些服务主要体现在如下几个方面。

- 数据资产梳理：可以通过元数据看到公司到底有多少数据资产、分别是什么类别的以及质量如何。同时也可以为最终用户的“数据自助服务”提供指导。
- 血缘（血统）分析：血缘分析是建立在企业整体元数据整合的基础上的，它提供了跨 IT 系统、跨 BI 工具的元数据分析，实现了以数据流向为主线的血缘追溯。
- 影响分析：影响分析提供基于数据流影响的分析功能。用户分析能迅速了解分析对象的下游数据信息，快速识别元数据的价值，掌握元数据变更可能造成的影响，以便更有效地评估变化带来的风险，从而帮助用户高效准确地对数据资产进行清理、维护与使用。
- 表的关联程度分析：分析库表的元数据与其他元数据的关系出现次数［如表与 ETL 程序、表与联机事务处理（Online Transaction Processing，OLAP）、表与指标等］。分析库表的重要程度，出现次数越多的库表，重要程度越高。该项分析主要为技术人员使用，用于展现表在系统中的依赖程度，在这些表需要变动时，也可以查询它的影响范围。
- 数据地图：主要展示主数据的分布情况，比如基于不同的地域，不同的数据库等。主要为企业管理人员等高层关注。企业的数据地图是从宏观层面组织信息，力求以用户视角对企业信息进行归并、整理，展现企业的宏观信息，有效挖掘企业信息的潜在价值。

主数据管理

主数据管理（Main Data Management，MDM）要做的就是从各部门的多个业务系统中整合最核心的、最需要共享的数据（主数据），集中进行数据的集成和管理，并且以服务的方式把统一的、完整的、准确的、具有权威性的主数据，传送给机构范围内需要使用这些数据的操作型和分析型应用系统。

主数据筛选的标准

那么，哪些数据可以成为主数据？

主数据是指在整个企业范围内各个系统（操作/事务型应用系统和分析型系统）间要共享的数据，例如客户（customers）、供应商（suppliers）、账户（accounts）和组织单位（organizations）相关的数据。主数据通常需要在整个企业范围内保持一致性（consistent）、完整性（complete）、可控性（controlled）。主数据不是指企业内所有的业务数据，只是有必要在各个系统间共享的数据才是主数据。例如，大部分的交易数据、账单数据等都不是主数据，而像描述核心业务实体的数据，例如客户、供应商、账户、组织单位、员工、合作伙伴、位置信息等都可以成为主数据。主数据是企业内能够跨业务重复使用的高价值的数据。这些主数据在进行主数据管理之前经常存在于多个异构或同构的系统中。

主数据管理可以帮助我们创建并维护整个企业内主数据的单一视图（Single View），保证单一视图的准确性、一致性和完整性，从而提高数据质量，统一商业实体的定义，简化改进商业流程并提高业务的响应速度。从变化的频率来看，主数据和日常交易数据不同，前者变化相对缓慢；另外，由于跨各个系统，所以主数据对数据的一致性、实时性和版本控制要求很高。

主数据管理的具体内容

主数据管理主要包括数据建模、数据整合、数据发布和数据监控四个方面。

数据建模

数据建模阶段主要是完成以下几项工作。

- 创建结构：根据对主数据的设计，在系统中建立主数据的相关结构，包括主数据分类、主数据表和主数据表中的属性信息。
- 建立主数据表间的关联关系：如通过自关联和外关联属性建立表和表之间的主从关系。
- 建立相应的规则：如编码规则、主数据生成规则、主数据校验规则等。

数据整合

在数据建模之后就可以把所有相关的主数据初始化到主数据管理系统中，这个操作被称为数据整合，需要做的工作有以下几个方面。

- 数据导入：从其他业务系统导入数据到主数据管理系统，可通过多种方式进行，如通过文件、ETL、Web Service、API 等。数据导入可以是一次性的，也可以是保持常态的，数据更新也可以自动进行。
- 数据清洗、合并：由于主数据在业务系统维护和存储的时候不符合规范，或多个业务系统存储相同的主数据造成错误或重复，因此需要对数据进行比对、甄别后剔除错误数据，完成对数据的清洗及合并操作。
- 数据校验：建立特定的主数据校验规则后，校验系统中的主数据。

数据发布

主数据管理系统中的所有主数据只有在发布后才能被查询、使用、共享。数据发布包含以下几方面内容。

- 工作流审批：主数据的发布应建立严格的审批流程，比如为某类主数据的申报、审批和发布配置工作流。
- 数据订阅 / 分发：发布的主数据同步到其他业务系统进行数据共享，通过系统集成的数据交换工具进行主数据订阅，并根据实时性要求分发到指定的目的地。
- 主数据查询 / 下载 / 导出：通过系统查询主数据并下载或导出指定的格式。

数据监控

数据监控贯穿整个主数据管理实施过程，但从实施步骤上来讲，它是在建模、整合和发布之后才需要关注的，包括以下内容。

- 变更处理：在主数据管理系统中对主数据的变更进行处理，如主数据的更新、停用等操作，必要时通过工作流进行审批。
- 监控预警：建立预警规则，对主数据的某些修改和变更进行监控，出现违反规则的行为时进行系统预警。
- 日志记录：系统会记录主数据建模和主数据维护时的操作日志，包括操作方式、操作数据内容、操作时间、操作人员等，以备日后查询或追溯历史。

数据标准

数据标准是机构建立的一套符合自身实际，涵盖定义、操作、应用等多层次的标准化体系。

按照现在通用的方法，数据治理对标准的需求可以划分为三类，即基础类数据标准、指标类数据标准和专有类数据标准。基础类数据是指组织日常业务开展过程中产生的具有共同业务特性的基础性数据。基础数据可分为客户、资产、协议、地域、产品、交易、渠道、机构、财务、营销等主题。指标类数据是指为满足组织内部管理需要及外部监管要求，在基础性数据基础上按一定统计、分析规则加工后的可定量化的数据。专有类数据标准是指公司架构下子公司在业务经营及管理分析中涉及的特有数据。

要建立一套数据标准，我们需要参考如下各个方面：

- 国际标准；
- 国家标准；
- 地方性标准；
- 行业标准；
- 各单位自身特有的一些数据标准。

国际标准化现状

目前，在国外主要有如下标准化机构一直致力于研制信息系统环境内部及系统之间的数据管理和交换标准，为跨行业领域协调数据管理能力提供技术性支持。

- ISO/IEC JTC1，主要包括 ISO/IEC JTC1/SC32 数据管理和交换技术委员会、ISO/IEC JTC1/SC32 数据管理和交换技术委员会和 ISO/IEC JTC1/WG9 大数据工作组等。
- ITU-T，其中最重要的是其发布的《大数据：今天巨大，明天平常》的技术观察报告。
- IEEE BDGMM，其中有 IEEE 大数据治理和元数据管理（BDGMM）等。
- NIST（美国国家标准技术研究所），主要成果是被广泛参考的大数据互操作性框架（NBDIF）报告和大数据参考架构（NBDRA）。

国内标准化现状

大数据领域的标准化工作是支撑大数据产业发展和应用的重要基础，为了推动和规范我国大数据产业快速发展，建立大数据产业链，与国际标准接轨。在工业和信息化部国家标准化管理委员会的领导下，2014 年 12 月 2 日全国信息安全标准化技术委员会大数据标准工作组正式成立。2016 年 4 月，全国信息安全标准化技术委员会大数据安全标准特别工作组正式成立，在国家层面对口 ISO/IEC JTC 1/WG9 大数据工作组等。

行业及地方标准现状

每个行业，从银行到保险，从航空到房地产，从零售到能源等，目前基本都有一定的行业数据标准。例如在航空业有 IATA、OAG 等，美国联邦航空局（FAA）也制定了一系列数据标准。在国内，中国通信标准化协会（China Communications Standards Association，CCSA）是国内开展通信技术领域标准化活动的非营利性法人社会团体。目前该协会有 TC1 WG6 工作组专门从事大数据方面的标准化工作，重点研究大数据技术产品标准化，数据资产管理制度、工具，数据开放与流通交易相关等方面的标准规范。

大数据标准体系

大数据标准体系由七个类别的标准组成，分别为：基础标准、数据标准、技术标准、平台和工具标准、管理标准、安全和隐私标准、行业应用标准。

基础标准

为整个标准体系提供包括总则、术语、参考模型等基础性标准。

数据标准

该类标准主要针对底层数据相关要素进行规范，工作中一般讲的数据标准主要是指这一类，包括数据资源和数据交换共享两部分。其中，数据资源包括元数据、数据元素、数据字典和数据目录等，数据交换共享包括数据交易和数据开放共享相关标准，具体如下：

- 命名规则（Naming Convension Standard），比如 First_Name 相较于 FirstName、FName 等；
- 属性类别（Data Type），例如 Varchar 相较于 Char；
- 长度（Length），例如工资用 Decimal（8，2）等；
- 默认规则，是否为 NULL，是否使用默认值；
- 标准代码，记录信息项固定码值的编码、分类、使用规则等。

技术标准

该类标准主要针对大数据相关技术进行规范，包括大数据集描述及评估、大数据处理生命周期技术、大数据开放与互操作和面向领域的大数据技术这四类标准。

平台和工具标准

该类标准主要针对大数据相关平台和工具进行规范，包括系统级产品和工具级产品两类。系统级产品包括：实时计算产品（流处理）、数据仓库产品、数据集市产品、数据挖掘产品、全文检索产品、非结构化数据存储检索产品、图计算和图检索产品等。工具级产品包括：平台基础设施、预处理类产品、存储类产品、分布式计算工具、数据库产品、分析智能工具、平台管理工具类产品的技术、功能、接口等规范。相应的测试规范会针对相关产品和平台给出测试方法和要求。

管理标准

管理标准作为数据标准的支撑体系，贯穿数据生命周期的各个阶段，该部分主要是对数据管理、运维管理和评估三个层次进行规范。

安全和隐私标准

数据安全和隐私保护作为数据标准体系的重要部分，贯穿整个数据生命周期的各个阶段，包括对数据安全和系统安全、交易服务安全、数据权限、安全风险控制、个人信息安全、安全能力成熟度等方向进行规范。

行业应用标准

行业应用类标准主要是针对大数据为各个行业所能提供的服务角度出发制定的规范。该类标准指的是各领域包括工业、政务、服务等领域根据其领域特性产生的专用数据标准。

数据管理成熟度评估

现有的数据管理成熟度评估模型

成熟度的评估是个有效的自测和监督的方法，可以帮助我们降低成本、提高效率、规避风险。

业界有许多领域的成熟度评估概念，包括：

- CMMI Data Management Maturity（DMM）;
- The Method for an Integrated Knowledge Environment（MIKE2.0）;
- EDM Council DCAM;
- IBM Data Goverance Council Maturity Model;
- Standford Data Governance Maturiy Model;
- Gartner's Enterprise Information Management Maturity Model;
- DAMA-DMBOK Maturity Model。

各个模型尽管有许多相通之处，具体的衡量标准和方法还是有较大的不同。

下面我们以 DAMA-DMBOK Maturity Model 为例做简单介绍。

DAMA 是国际数据管理协会（Data Management Association International）的简称。DAMA 是一个全球性数据管理和业务专业志愿人士组成的非营利协会，致力于数据管理的研究和实践。DAMA 到 2017 年年底在世界范围内拥有 40 多个分会，7 500 余名数据管理专业会员。DAMA 自 1988 年成立以来，多年致力于数据管理的研究、实践及相关知识体系的建设，在数据管理领域累积了极为深厚的知识沉淀和丰富经验，并先后出版了《DAMA 数据管理字典》和《DAMA 数据管理的知识体系和指南》（DAMA-DMBOK）。两部著作集业界数百位专家的经验于一体，是数据管理业界最佳实践的结晶，现已成为从事数据管理工作的经典参考和指南，在全球范围内广受好评。

实际上 DAMA 本身并没有提出一个数据成熟度的框架，但因其在数据管理界的权威地位，它提出的一些意见就成了业界的参考框架。

成熟度的 5 个层次

DAMA DMBOK 2.0 提出了数据管理成熟度由低到高的 5 个层次（如图 6-1 所示）。

（1）Immature（Initial）；初级阶段，没有或者偶一为之的数据管理行为。

（2）Repeatable（Repeatable）：可重复的阶段，有一定数据管理的软件和方法。

（3）Managed（Defined）：定义阶段。

（4）Monitored（Managed）：管理阶段。

（5）Continuous Improvement（Optimizing）：优化阶段。

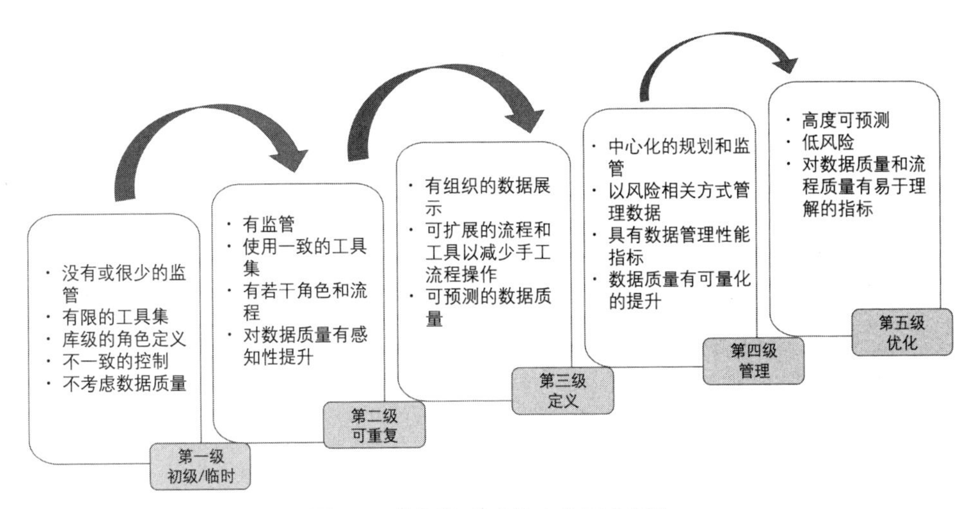

图 6-1　数据管理成熟度的五个层次

每个模型都有自己的一套评估标准内容，DAMA 主要考虑如下内容。

- 工作或业务流程。例如数据治理、数据构架、建模、存储和运维、安全、DII、D&C、R&MD、DW&BI、元数据、数据质量等。
- 工具：上面的各项工作是否使用软件系统，自动化的程度如何，是否提供了足够的培训，相关工具是否可以拿到，是否配置已经足够好，是否可以应对以后业务的变化和数据量的增加。
- 标准：是否有一整套的标准可以使用，标准是否已经很好地成文并可以使用，是否可以应对今后的变化。
- 人力和其他资源：是否有足够的人力资源完成有关的数据管理工作，需要哪些具体的技能、培训、知识背景和经验，相关的组织机构和责任是否到位。

最后的评估结果一般都会用图表表示，可以从中直观看到现况和目标的差距（如图 6-2 所示）。

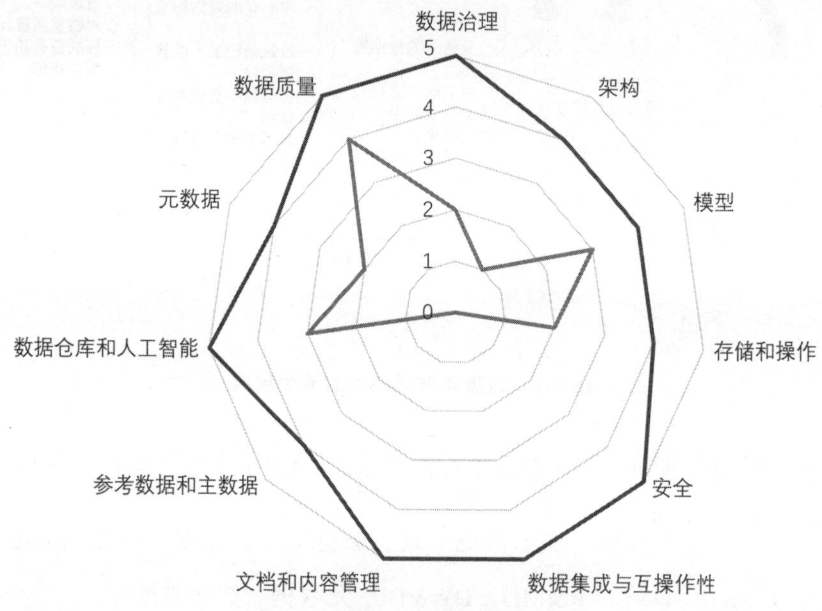

图 6-2　数据管理结果评估示例

国内数据管理成熟度模型

国家大数据标准化工作组于 2018 年 3 月 15 日正式发布了国家标准——《数据管理能力成熟度评估模型 GB/T 36073-2018》（以下简称《DCMM 模型》）。在该标准中正式提出了数据治理的规范体系和成熟度等级定义。同时，中国银行保险监督管理委员会于 2018 年 5 月 21 日也正式发布了《银行业金融机构数据治理指引》（以下简称《指引》），提出了中国银行业数据治理管理的规范体系。该标准在充分参考国内外研究的基础上，同时借鉴了 DAMA-DMBOK 中关于数据管理的定义，并且根据中国国内数据管理的实际情况，定义了数据能力评估的八大过程域：数据战略、数据治理、数据架构、数据标准、数据安全、数据应用、数据质量、数据生命周期管理。

数据质量的评估

数据的质量是衡量数据资产价值的首要因素。对于数据本身质量的评估，主要评估数据的完整性、稀疏性、异常值和缺失值情况等。数据质量是保证数据应用的基本，按照现在通用的方法，它的评估标准包括四个方面，即完整性、一致性、准确性、及时性，可以通过这四个方面判别数据是否达到预期设定的质量要求。

完整性

完整性评估指的是评估数据信息是否存在缺失的情况，数据缺失的情况可能是整个数据记载缺失，也可能是数据中某个字段信息的缺失。

一致性

一致性评估是指评估数据是否遵从了共同的标准，数据集结是否坚持了共同的格式。例如，中国的手机号码是 13 位数字，IP4 地址是由 4 个 0 到 255 间的数字加上“.”组成的。

准确性

准确性评估是指评估数据记载的信息是否存在失常或差错，同时也会评估数据是否用到适合的场景。

及时性

及时性评估是指评估数据从产生到可以使用的时间间隔（也叫数据的延时时长）。在许多情况下及时性对于数据分析本身要求并不高，但如果数据分析周期加上数据建立的时间过长，就可能导致分析得出的结论失去应有的价值。如果数据有实时性（RTD，Realtime，Recision）要求，那么这个属性就显得尤为重要。

数据安全管理

数据的安全管理也是数据管理成熟度的很重要的方面。数据安全管理主要体现在以下六个方面：

- 一是数据使用的安全性，包括基础数据的保存、访问和权限管理；
- 二是数据隐私问题，系统中采集的敏感信息在下游分析系统和内部管理系统中，是否要进行加密，以避免数据被非法访问；
- 三是访问权限统一管理，包括单点登录问题及用户名、数据和应用的访问授权统一管理；
- 四是数据安全审计，为数据修改、使用等环节设置审计方法，事后进行审计和责任追究；
- 五是制度及流程建立，逐步建立数据安全性的管理办法、系统开发规范、数据隐私管理办法及相应的应用系统规范、在管理决策和分析类系统中的审计管理办法等；
- 六是应用系统权限的访问控制，建立集团级权限管理系统，增加数字水印等技术在应用系统中的使用。

数据生命周期管理

数据生命周期管理一般包括对数据生成及传输、数据存储、数据处理及应用、数据销毁四个阶段的管理。

数据生成及传输

数据的产生可以有多种来源，人和机器等都产生大量的数据。产生的数据还需要借助一定的媒体介质传输到数据储存系统中。

数据应该能够按照数据质量标准和发展需要产生，应采取措施保证数据的准确性和完整性。业务系统上线前应该进行必要的安全测试，以保证上述措施的有效性。对于手工流程中产生的数据在相关制度中要有明确要求，并通过事中复核、事后检查等手段保证其准确性和完整性。数据传输过程中需要考虑保密性和完整性的问题。要对不同种类的数据分别采取不同的措施，防止数据泄漏或数据被篡改。

数据存储

这个阶段主要关注如何存储数据，例如采取分级存储的方式，数据不仅存储在本地磁盘上，还应该存储在磁带上，甚至远程复制到磁盘阵列中或者采用光盘库进行存储。对于存储备份的数据要定期进行测试，确保可访问且数据完整。

数据处理和应用

信息化相关部门需要对数据进行分析处理，以挖掘对管理及业务开展有价值的信息，可以采用联机处理、脱机处理、批量处理、实时处理等手段。

数据销毁

不再需要的数据应明确数据销毁的流程、采用的必要的工具；数据的销毁应该有完整的记录，尤其是需要送外部修理的存储设备，送修之前应该对数据进行销毁。

数据服务管理

数据服务管理是数据管理成熟度评估中从用户角度考虑的一个重要方面。数据整合归集的最终目的是要服务各机构部门、人员等。能提供更准确、更敏捷和更方便的服务是数据服务管理的目标。这其中就包括了“自助服务”的目标。用户应该可以通过“自助”的方式获得相关的报表、预测等，而不需要每次都请求 IT 部门来帮自己获得数据服务。

同时，通过建立统一的数据服务平台来满足针对跨部门、跨系统的数据应用。通过统一的数据服务平台来统一数据源，变多源为单源，加快数据流转速度，提升数据服务的效率。

数据资产

数据资产现况

数据是资产，资产必须是可计量的。如何核算数据的价值还是业界目前需要进一步研究的问题。

一种资源要成为资产必须要有明确的所有权。例如，病人的病历数据是属于医院的还是病人的？手机用户的上网和电话记录是属于用户个人的、还是运营商的？同样，我们在淘宝的浏览和购买记录，淘宝是否有权用作其他目的，这些能算是淘宝的数据资产吗？这些数据所有权的确认需要以法律的形式来界定。

数据资产不同于其他资产，例如数据有时效性，今天价值 100 万元的数据到明天很有可能就毫无价值了；数据还有“场景应用”性，对客户 A 来说价值无限的数据，对客户 B 而言很有可能没有任何意义。

当前，一些国家已明确提出要将政府数据资源作为一种资产来进行有效管理，并将政府数据不断开放。例如，加拿大《信息管理政策》（2007）中明确规定，要将信息和记录作为有价值的资产来管理。数据管理是加拿大政府实现有效管理的重要组成部分。

在政府的推动下，出现了多家数据服务和供应商，例如微软数据市场、亚马逊公共数据集、甲骨文在线数据交易、富士通数据市场等。

在我国，数据价值评估、数据资产交易等方面也已经开始起步并快速发展。2015 年 4 月，国内第一家数据交易所——贵阳大数据交易所正式成立。2015 年 7 月，在北京中关村成立了全国首家数据资产评估中心，它为政府、企事业单位提供数据资产盘点、整合、登记、确权、价值评估等服务。

数据资产面临的主要问题

国内数据资产的评估面临一系列问题，主要包括如下四个方面。

- **资产属性。**对于数据资源的资产属性，目前尚未形成统一意见。数据资源的资产属性不确定，就很难建立相应的资产管理体系，从而无法对数据资源进行有效的资产化管理。
- **权属界定。**数据的归属和所有权问题目前还没有一个明确的界定。现在学界已有一些关于数据权属的讨论，形成了“新型人格权说”“知识产权说”“商业秘密说”“数据财产权说”等观点，但尚未形成共识。
- **现行会计制度不适应数据资源资产化管理的要求。**例如，某银行在合理合法和被授权的前提下花了两千多万购买了一批个人数据用于个人信用评估，但这些数据无法计入该银行的资产列表，更不用说对这些数据后续带来的价值增值进行核算了。
- **数据资源交易市场发育不成熟，交易活动缺乏有效的规范和监管。**从而使得数据资产很难有个市场参照。

数据资产价值评估

数据资产的价值评估需要从两个方面入手：数据质量的评估和数据经济价值的评估（如图 6-3 所示）。

数据资产经济价值的评估方法主要分为成本法、市场法和收益法三种，具体而言，以下几个方面是需要考虑的因素。

成本计算法

按照获得和储存有关数据支付的成本来核算，这个是最基本的核算方法。

重新获得数据的成本

如果数据丢失需要重新获得，那么这个成本可以作为资产价值的基础。

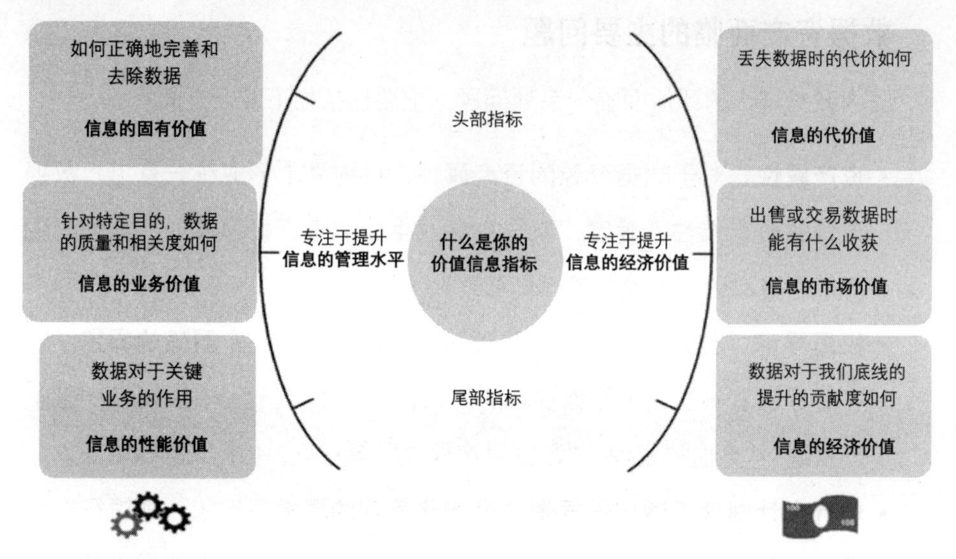

资料来源：Garther（August 2015）

图 6-3　数据资产价值评估指标体系

数据进一步加工和处理的成本

数据的加工会提升数据的价值，这些成本应该计算在数据价值之中。

数据相关的可能性法律风险

这是指如果没有这些数据可能导致的法律和经济损失，例如在美国，保险公司需要保留至少 10 年的病人数据。

数据隐私的评估当然涉及数据的合法性，对于非法数据，即使得出的模型再好，带来实际的价值也是负的。

数据可销售的市场价格

在目前数据交易市场还不完善的情况下，很难定“市场价格”，所以价格最后还是会以成本为依据来制定。

竞争者愿意支付的价格

可以把竞争者愿意支付的价格作为“市场价格”的参考。

数据产生的收益

数据的价值一般都体现在以下五个方面：

- 提升客户体验；
- 提高生产效率；
- 提高销售；
- 减免可能性风险；
- 获得随时应对各种机会和风险的能力。

用数据可能产生的效益来估算数据资产的价值也是非常通用的方法，例如通过数据营销获客率提高 5%，这个就是相关数据的价值。

数据的价值评估可以这样来计算：

数据的基本成本 + 数据使用后效果价值

数据资产评估模型

在欧美，按照 Gartner 的整理，目前对数据资产的评估主要有以下几种模型，有些并不一定完全从经济价值的角度出发计算的。

信息的固有价值（IVI）

应用场景

应用于对数据质量进行大概评估，理想化的 IVI 值是 1.0，表示数据是完全正确的、完整的，同时数据只有我们一家独有。

计算公式

$$IVI = Validity \times Completeness \times (1-Scarcity) \times Lifecycle$$

其中：

- Validity——数据正确的百分比；
- Completeness——数据完整性百分比；

（续表）

• Scarcity——数据的稀缺性百分百；

• Lifecycle——数据使用的生命周期（月）

计算举例

Type of Information	Validity	Completeness	Scarcity	Life Cycle	IVI
Customer Support Records	0.85	0.95	0.00	24 months	19.4
Customer Contact Information	0.62	0.67	0.33	36 months	10.2

在这个例子中，该公司的客户支持数据比客户联系数据具有更高的 IVI 价值，按照业务需要，客户联系数据是需要进一步提高的。

其他可以考虑的因素

• 可以包括一些主观或客观的因素，比如数据的及时性。

• 可以考虑在具体数据内容或者整个数据库层面的完整性，而后提供一个比重。

长处和短处

长处：模型本身非常简单，能够告诉我们数据质量的一个大概情况，也可以告诉我们有些数据是否需要自己存储。

短处：该模型并不考虑这些数据和业务有什么关联。

信息的业务价值（BVI）

应用场景

这个方法考虑了数据跟具体业务部门的关系，考虑了业务的需求，比如这些数据到底对业务有什么作用，数据是否是最新的等，可以用来快速了解数据的实际应用价值。

计算公式

$$\text{BV1}=\sum_{p=1}^{n}(\text{Relevance}_p)\times\text{Validity}\times\text{Completeness}\times\text{Timeliness}$$

其中：

• Relevance——这些数据对一个或者多个业务的有用程度（0 to 1）。

• Validity——数据准确性百分比

• Completeness——数据完整性百分比

• Timeliness——数据及时性百分比。

其中 n = 相关业务部门的数量

（续表）

计算举例

Type of Information	Sales Process Relevance	Maintenance Process Relevance	Ordering Process Relevance	Validity	Compl-eteness	Timelines	BVI
Sales Transactions	.50	.20	.90	.99	.96	.80	1.21
Weblog	.80	.10	.30	.95	.99	.98	1.11

在这个案例中，销售数据比网络日志具有更高的 BVI。

其他可以考虑的因素

- 可以增加其他数据质量的参数。
- 可以使用多种手法判断数据和业务部门的相关性，比如访谈、数据使用群体分析等。
- 对数据的准确性、完整性和及时性，可以考虑评估具体业务部门而不是公司整体层面。
- 对 VBI 的评估可以具体到某个业务部门的某个流程。
- 可以考虑不同因素的比重。

长处和短处

长处：该模型考虑到了数据和具体业务部门的关系。能够帮助我们发现那些有用的数据，也可以帮助我们找到数据的不足。

短处：该模型带有一定的主观性，可能应用者需要先花很长的时间来熟悉业务。

信息的性能价值（PVI）

应用场景

这个模型可以用来回答：这些数据到底能提升多少业务价值？为了使用该模型，我们需要先做一些设计好的、可管控的测试，再比对使用数据和不使用数据产生的业务价值。

计算公式

$$PVI = \frac{\sum_{p=1}^{n}\left[\left(\frac{KPI_i}{KPI_c}\right)-1\right]_p}{n} \times T/t$$

PVI 是个比例，指在使用数据后有关 *KPI* 相较于数据成本的提升比例。

或者，如果是多个 *KPI*，那么 *PVI* 可以表述为每个 *PVI* 数的中间值。

其中：

- I——使用相关数据的业务场景。

（续表）

- c——不使用相关数据的业务场景。
- *n*——需要衡量的 KPI 的数量。
- *T*——数据使用的平均生命周期。
- *t*——KPI 评估的时间段（时间长度）。

计算举例

以下这个案例假定有个营销项目需要分析用户的喜好，一个使用了数据，另一个没有使用相关数据，在其他条件都一致的情况下，经过一段时间的测试，可以对结果进行比较。

KPI	With Additional Data	Without Additional Data	Data Life Span	Trial Duration	PVI
Number of leads	6，000/month	4，500/month	24 months	3 months	2.67
Number of sales	120/month	55/month	24 months	3 months	9.45
Revenue per order	$40/month	$45/month	24 months	3 months	（0.89）
Overall PVI					3.74

在这个案例中，数据在产生商业机会这个 KPI 上产生了最大的效果。不过在“Revenue per order”（销售单价）上却是亏损的。这很有可能是因为该营销项目的目标客户是收入较低的客户，或者销售的产品本身质价比较底，或者没有鼓励客户购买多种产品。

其他可以考虑的因素

- 评估一个或者多个 KPI。
- 不考虑时间参数。
- 通过不同方法，收集和整合新数据。
- 通过使用不同数据源对单一 KPI 进行评估，从而判断哪个数据源能提供最佳结果。

长处和短处

长处：该模型能够比较准确地评估数据带来的商业价值。

短处：模型需要一次甚至多次测试，还有可能需要重新组织业务流程。

信息的代价值（CVI）

应用场景

该模型用获得数据的成本计算数据资产的价值，同时也可用来衡量如果没有这些数据（比如因自然灾害、人为破坏等导致数据丢失了）会造成的经济损失。如果市场对这些数据有直接的购买需求，CVI 是个较简便的核算方法。

（续表）

计算公式

$$CVI = \frac{\text{ProcExp} \times \text{Attrib} \times T}{t} \left\{ + \sum_{p=0}^{n} \text{Lost Revenue}_p \right\}$$

其中

- ProcExp——获得数据的年化成本。
- Attrib——获得数据的成本在整个成本中的比例。
- *T*——数据的平均生命周期。
- *t*——相关成本评估的时间段（时间长度）。
- *n*——假定数据丢失从而影响了业务，为数据恢复到正常状态所需要的时间段的数量。

计算举例

在以下这个案例中，我们只考虑获得数据的成本，也假定数据没有被丢失或破损。

Type of Data	Process Expense	Percent of Process Attributable to Data Acquisition	Data Life Span（T）	CVI
Equipment maintenance	$2 000 000/year	2%	3 years	$120 000

假定对某系统的维护成本为200万一年，其中2%的费用用于采集和处理有关数据，那么每年会产生4万元的数据费用。数据保留3年，则CVI为12万元。

其他可以考虑的因素

- 考虑具体业务流程所需成本，再加上运维成本（包括人力成本）来核算总体成本，除此之外还可以考虑数据存储的成本。

长处和短处

长处：该模型是评估数据资产成本的最好方法。

短处：有些参数具有一定的主观性和预估性。

信息的市场价值（MVI）

应用场景

数据交易可以通过公开市场由买卖双方直接进行，其价值可以以现金、服务或者其他形式体现。不过随着数据服务商的出现，数据也可通过一些知名的交易市场进行，比如ProgrammableWeb，Quandl，Microsoft Azure Marketplace等。

该类数据交易在目前的市场环境下还是有许多的限制的。

（续表）

计算公式

$$MVI = \frac{\text{Exclusive Price} \times \text{Number of Partners}}{\text{Premium}}$$

下面的计算公式不是先按照数据交易（数据所有权的转让）的成交价格算，然后按照购买数据的使用权（公司仍然拥有数据的所有权）算。在许多情况下，数据所有权是不变的，但数据拥有者可以把使用权授给其他公司。下图中的 Premium 是指数据交易（所有权的出售）价格。

计算举例

下面这个案例关于一家公司拥有的客户忠诚度的数据交易情况，更详细的情况在《华尔街时报》刊登过。

Type of Data	Exclusive Value	Addressable Market Size	Percent of Market Sold to Over Average Life Span of Data	Probable Number of Licensors	Ownership Premium Over Licensing	MVI
Customer loyalty program data	\$1 000 000	5 000 organizations	20%	1 000 licensors	700x	\$1 428 571

从上可见，该数据的 MVI 是该数据独家使用价值的几倍。如果数据能够成为行业的标准化数据产品，例如信用中心、金融数据提供商、市场专门研究机构等，这些数据的 MVI 就会很高。

其他可以考虑的因素

- 考虑数据产生的现在和未来现金流的时下价值（Net Present Value，NPV）。
- 考虑数据所有权的出售。
- 用模型来衡量不同的数据组合可能产生的不同的价值。
- 数据的市场价格也许可以用相等或者类似的数据交易价格来衡量。
- 考虑数据的稀缺性衡量数据的交易价格。

长处和短处

长处：该模型适用数据的交易。

短处：如果没有市场需求，则用该模型来评估数据的真正价值会有一定的难度。

信息的经济价值（EVI）

应用场景

这个模型遵从会计准则进行数据资产评估，估算数据的价值后再减去数据成本。

计算公式

$$EVI = [Revenue_i - Revenue_c - (AcqExp + AdmExp + AppExp)] \times T/t$$

其中：

- Revenuei——通过利用数据获得的业务量。
- Revenuec——不利用数据获得的业务量。
- *T*——数据集或者单项数据的平均生命周期。
- *t*——数据价值评估的时间段（时间长度）。

计算举例

通过这个案例，可以评估以下两项数据的经济价值：电子商务网络性能数据（E-commerce network performance data）和社会媒体趋势数据（social media trend data）：

在第一个案例中，使用网络性能数据可提高客户体验，获得3 000美元/月的额外利益增长。其中，扣除1 950美元/月的数据费用，最后得到1 050美元/月的净利润。

Type of Information	Revenue With the Data	Revenue With out the Data-	Data Acquisition Expense	Data Administration Expense	Data Application Expense	Data Life Span
E-commerce network performance data	$25 000/ month	$22 000/month	$500/month (amortized)	$250/month	$1 200/ month	6 month
Social media trend data	$28 000/ month	$22 000/month	$1 000/month (licensed)	$200/month	$2 000/ month	12 month

在第二个案例中，由于社交媒体数据的使用促进了销售，导致额外6 000美元/月的收入，其中成本为3 200美元/月，产生的额外净收入为2 800美元/月。考虑到社交媒体数据的使用是12个月（网络性能数据是6个月），社交媒体数据的EVI比网络性能数据的EVI要大许多。由此可见，社交媒体数据应是工作的重点。

其他可以考虑的因素

- 可以不考虑预计的各种成本，而只计算出业务量的差别。
- 可以设定一个固定的数据生命周期。
- 对于生命周期比较长的数据，比如客户联系数据，可以适当减少现金流的折算。
- 如果是对政府拥有的数据的评估，则可以把相关的经济刺激政策折算为产值。

（续表）

长处和短处
长处：该模型可以用来评估数据带来的价值。 短处：该模型需要比较准确地估计数据成本；同时还需要进行测试。许多管理者未必会同意做这样的测试，毕竟这些场景都是实际创造利润的，要改变流程来做这些测试不太现实。

上述价值计算举例中的部分数据来自 2015 年 8 月 Gartner 发布的数据。

数据治理的组织构架

数据治理组织架构建设是数据治理能够得以贯彻的人力资源和组织保障，也是数据治理工作能够持续开展的基础。机构要建立健全的数据治理组织，同时也需要持续开展数据团队的建设，构建企业数据文化。

数据治理组织

2012 年，美国 Capital One 公司首先提出了应该设立“首席数据官”这一职位，后来首席数据官作为一个新的职位在互联网、大数据等公司普遍流行起来。相对于首席信息官来说，首席数据官是公司数据资产运营和管理的直接负责人。他可以作为业务部门和技术部门之间的桥梁，他比技术更懂业务，比业务更了解技术。同时，最重要的是他更了解数据，并且能够站在全局视角对数据进行管理和应用。

为了有效地实施数据治理，机构高层的支持和参与变得必不可少。中国银行保险监督委员会于 2018 年 5 月 21 日正式发布了《银行业金融机构数据治理指引》，其中要求金融机构建立覆盖董事会、监事会、高级管理层和相关部门于一体的数据治理组织，强调了公司高层领导在数据治理中的领导作用；建立自上而下、协调一致的数据治理体系，将数据治理纳入公司治理范畴；法定代表人或主要负责人对监管数据质量承担最终责任。

问责机制和激励机制

数据问责管理是数据治理的重要组成方面，是数据治理工作能够落地实施的关键，因此机构需要建立明确的数据认责管理制度。首先，是在组织层面明确数据管理的归口部门，设立专职的管理岗位，明确指定部门承担数据管理的工作。其次，机构需要明确要求各业务部门应当负责本业务领域的数据治理，落实数据质量控制机制。

机构应该重视与数据质量相关的考核，建立数据质量考核评价体系，考核结果纳入本机构绩效考核体系。如果涉及不合理的环节，就应进行整改，并且监督整个工作的进展。

团队建设

机构应当建立一支满足数据治理工作需要的专业队伍。数据管理团队的建设是数据资产管理和应用的核心。在数据资产价值日益重要的今天，机构应该构建类似于财务资产、人力资产等的数据资产管理团队，这样才可以充分管理和应用好已有的数据资产。

文化建设

机构应当建立良好的数据文化，树立数据是重要资产理念与准则，强化数据量化意识。

数据文化建设是数据治理工作的核心之一，通过数据文化建设可以让公司内部每个人都能够了解数据、使用数据，进而更好地采集和管理数据，形成数据资产管理的良性循环。

第 7 章

大数据和人工智能

大数据和人工智能看似没有任何关系，事实上它们之间的关系非常紧密。直观地看，大数据解决的是数据的采集、存储、分析和使用问题，而人工智能考虑的是如何让计算机获得尽量高的智慧水平。可实际上，大数据是人工智能的基础。传统的人工智能利用形式计算方法将一切内容规则化，试图让计算机聪明起来，这个方面有一定的进展。后来随着神经元网络的发展，人工智能一度有了突破，不过这种突破非常有限。在语音识别、手写识别等领域能应用最好的隐形马尔科夫模型（Hidden Markov Model，HMM）也是得益于有较多的学习样本。

总结起来，人工智能的发展经历了以下几个阶段：从早期的逻辑推理，到中期的专家系统，这些科研进步确实使我们离机器的智能有点接近了，但还有一大段距离。后来，深度学习理论诞生，人工智能界感觉终于找对了方向，深度学习使人类第一次如此接近人工智能的梦想。深度学习技术由于深度模拟了人类大脑的构成，在视觉识别与语音识别上显著性地突破了原有机器学习技术的界限，因此极有可能是真正实现人工智能梦想的关键技术。无论是谷歌大脑、还是百度大脑，都是由海量层次的深度学习网络构成的。也许借助深度学习技术，在不远的将来，真的有可能出现具有人类智能的计算机。

近年来，人工智能大发展一方面得益于深度学习技术的进步，更多的是因为可用的数据更加全面、完备了。这让深度学习有了充分的学习基础，使计算机在视觉、听觉、博弈等各领域都得到了很大程度的发展；也使大数据和人工智能变得密不可分起来。例如 AlphaGo（阿尔法围棋），就开始和自己对弈，以获得更多的样本数据。

大数据和计算机视觉

图像数据是大数据的重要组成部分，对图像数据的分类、识别、目标检测等是图像类大数据分析的基础。深度学习算法提出后，图像数据的分类、识别、目标检测效果有了突破性的提高。在一定的约束条件下，图像数据的分类、识别、目标检测达到甚至超过了人眼的识别能力。随着理论算法的突破，各种基于图像类的大数据分析系统也不断涌现。下面将围绕深度学习算法的原理、深度学习在图像领域的应用（图像分类、目标检测等）以及图像类大数据分析系统展开讨论。

深度学习

深度学习（Deep Learning）由加拿大多伦多大学教授、机器学习领域的泰斗杰弗里·欣顿（Geoffrey Hinton）等人于 2006 年提出，是机器学习的一个新领域。深度学习通过建立类似于人脑的分层模型结构，对输入数据从底层到高层逐级提取特征，从而能很好地建立从底层信号到高层语义的映射关系。[①]

深度学习的概念源于人工神经网络的研究，含多隐层的多层感知器就是一个深度学习结构。20 世纪 80 年代末，用于人工神经网络的反向传播算法的

① 余凯，贾磊，陈雨强，徐伟. 深度学习的昨天、今天和明天. 计算机研究与发展. 2013，50（9）：1799–1804.

提出，解决了多层神经网络隐含层连接权值的学习问题，大大推动了人工神经网络的发展。到了20世纪90年代中期，由于理论分析的不足以及训练耗时太久、存在局部最优解，即过拟合、梯度消失等问题，多层神经网络的研究陷入停滞，而同时期支持向量机（SVM）诞生。SVM相比神经网络有全方位的优势：第一，可以快速训练；第二，不存在过拟合问题；第三，没有梯度消失问题。因此，SVM迅速打败多层神经网络成为主流，神经网络进入沉寂期。

2006年，欣顿和他的学生鲁斯兰·萨克胡迪诺夫（Ruslan Salakhutdinov）在《科学》上发表了一篇文章，拉开了深度学习的序幕。文中提出深度神经网络在训练上的难度可以通过"逐层初始化"来有效克服。自此，深度学习开始在学术界持续升温。2012年，欣顿的学生阿莱克斯·克里泽夫斯基（Alex Krizhevsky）一举摘下了有人工智能"世界杯"之称的ImageNet大规模视觉识别挑战赛（ILSVRC）的桂冠，深度学习的效果大幅度超过其他机器学习方法，此后每年的ILSVRC比赛的冠军都被深度学习模型垄断。从此，深度学习进入爆发期。总结一下，深度学习算法主要有以下优点。

（1）效果好。在图像识别领域，深度学习算法比传统机器学习方法的效果好一大截。比如自从2012年Alexnet以绝对优势拿下ILSVRC冠军后，此后每年的ILSVRC冠军都是DNN模型。

（2）不需要人工提取特征。传统方法需要通过人工提取特征，而提取特征的方法需要有经验的专家才能手工设计出来；深度学习算法通过大量的数据可以自主学会反应数据差别的特征。

（3）具有较好的迁移学习性质。比如对于数据量小的数据集，深度学习算法可以将有相同性质的大量数据集训练出的模型拿来微调。

深度学习算法提出后，为了方便研发人员对算法进行研究和应用，一系列的深度学习框架被提出，具体如下。

Caffe：由加州大学伯克利的博士贾杨清开发，目前由伯克利视觉学中心（BVLC）进行维护。它是第一个主流的工业级深度学习工具，专精于图像处理，缺点是只支持图像处理，不支持语音、自然语言的识别处理。

TensorFlow：由 Google 开发的深度学习框架，使用了向量运算的符号图方法，使得新网络的制定变得很容易，缺点是速度慢，内存占用较大。

Torch：Facebook 力推的深度学习框架，它实现并且优化了基本的计算单元，用户可以很简单地在此基础上实现自己的算法，不用在计算优化上浪费精力；缺点是接口为 Lua 语言（需要时间来学习），没有 Python 接口。

Theano：2008 年诞生于蒙特利尔理工学院，主要开发语言是 Python。优势是非常灵活，适合做学术研究的实验，对递归神经网络和语言建模有较好的支持；缺点是速度较慢。

Keras：Keras 是一个崇尚极简、高度模块化的深度学习框架，可用 Python 开发。它提供了目前为止最方便的 API，用户只需要将高级的模块拼在一起，就可以设计神经网络，大大降低了编程开销。

MXNet：MXNet 是分布式机器学习社区（Distributed Machine Learning Community，DMLC）开发的一款开源的、轻量级的、可移植的、灵活的深度学习库。它很大的一个优点是支持非常多的语言，如 C++、Python、R、MATLAB、JavaScript 等。

图像是深度学习最早尝试的应用领域。1989 年，严恩·乐库（Yann LeCun）发表了 *Backpropagation Applied to Handwritten Zip Code Recognition* 一文，文中首次提出了卷积神经网络（Convolutional Neural Network，CNN）这一概念。1998 年，乐库在发表的 *Gradient-based Learning Applied to Document Recognition* 一文中正式提出了 LeNet-5 模型，这是第一个正式的卷积神经网络模型。当时 LeNet-5 模型在手写数字识别上取得了世界最好的结果，被美国大多数银行用来识别支票上的手写数字，其准确性可想可知。然而此后，因为在大规模图像识别方面的效果不好，卷积神经网络没有取得很大的成功。转机出现在 2012 年，CNN 模型在 ILSVRC 竞赛中一举夺冠，正确率超出第二名近 10%。此后 CNN 模型便在图像识别领域占据主导地位，之后每年的 ILSVRC 竞赛也被各种 CNN 模型充斥，每年的冠军毫无例外均是各种改进的 CNN 模型。

现在，深度学习除了在图像分类中获得成功，还在人脸识别、物体检测、视频分析等领域大放异彩。2014 年，DeepFace 和 DeepID 作为两个相对成功的高性能人脸识别与认证模型，成为 CNN 在人脸识别领域中的标志性研究成果。物体检测领域，各种基于深度学习的模型被提出，如 R-CNN、SDD、YOLO 等。下面将介绍 CNN 的数学描述，以及基于深度学习的图像分类任务和目标检测任务。

CNN 的数学描述

CNN 通常由卷积层、池化层、全连接层、Softmax 层等不同功能的层灵活搭建而成。

卷积层：卷积就是对图像应用滑动窗口函数，它是整个网络的核心组成部分，主要用于提取图像的特征。如图 7-1 中的左图是一张有 25 个像素的二值图像，每个像素上的数字代表该位置的像素值（0 为黑，1 为白），左上部分是一个 3×3 的卷积核。卷积的过程就是将卷积核中的每个数与对应位置的像素值相乘然后求和得到的，即为特征图矩阵的第一个值。依此类推，在图像上滑动卷积核即得到一个 3×3 的特征图矩阵。卷积对应局部感知，我们在观察某个物体时，既不是观察每个像素，也不是观察整体，而是先从局部开始观察，这就对应了卷积。我们通过用不同的卷积核去卷积图片就可以提取出不同的特征。我们通常会使用多层卷积层来得到更深层次的特征图[①]。

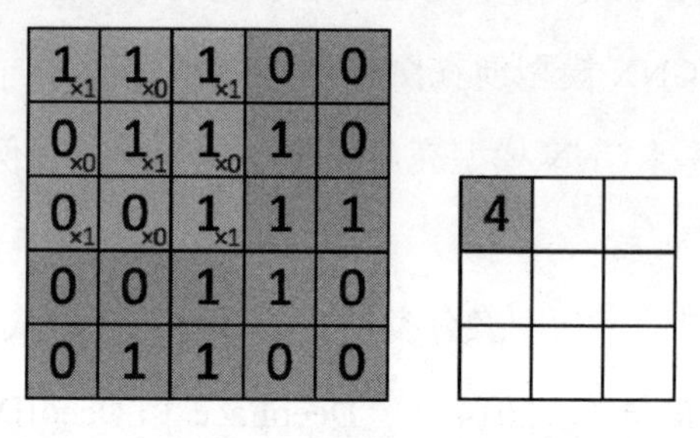

图 7-1 卷积示意

池化层： 对输入的特征图进行压缩，一方面使特征图变小，简化网络计算复杂度；一方面对特征进行压缩，提取主要特征。池化层功能分为最大值池化，平均值池化。例如图 7-2 左图是一个特征图，这里采用一个 2×2 的滤波器，窗口大小取 2，进行最大值池化，即寻找每一个滤波器区域的最大值，池化后的特征图如图 7-2 右图[②]所示。

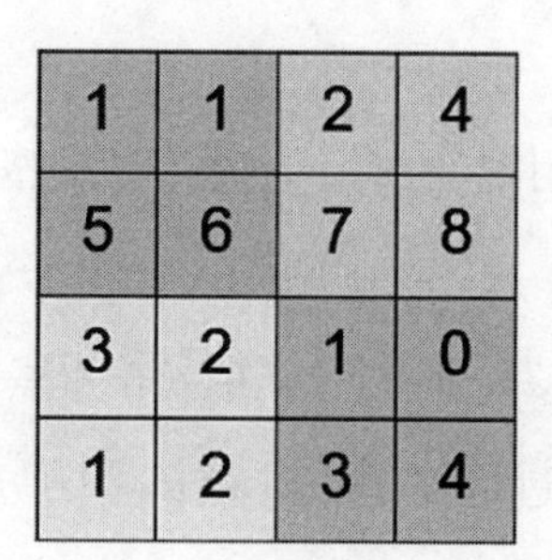

图 7-2 池化示意

全连接层： 它在整个网络中起到分类器的作用，即将学到的特征表示映射到样本标记空间。实际操作中，全连接层也可由卷积操作实现。

① 此图引自 Stanford University Course CS231n：Convolutional Neural Networks for Visual Recognition。
② 此图引自 Stanford University Course CS231n：Convolutional Neural Networks for Visual Recognition。

Softmax 层：Softmax 层通常放在模型的最后一层，作为输出层，进行多分类。Softmax 函数表达式如下，一共分为 K 类，表达式输出判断为第 j 类的概率。

$$\sigma(z)_j = \frac{e^{z_j}}{\sum_{k=1}^{K} e^{z_k}} \quad \text{for} \quad j = 1, \quad \ldots, \quad K.$$

除了上面描述的卷积神经网络基本层次外，卷积神经网络中的一些常用优化算法也很关键，这些算法具体如下。

权值共享算法：在上述的卷积过程中，用同一个卷积核去滑动卷积，所以这张图的每个位置都被同一个卷积核卷积，这就是权值共享。我们知道图片的底层特征与特征在图片中的位置是无关的。例如一个边沿，无论在图片中的什么位置都可以用特征提取的方法提取出来，用同一个卷积核去滑动卷积整张图片就可以提取出图片中所有位置的边缘。权值共享的另一个好处是可以大大减小参数量，例如，一个 5×5 的卷积核的总参数为 5×5+1=26；而如果一张图片大小为 28×28，对应一个神经元的参数为 28×28+1=785 个参数。减少参数可以节省计算资源，防止过拟合。

激活函数算法：卷积过程其实还是一个线性模型，对一个局部感受野内的像素值进行加权求和，激活函数的目的就是为了加入非线性因素，因为线性模型的表达能力不够，常用的激活函数有以下三种。

（1）Sigmoid 函数

$$f(x) = \frac{1}{1+e^{-x}}$$

其优点是函数输出范围在（0，1）之间，单调连续，可以用作二分类的输出层，并且求导方便。缺点是当输入过大或过小时容易产生梯度消失，导致训练出现问题。

（2）tanh 函数

$$tanh(x)=\frac{1-e^{-2x}}{1+e^{-2x}}$$

相比于 sigmoid 函数，tanh 函数的优点在于收敛速度更快，切输出以 0 为中心，方便后一层的训练，缺点是依旧没有解决 Sigmoid 的梯度消失问题。

（3）ReLU 函数

$$y=\begin{cases}0 & (x \leqslant 0) \\ x & (x > 0)\end{cases}$$

ReLU 函数的优点是有效缓解了梯度消失的问题，且比 Sigmoid 函数和 tanh 函数的收敛速度更快，是现在最常用的激活函数之一。

Dropout 算法：Dropout 算法最早是 2012 年 Alexnet 网络中提出的，目的是为了防止过拟合。其实现过程是随机删掉网络中一部分隐藏神经元，输入输出神经元保持不变，然后先通过新生成的网络结构进行训练和反向传播来更新参数，再更新一批训练样本，恢复删除的神经元，之后重新随机删除一部分隐藏神经元……不断重复这一过程。Dropout 可以通过阻止某些特征的协同作用来防止过拟合，因为每个神经元在训练过程中都有一定的概率被删除，这样会迫使网络去学习更加鲁棒（Robus）的特征，而不是过于依赖某些特定的神经元学习到的特征。从另一个角度来考虑，Dropout 使我们用不同的网络结构来训练，这起到了综合起来取平均的作用。因为每个子网络会产生不同程度的过拟合，通过对不同的网络取平均可以抵消一些互为反向的拟合作用，有效缓解过拟合现象。

基于深度学习的图像分类任务

在图像分类任务中，应用最为广泛的是 CNN。最早的 CNN 模型是 1998 年的 LeNet，以其作者乐库（LeCun）的名字命名。作为 CNN 的开山鼻祖，

LeNet 一开始应用于手写邮政编码的识别。虽然识别率很高，但由于当时数据量不够加上计算资源匮乏，以及其他机器学习方法，比如 SVM 可以达到类似的效果，CNN 在之后一段时间内并没有获得广泛应用。

自从现代深度卷积神经网络的奠基之作 AlexNet 模型在 2012 年被提出后，此后几年的 ILSVRC 中出现了很多经典的 CNN 模型，例如 2014 年分类项目的冠军 GoogleNet（top-5 错误率 6.7%，22 层神经网络），2014 年的亚军 VGGNet（top-5 错误率 7.3%，19 层网络），2015 年冠军 ResNet（top-5 错误率 3.57%，152 层神经网络）等。表 7-1① 为 AlexNet、VGG、GoogleNet、ResNet 模型对比。

表 7-1　AlexNet、VGG、GoogleNet、ResNet 模型对比

模型名	AlexNet	VGG-16	GoogLeNet	ResNet
初入江湖	2012	2014	2014	2015
层数	8	19	22	152
Top-5错误率	16.40%	7.30%	6.70%	3.57%
Data Augmentation	+	+	+	+
Inception	-	-	+	-
卷积层数	5	16	21	151
卷积核大小	11, 5, 3	3	7, 1, 3, 5	7, 1, 3, 5
全连接层数	3	3	1	1
全连接层大小	4096, 4096, 1000	4096, 4096, 1000	1000	1000
Dropout	+	+	+	+
Local Response Normalizetion	+	-	+	-
Batch Normalization	-	-	-	+

图 7-3② 所示是 2010–2015 每年 ILSVRC 分类项目的冠军，可以看到从 2012 年开始，每年的冠军都被深度学习 CNN 模型包揽，而成绩的提升都伴随着网络层数的加深。下面简单介绍一下现代 CNN 模型的开山鼻祖 AlexNet 模型和改进了传统卷积网络结构的 GoogleNet 模型。

① 此对照表引自"Deep Learning 回顾之 LeNet、AlexNet、GoogLeNet、VGG、ResNet"，具体参见 cnblogs.

② 此图引自"Deep Learning 回顾之 LeNet、AlexNet、GoogLeNet、VGG、ResNet"。

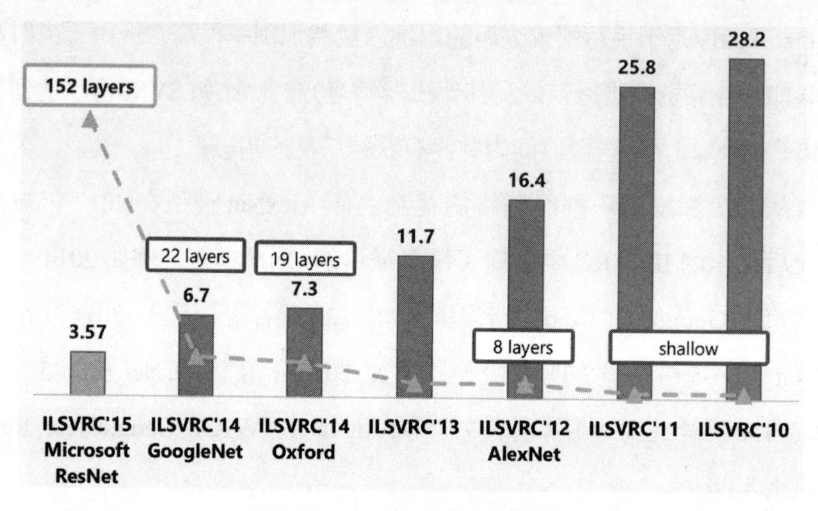

图 7-3　ILSVRC 历届冠军模型

Alexnet 模型介绍

图 7-4 为 Alexnet 模型的结构图[①]。Alexnet 一共八层，前五层是卷积层，后三层是全连接层。第一层的输入为 227 × 227 × 3 的 RGB 图像，卷积后图像大小的计算为（img_size-filter+2 × padding）/stride+1，这里 img_size 为输入图像大小，filter 为卷积核尺寸，padding 是填充的大小，stride 是步长。第一层使用了 96 个大小为 11 × 11 的卷积核，以步长为 4 进行特征提取，得到 96 个 55 × 55 的特征图；然后经过 ReLU 激活函数处理后再以核尺寸为 3、步长为 2 进行池化操作，得到 96 个 27 × 27 的特征图；最后经过局部相应归一化处理，第一层的输出为 96 个 27 × 27 的特征图。第二层先用 256 个大小为 5 × 5 的卷积核进行卷积操作，注意这里用了尺寸为 2 的边缘填充，所以卷积操作后的特征图尺寸为（27-5+2 × 2）/1+1=27，大小保持不变，输出为 256 个 27 × 27 的特征图，进行 ReLU 激活后以核大小为 3、步长为 2 进行池化，输出为 256

① 此图引自 A Krizhevsky，I Sutskever，GE Hinton. “Imagenet Classification with Deep Convolutional Neural Networks，” International Conference on Neural Information Processing System，2012，60（2）：1097-1105.

个 13 × 13 的特征图，最后进行局部响应归一化处理，第二层的输出为 256 个 13 × 13 的特征图。第三层没有了池化操作和局部相应归一化处理，先以 384 个 3 × 3 的卷积核进行卷积，再经过 ReLU 激活，输出为 384 个 13 × 13 的特征图。第四层和第三层完全一样，输出为 384 个 13 × 13 的特征图。第五层先以 256 个 3 × 3 的卷积核进行卷积，输出为 256 个 13 × 13 的特征图，然后经过 ReLU 激活后再以核大小为 3、步长为 2 进行池化操作，最终这一层的输出为 256 个 6 × 6 的特征图。接下来的三层为全连接层，第六层和第七层分别有 4 096 个神经元，最后一层有 1 000 个神经元输入到 1 000 类的 Softmax 分类器中，得到分类结果。

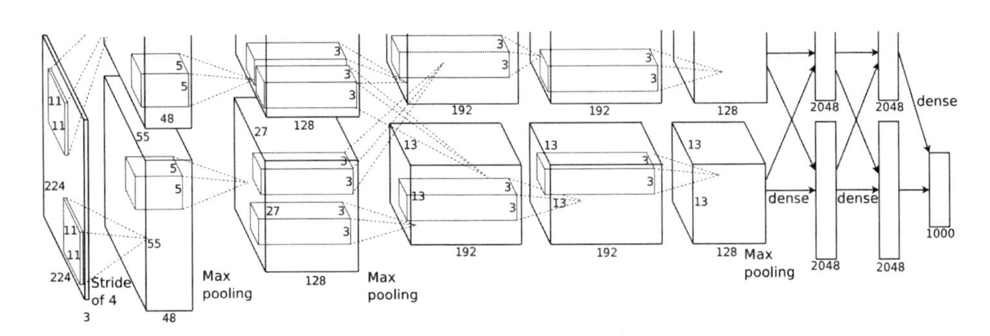

图 7-4　Alexnet 模型结构图

Alexnet 模型作为现代深度神经网络的开山鼻祖，其开创性工作主要体现在以下几点。

（1）用 ReLU 激活函数代替传统的 Tanh 和 Sigmoid 激活函数，有效缓解了网络层数较深时出现的梯度消失问题，并且由于 ReLU 本质上是分段线性函数，前向计算和反向传播都很简单，不需要求指数之类的操作。实验也验证了在较深网络时 ReLU 的效果超过了 Tanh 和 Sigmoid。

（2）对训练数据使用了数据增强方法。通过随机裁剪、翻转、颜色光照变换等方法大大增加了训练样本集的数量，有效地减轻了过拟合现象，提高了泛化能力。

（3）训练过程中使用 Dropout 方法随机忽略一部分神经元，和数据增强的效果一样，减轻了模型过拟合现象的发生，提高了模型的泛化能力。

（4）提出了局部相应归一化层（Local Response Normalization，简称 LRN），对局部神经元的活动创建竞争机制，使得其中响应比较大的值变得相对更大，并抑制其他反馈较小的神经元，增强了模型的泛化能力。

（5）在模型中使用重叠的最大池化，代替之前普遍使用的平均池化，并且提出让步长比池化核的尺寸小，这样池化层的输出之间会有重叠，以此提升特征的丰富性。

GoogleNet 模型介绍

GoogleNet 模型和 VGG 模型作为 2014 年 Imagenet 竞赛的双雄，一个共同特点是更深。跟 VGG 模型继承了 Alexnet 模型一些基本框架不同，GoogleNet 模型做出了一些创新的尝试，加入了 Inception 结构，模型虽然有 22 层，但大小却比 Alexnet 模型和 VGG 模型都小很多，性能优越。

GoogleNet 模型减少了大量参数，相比于只有 8 层的 Alexnet 模型，训练出的 22 层 GoogleNet 模型只有 Alexnet 模型的 1/5。GoogleNet 模型的核心有两点：一是采用多层感知器卷积层（MLPCONV）的结构代替传统卷积层；二是用全局平均池化代替最后的全连接层。多层感知器卷积层可以看作是每个卷积的局部感受野内还包含了一个微型的多层网络。传统的卷积层可以认为是一个线性模型，因为感受野内的每个像素值与卷积核进行加权求和然后再接一个激活函数，而多层感知器卷积层在提取特征的时候多做了一步非线性变换，这样可以对图像特征进行更好的抽象。如图 7-5[①] 所示，左边是传统

① 此图引自 Lin M，Chen Q，Yan S.*Network in network*，Neural and Evolutionary Computing，arXiv：1312.4400，2013。

的卷积层，右边是一个有两层隐含层的多层感知器卷积层。

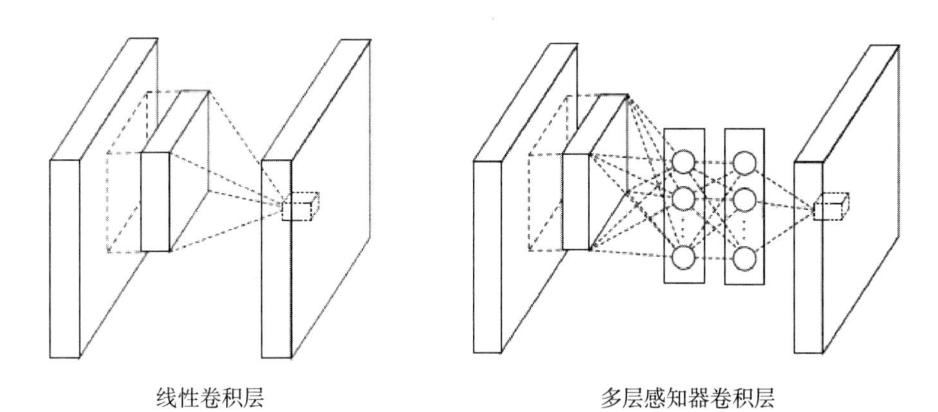

图 7-5 卷积层和有两层隐含层的多层感知器卷积层

GoogleNet 模型第二个创新点在于用全局平均池化代替全连接层。传统的卷积神经网络用卷积层来提取特征，最后一个卷积层的特征图与全连接层连接，然后再接一个 Softmax 逻辑回归分类层。这里全连接层可以看作一个分类器，将前面卷积层得到的特征用传统的神经网络进行分类。然而，全连接层因为参数太多容易出现过拟合，使得网络的泛化能力不够。GoogleNet 模型创新性地提出了用全局池化平均来代替全连接层。例如，我们需要最后分 1 000 类，这样最后一层卷积层需要输出 1 000 张特征图，然后用一个和特征图相同大小的池化层对特征图求平均，这样就得到了一个 1000 维的向量，然后送入 softmax 层进行分类。图 7-6[①] 所示是一个使用了多层感知器卷积层结构和全局平均池化的网络整体结构。

① 出处同图 7-5。

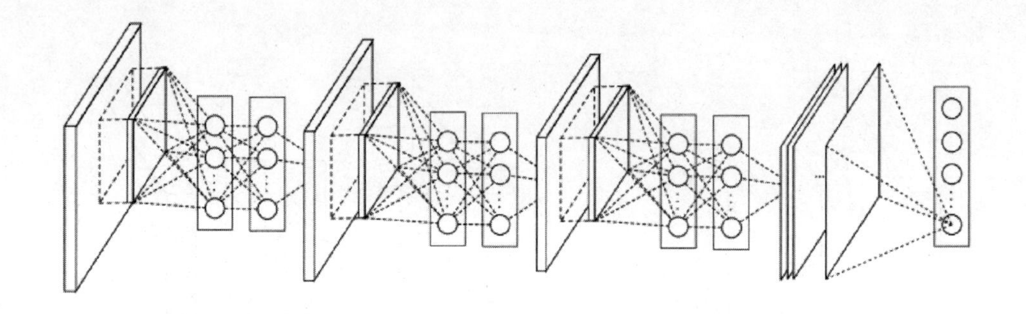

图 7-6　多层感知器卷积层结构和全局平均池化的网络整体结构

对于使用多层感知器卷积层结构和全局平均池化的网络整体结构，一般而言，加大模型深度和宽度，以及增加训练数据是提升网络性能最直接和最有效的方法。但加大模型深度和宽度也导致产生更多的参数。巨量的参数容易导致过拟合并且需要大量的计算。一般的解决办法是将全连接层变为稀疏连接层，但非均匀的稀疏网络的弊端是计算效率不高，于是 GoogleNet 模型提出了用 Inception 结构将多个稀疏矩阵合并成稠密子矩阵来解决问题。Inception 结构中首先用不同大小的卷积核代表不同大小的感受野，然后拼接起来融合不同尺寸的特征。但是 5 × 5 或 3 × 3 的卷积核仍然有巨大的计算量，于是又引入 1 × 1 卷积核来进行降维。降维后的 Inception 结构，如图 7-7[①] 所示。这也是训练出的 22 层 GoogleNet 模型只有 8 层 Alexnet 模型的 1/5 的根本原因。

① 此图引自 Christian Szegedy，Wei Liu，Yangqing Jia，Pierre Sermanet，Scott Reed，Dragomir Anguelov，Dumitru Erhan，Vincent Vanhoucke，Andrew Rabinovich. *Going Deeper with convolutions*，Computer Vision and Pattern Recognition. arXiv：1409.4842，2014.

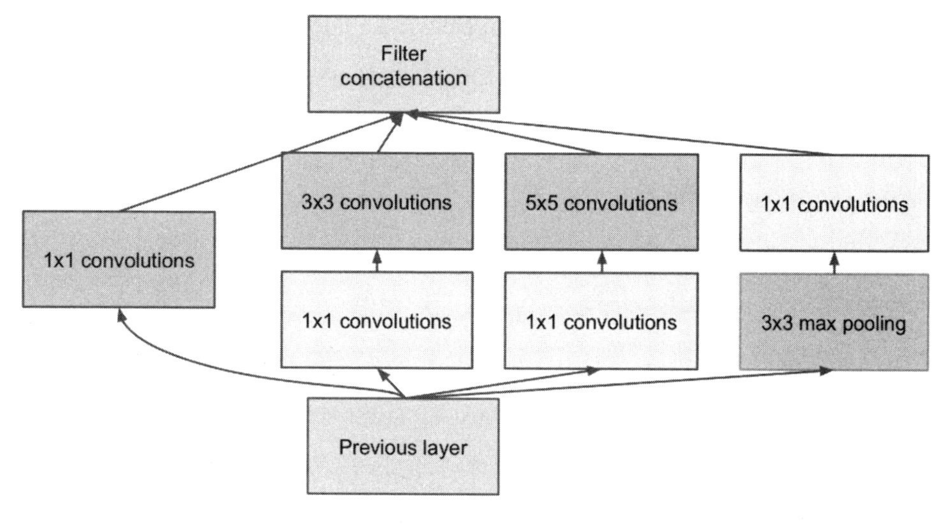

图 7-7 Inception 结构

基于深度学习的目标检测任务

图像分类任务一般适用于图像中仅有单个较大目标或者目标位置事先确定的场合。然而大多数应用场景中，一幅图像中通常存在多个不同类型的目标。故目标检测任务其实分为两个部分，一是目标精确定位，二是目标分类。目前，业界最领先的图像中目标检测（Object Detection）算法，均是基于深度神经网络框架，已经能在高性能的图像处理硬件上实现近乎实时的较高精度检测，例如著名的 Faster-RCNN 方法、SSD 方法、YOLO 方法等。这三种方法在公开的大型数据集上的优秀表现，体现了它们在整体结构或是算法处理方面的优越性。后续的研究者们多是在它们的基础上进行改动与调整，效果也有一定的提升。针对图像分类问题的现有方法已经达到超越人类视觉的性能。随着研究人员不断的探索、实验，加之大数据环境的支撑，目标检测问题在日后必然会被攻克。

从整体结构上讲，现有的目标检测方法主要分为两种。其中一种是以 Faster R-CNN 和其他 R-CNN 的改进形式为代表。这类方法基于最早提出的基于卷积神经网络（Convolutional Neural Network）的目标检测方法 R-CNN，沿用了以往目标检测问题的解决思路，即将目标检测问题分解为两个任务，第一步检测可能包含物体的区块，第二步对之前的区域进行位置修正、类别的判断，最终获得包含位置、种类信息的检测结果。这一类方法也被称作二级方法（Two-stage Method）。其特点是位置检测较准确，对于小目标的捕获能力较强。并且由于卷积神经网络（CNN）对图像分类问题的上佳表现，它对于类别的划分也相当精准，然而代价是占用资源较多，运行速度相对慢。

另一种以 YOLO、SSD 方法为代表。研究者们针对二级方法资源占用大、速度慢的问题，尝试将检测与分类工作一步完成，故而这类方法被称为一级方法（One-stage Method）。这类方法将输入图像在单个网络中前向运算，一次性获得目标位置和类别信息，极大减少了资源占用（显存资源等）和检测用时，其速度甚至比二级方法快数十倍，一定程度上满足了实际应用中实时监测的需求。当然快也是有代价的，一级方法无论是在召回率（Recall）、还是精度（Accuracy）上均较二级方法有一定程度的下降，且前者对较小目标的检测效果不理想。

在上述两种思路下，通过损失函数的设计、特征提取网络结构的选取、网络输入尺寸的调整、改进区域建议的机制等，也能对效果的提升有一定帮助。重新设计损失函数，变换特征提取网络，如使用 ResNet、VGG 这类大型网络用于特征提取，增加网络输入的尺寸等手段，均能提升一定的检测性能。

本节重点介绍 Faster R-CNN 和 YOLO 方法，因为这两种方法是较有代表性、效果也较好的一级、二级目标检测方法，它们也便于展现大数据支撑的目标检测方法渐进的发展过程。

从 R-CNN 到 Faster R-CNN 算法

具有划时代意义的 R-CNN 方法是 2014 年由罗斯·吉尔希克（Ross

Girshick）等提出的。R-CNN 的大致流程是，首先使用选择性搜索（Selective Search）方法获取原图中可能包含物体的 2 000 个候选图块，再使用 CNN 获取候选图块的特征向量，并使用 SVM 进行分类，图 7-8[①] 是 R-CNN 方法结构图。

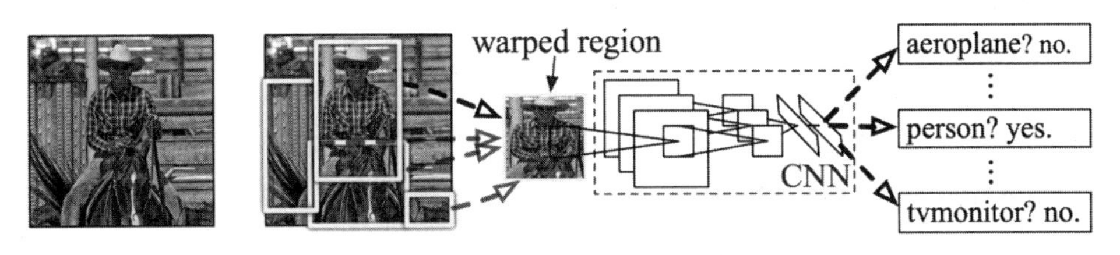

图 7-8 R-CNN 方法结构图

R-CNN 作为在目标检测任务中使用深度学习的先驱，引领了在目标检测任务中应用大数据、深度学习的潮流。不过 R-CNN 仍有其局限性。例如，由于使用了经典的 AlexNet 网络结构，网络输入的尺寸固定，因此必须要将输入的图片进行裁剪（Crop）或是拉伸（Warp）操作，这一过程或多或少地损失了原有目标的信息或是改变了目标的形状。2015 年，何恺明（Kaiming He）等人提出的 SPPnet 就针对这一缺陷提出了改进的办法。SPPnet 在卷积层后加入“空间金字塔池化层”（Spatial Pyramid Pooling Layer），使得对于任意的输入图像可以在经过 SPP 层处理后获得相同尺寸的输出。这样，网络输入不再有尺寸限制，也为多尺度训练创造了条件，图 7-9[②] 为 SPPnet 和 R-CNN 流程对比图。

---

① 此图引自 R. Girshick，J. Donahue，T. Darrell and J. Malik，*Rich Feature Hierarchies for Accurate Object Detection and Semantic Segmentation*，IEEE Conference on Computer Vision and Pattern Recognition（CVPR），Columbus，OH，USA，2014，pp. 580-587.

② 此图引自 K. He，X. Zhang，S. Ren，J. Sun，*Spatial pyramid pooling in deep convolutional networks for visual recognition*，IEEE Transactions on Pattern Analysis and Machine Intelligence，vol. 37，no. 9，pp. 1904-1916，2015.

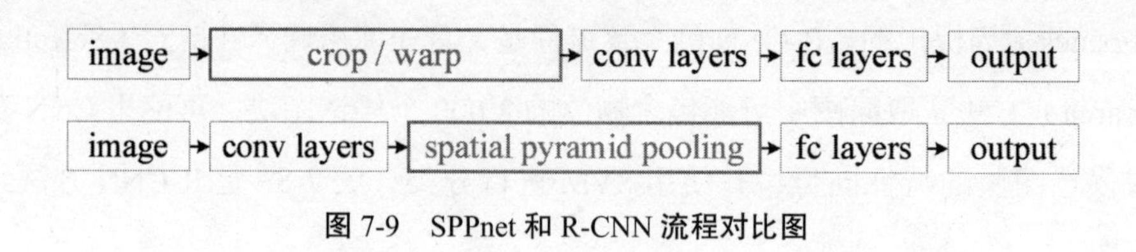

图 7-9　SPPnet 和 R-CNN 流程对比图

R-CNN 的测试速度较慢，主要是由于待测图像产生的 2 000 个建议区域都需要在神经网络中进行前向运算。而在 SPPnet 方法中，待测图片经过 CNN 计算出特征图，通过空间金字塔池化获取特征用于定位和分类。作者的实验结果表明，使用 SPPnet 方法，在作为基准的 Pascal VOC07 数据集上，综合的准确率较 R-CNN 方法略有提升，但是速度快了数十倍。

SPPnet 和 R-CNN 的训练过程相似，都需要进行多个步骤，包括了特征提取，对网络权重进行微调（fine-tuning），训练用于分类的 SVM，训练用于获取目标框的回归分类器。但是受制于其结构，SPPnet 方法在进行网络权重调整时，无法更新空间金字塔池化层之前的卷积层参数，这在一定程度上影响了精度。

图 7-10 [①] 是 2015 年罗斯・吉尔希克提出的 Fast R-CNN 算法，在 R-CNN 的基础上采纳了 SPP Net 方法，流程更为紧凑，性能进一步提高。Fast R-CNN 同样以全图为输入，同时输入选择性搜索（Selective Search）产生的区域建议信息。采用了类似 SPP 结构的感兴趣区域层（Region of Interest），替换了神经网络最后一个池化层，然后经由一系列全连接层（Fully Connected layers），并行地产生两个输出。一个是使用 softmax 计算出的目标区域属于每个类（包括所有预设的类和一个背景类）的置信概率；另一个产生包含四个数据的数组。这四个数据对应目标框（Bounding Box）的横纵坐标及宽高的偏移量。虽然

① 此图引自 R. Girshick，"Fast R-CNN"，2015 IEEE International Conference on Computer Vision（ICCV），pp. 1440-1448，2015.

检测的性能上有一定提升，但是Fast R-CNN依然需要大量的运算，效率较低。罗斯等人经过研究，针对 Fast R-CNN 的不足，又提出了新的 Faster R-CNN 方法，图 7-11[①] 是 Faster R-CNN 结构图。

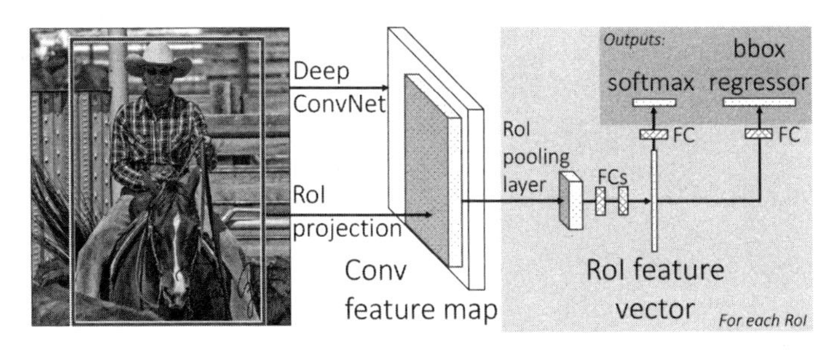

图 7-10　Fast R-CNN 算法（2015）

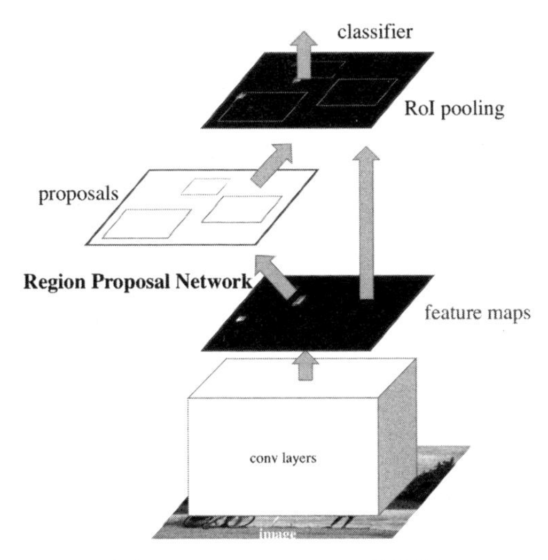

图 7-11　Faster R-CNN 结构图

Faster R-CNN 在 Fast R-CNN 的基础上做了一系列改进，在改善检测效果的同时大幅提升了检测效率。相较之前的几种方法，Faster R-CNN 做

① 此图引自 S. Ren，K. He，R. B. Girshick，J. Sun，*Faster R-CNN: towards realtime object detection with region proposal networks*，Neural Information Processing Systems，pp. 91-99，2015.

了多方面的改进，其中最值得一提的是 Faster R-CNN 特别设计的 RPN 网络（Region Proposal Network）。之前的无论是 R-CNN，抑或是 Fast R-CNN 方法，都是用选择性搜索方法进行区域建议，运算代价巨大。而使用 RPN 网络，使得用于分类的网络可以和 RPN 网络共享部分权值，提升了 Faster R-CNN 训练和测试的效率，并使得它在几个基准数据集的测试中取得了非常好的成绩。用一句话总结，Faster RCNN 相当于：候选区域生成网络（RPN）+ Fast RCNN。由于候选区域生成网络代替了费时的选择性搜索，检测速度大幅提高。

YOLO 算法

前述的方法都是分别进行目标的位置确定和类别区分，一定程度上影响了检测的效率。有没有经过一次处理，就能一并解决这两个问题的方法呢？答案是，有的。2016 年，约瑟夫·雷德蒙（Joseph Redmon）提出了著名的"You Only Look Once"方法，也就是 YOLO 方法。除了名字酷之外，YOLO 在思路上也十分新颖，能仅使用一个端到端的 CNN，完成原始图像的目标检测。不同于 R-CNN 系列的方法有着显式的区域建议步骤，在 YOLO 中则没有。图 7-12[①] 是 YOLO 采用的网络结构。

YOLO 将以往目标检测系统中的几个部分整合进一个神经网络，用卷积层获取的特征进行全图的定位与分类，同时给出每一类的所有边框。首先，原始图片按照 S × S 的网格进行划分，若真是目标的中心所处的网格，将会在运行时对该目标进行检测。检测输出的每一个边框，实际上包含了五项数据，分别是相对于所在网格边界的横纵坐标、相对于全图尺寸的宽高和属于某个类别的可信度。事实上，这个所谓的"可信度"是实际目标边框和预测得到

① 此图引自 J. Redmon，S. Divvala，R. Girshick，A. Farhadi，*You only look once: Unified real-time object detection*，Proc. IEEE Conf. Comput. Vis. Pattern Recognit.，pp. 779-788，Jun. 2016.

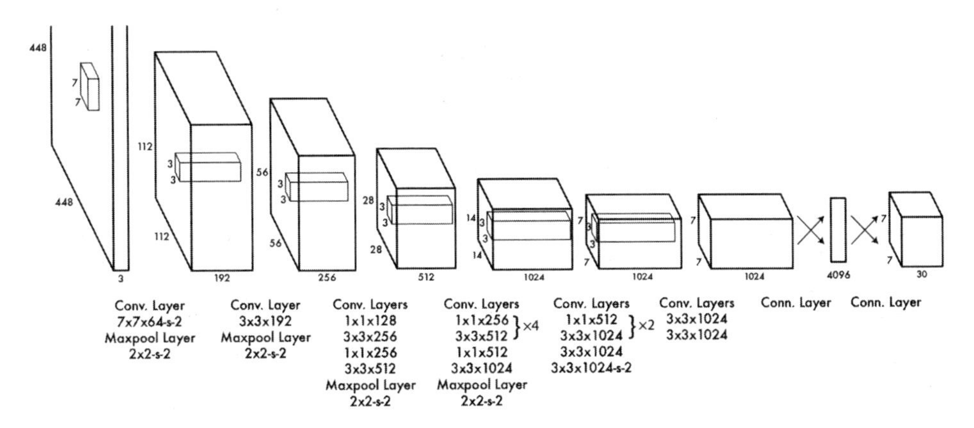

图 7-12 YOLO 神经网络结构

的目标边框计算出的 IoU（Intersection over Union）。这样，输入一张图片，会在全连接层得到 S×S× 类别数个置信概率，S×S× 每个网格预测的边框数和每一个边框的四个相对坐标值。整体上实现了非常快速的目标检测——正如创发者所说的“只需看一眼”。但是这样的策略也有硬伤，当一个网格中包含多个物体，且多个物体有重叠或事物体较小时，YOLO 方法就难以获得较好的检测结果。但是在基准数据集 Pascal VOC 上，YOLO 的表现还是较好的（该数据集中以较大且居中的单个物体为主）。图 7-13[①] 是 YOLO v1 目标检测过程简图。

① 此图引自 J. Redmon，S. Divvala，R. Girshick，A. Farhadi，*You only look once: Unified real-time object detection*，Proc. IEEE Conf. Comput. Vis. Pattern Recognit.，pp. 779-788，Jun. 2016.

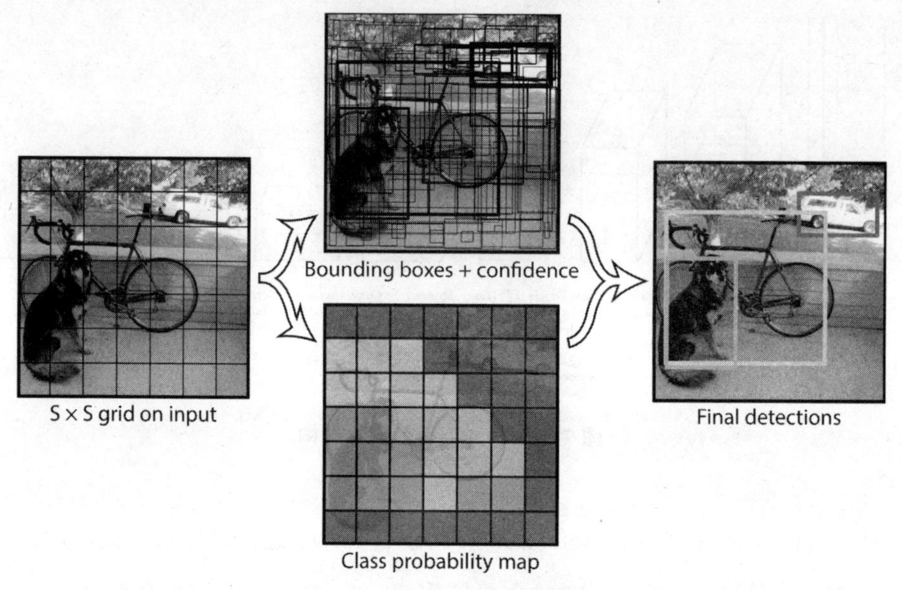

图 7-13 YOLO 目标检测过程

YOLO 是真正意义上第一种实用的实时目标检测方法。2016 年年底，开发者又发表了 YOLO v2，加入了这半年中被证明行之有效的新成果批量标准化（Batch Normalization）和一些其他的改进。针对上一版本中将图像分为 S × S 网格带来的问题，开发者选择抛弃这一思路，另起炉灶，借鉴了 Faster R-CNN 中的固定框（Anchor Box）思想，不再用全连接层直接预测边框。这样单图预测的边框数大大增加，一定程度上提升了捕获小目标、接近或重合目标的能力。按照作者的测试，使用固定框机制，使得类平均精度（mAP）基本保持的同时，将召回率（即检出目标数占总目标数的比例）从 0.81 提升到了 0.88。正是由于 YOLO 系列算法在保持较好的检测精度的同时，大幅降低计算量，使得其在实时目标检测系统、图像大数据分析系统中得到了广泛的应用。表 7-2[①] 是 YOLO v2 和其他目标检测方法性能的比较。

① 此对照表引自 J. Redmon，A. Farhadi，*YOLO9000: Better Faster Stronger*，2017 IEEE Conference on Computer Vision and Pattern Recognition（CVPR），pp. 6517-6525.

表 7-2　YOLO v2 和其他检测方法的性能对比

Detection Frameworks	Train	mAP	FPS
Fast R-CNN	2007+2012	70.0	0.5
Faster R-CNN VGG-16	2007+2012	73.2	7
Faster R-CNN ResNet	2007+2012	76.4	5
YOLO	2007+2012	63.4	45
SSD300	2007+2012	74.3	46
SSD500	2007+2012	76.8	19
YOLOv2 288 × 288	2007+2012	69.0	91
YOLOv2 352 × 352	2007+2012	73.7	81
YOLOv2 416 × 416	2007+2012	76.8	67
YOLOv2 480 × 480	2007+2012	77.8	59
YOLOv2 544 × 544	2007+2012	**78.6**	40

图像类大数据系统实例分析

在简要描述了深度学习算法，以及其在图像领域最经典的应用图像分类和目标检测之后，下面以作者亲身参与的广东省某市智能交通大数据平台项目为例，对图像类大数据系统的应用模式进行分析。

该项目的背景是，该市交管部门在道路上已安装三千余处高清探头，平均每日产生卡口过车图片 1 500 万张左右。交管人员希望大数据平台对每日产生的 1 500 万张卡口图片进行分析处理，实现以下功能：

- 精确、快速地识别车辆的具体型号、款式（如大众—帕萨特—2014 款）；
- 精确识别车辆车身颜色；
- 车窗上的标贴、驾驶台装饰物、驾驶人员的着装等关键特征提取；
- 精确识别驾驶员和前排乘车人是否系安全带；
- 精确识别驾驶员是否行车时使用手机；
- 精确识别小型车辆遮阳板开启状态；
- 精确识别危化品车；
- 系统模块化，单台服务器处理能力达到 200 万张 / 日。

图 7-14 为大数据平台服务器群的结构示意图，图中显示，大数据平台分发服务器读取卡口图片服务器上海量图片数据，然后根据算法服务器的运行状态，自动将图片分发给不同的算法服务器。

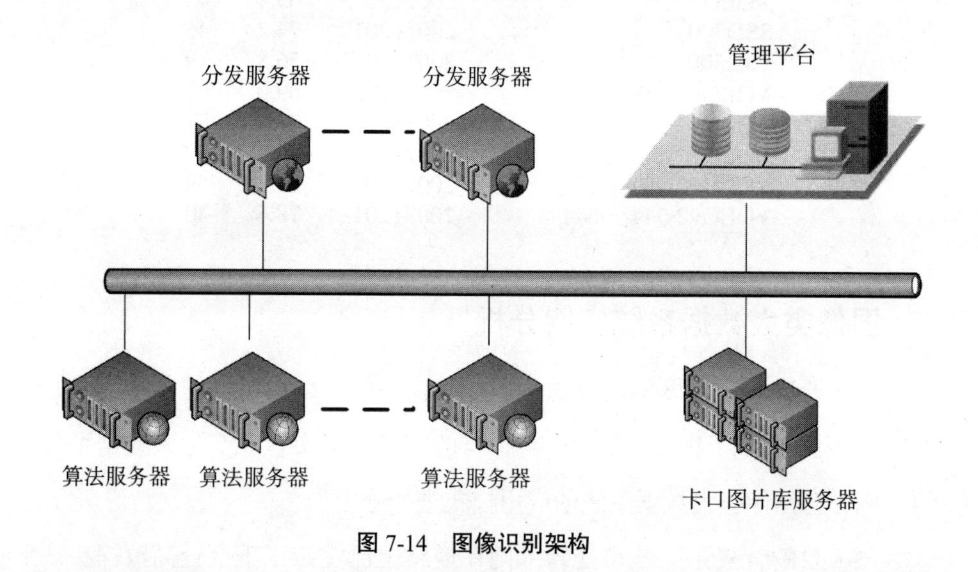

图 7-14　图像识别架构

算法服务器是核心计算单元，上面运行的算法为基于深度神经网络的目标检测算法 YOLO v2。通过对海量图像数据的训练，该模型可对图片中的车辆进行精确定位，并对定位后车辆的各种特征进行精确的分类识别，如车牌号码、车辆类型、车辆款式、车辆颜色、年检标志、驾驶室中的小挂饰和小摆件、驾乘人员的状态、车辆特征等（如图 7-15 所示）。这些结构化后的特征都将保存在算法服务器本地的数据库中，供管理人员调取。这些内容的数据量非常巨大，因此采用了列式存储技术对数据进行保存，便于在需要的时候快速查询。同时，利用大数据分布式处理机制，可以平行地对上文提到的各项结构化特征进行分布式查询，从而提高查询效率。

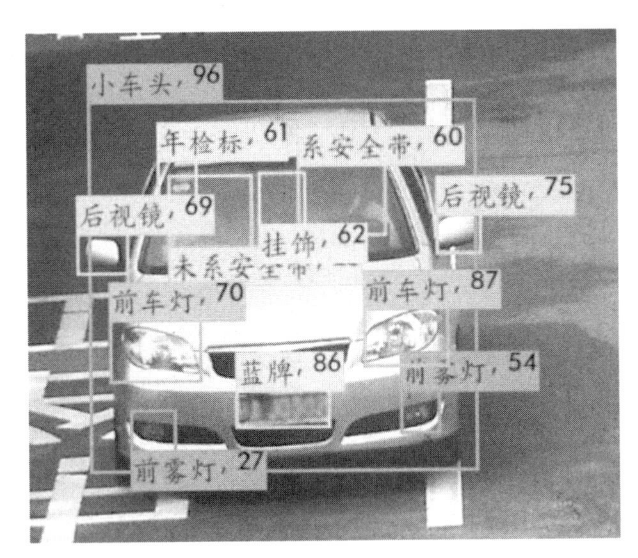

图 7-15　车辆特征识别

大数据和语音识别

对于人类而言，语音是最便捷和最自然的交流形式。早在 19 世纪末，语音通信系统已扩展到无线电广播、移动电话和互联网等技术领域。除了这些单向或双向的人与人之间交互的例子之外，在过去的几十年中，学者们通过研究自动语音识别和语音合成技术来实现人与计算机之间的交流与沟通。这项研究工作一直致力于实现简单和自然的人机交互，并在学术界和工业界得到广泛应用。

为了减少家人和办公室工作人员对人工控制环境带来的麻烦，自动语音识别技术已应用于各种家用和办公设备，如家用电器、电话或照明设备等。除了以人机交互为中心的应用程序之外，计算机正逐步充当人机交互中介的角色。它为人与人之间的互动提供辅助服务，使用户能够专注于与他人的互动，而不需要通过计算机本身。下面几幅图片分别展示了人形导游机器人 TPR-Robina、声控汽车导航系统和晓译翻译机。

人形导游机器人 TPR-Robina

声控汽车导航系统

晓译翻译机

图 7-16　基于语音识别的产品

同时，自动语音识别和语音合成技术使得人形机器人变得更加智能。它们逐渐展示出类似于人的感知能力，能够执行多种任务。而人和人形机器人之间的自然语言交互起到了最基本的沟通作用。近年来，人形机器人已经变得司空见惯。图 7-16 中展示了丰田开发的人形导游机器人 TPR-Robina。该机器人能够护送丰田会馆展厅周围的参观者，并通过口头交流和手势与他们互动。此外，汽车行业越来越趋向于增加高端车型的功能数量和复杂性。这些功能包括娱乐、导航和远程信息处理系统，所有这些都会影响驾驶员的视觉和听觉注意力。自动语音识别系统不仅为驾驶员提供更多的便利，而且还会提高汽车的安全性。[①] 因此，驾驶员可以自由地专注于道路和交通情况。大多数通用汽车已经具备了语音控制系统，具有包括免提通话、声控音乐、可听信息和短信等功能，如上图中的声控汽车导航系统的例子。

除了机器人和汽车之外，语音翻译系统为使用不同语言的人之间高效地沟通提供了可能。目前地球上有近 6 000 种不同的语言，而且随着全球化和旅行频率不断地增加，这种语音翻译系统在未来必定具有更大的市场。如图 7-16 中所示的“晓译翻译机”就能够及时且准确地实现中英文间的转换，具有强大的商业应用前景。

了解了自动语音识别系统广泛的应用领域后，接下来，我们将介绍关于自动语音识别的基础知识。

自动语音识别的基础知识

自动语音识别技术伴随着通信和计算机技术的发展逐步成长，至今已经超过了六十年的历史。早在 20 世纪 50 年代，贝尔实验室就开始进行自动语音识别的研究，当时研究的主要是基于简单的孤立词的自动语音识别系统。例如，1952 年贝尔实验室采用模拟电子器件实现了针对特定发言人的十个英文数字的孤立词自动语音识别系统。20 世纪 70 年代是自动语音识别技术快速发展的一个时期。这期间，三个关键的技术被引入自动语音识别中，包括模式识别思想，动态规划算法和线性预测编码。这些技术的成功使用使得孤立词自动语音识别系统从理论上得以完善，并且可以达到实用化的要求。

① Wölfel M & Mcdonough J，*Distant Speech Recognition*. 2009，130（5）：5106 - 5109.

而自动语音识别发展取得突破的一个关键时期是 20 世纪 80 年代。基于隐马尔科夫模型（Hidden Markov Model，HMM）的声学建模和基于 n-gram 的语言模型在自动语音识别中得到应用。这时期自动语音识别开始从孤立词识别系统向大词汇连续自动语音识别系统发展。HMM 的应用使得自动语音识别获得了突破，开始从基于简单的模板匹配方法转向基于概率统计建模的方法，此后统计建模的框架一直沿用到今天。这一时期，美国国防高级研究计划局（Defense Advanced Research Project Agency，DARPA）所支持的研究催生了许多著名的自动语音识别系统。其中一个具有代表性的系统是李开复研发的 SPHINX 系统。该系统是第一个基于统计学原理开发的非特定人连续自动语音识别系统，其核心技术采用 HMM 对语音状态的时序进行建模，而用高斯混合模型（Gaussian Mixture Model，GMM）对语音状态的观察概率进行建模。直到最近的深度学习出来之前，基于 GMM-HMM 的自动语音识别框架一直是自动语音识别系统的主导框架。

与此同时，神经网络也在 20 世纪 80 年代后期被应用到自动语音识别中，但是相较于 GMM-HMM 系统并未展现出优势。之后在进入 21 世纪的头 10 年，基于 GMM-HMM 的自动语音识别系统框架已经趋于完善，相应的区分性训练和模型自适应技术也得到了深入的研究。此阶段中，自动语音识别开始从标准的朗读对话转向更加困难的日常交流英语，包括电话通话、广播新闻、会议和日常对话等。但是基于 GMM-HMM 的自动语音识别系统在这些任务上的表现却不太理想，自动语音识别系统的错误率很高，远远满足不了实用化的需求，从而自动语音识别的研究陷入了一个漫长的瓶颈期。

自动语音识别技术的再次突破和神经网络的重新兴起相关。2006 年欣顿提出用深度置信网络（Deep Belief Networks，DBN）初始化神经网络，使得训练深层的神经网络变得容易，从而掀起了深度学习的浪潮。[①] 2009 年，欣顿和他的学生将深层神经网络应用于语音的声学建模，在音素识别的 DARPA TIMIT 声学–音素连续语音语料库（TIMIT Acoustic Phonetic Continous Speech Corpus）任务上获得成功。[②] 但是 TIMIT 是一个小词汇量的数据库，而且连续自动语音识别任务更加关注的是词甚至句子的正确率。深度学习在自动语音识别上真正的突破要归功于俞栋、邓力等在 2011 年提出的基于上下文相关（Context Dependent，CD）的深度神经网络（Deep Neural Network，DNN）和隐马尔可夫模型的声学模型（CD-DNN-HMM）。[③] CD-DNN-HMM 在大词汇量连续自动语音识别任务上，相比于传统的 GMM-HMM 系统获得了显著的性能提升。从此基于 GMM-HMM 的自动语音识别框架被打破，大量研究人员开始转向基于 DNN-HMM 的自动语音识别系统的研究。接下来，本节将重点介绍基于 GMM-HMM 和 DNN-HMM 的自动语音识别系统。

基于 GMM–HMM 的自动语音识别系统

早期大多数主流自动语音识别系统被设计为概率贝叶斯分类器。它通过给定的波形序列推导得到最可能的词序列。其中，词序列的概率通过各种形式的语法或 n-gram 模型来建模，波形序列的概率分布由 HMM 建模。贝叶斯公式用于自动语音识别的问题可描述为：给定观测波形序列 $\boldsymbol{X}=\{x_1,x_2,\ldots\}$，采用贝叶斯决策的最大后验概率判决得到最可能的输出词序列 $\hat{\boldsymbol{W}}=\{\hat{\omega}_1,\hat{\omega}_2,\ldots\}$，可表示为：

---

① Hinton G E，Osindero S，Teh Y W，*A Fast Learning Algorithm for Deep Belief Nets*. Neural Computation，2014，18（7）：1527-1554.

② Mohamed A R，Dahl G，Hinton G，*Deep Belief Networks for phone recognition*. 2010，4.

③ Dahl G E，Yu D，Deng L，et al. *Large vocabulary continuous speech recognition with context-dependent* DBN-HMMS// IEEE International Conference on Acoustics，Speech and Signal Processing. IEEE，2011：4688-4691.

$$\hat{\boldsymbol{W}} = \underset{\boldsymbol{W}=\{\omega_1,\omega_2,\ldots\}}{\arg\max}\ P(\boldsymbol{X}\,|\,\boldsymbol{W})P(\boldsymbol{W})$$

其中观测波形序列 $\boldsymbol{X}$ 表示从输入的语音波形信号所提取的表示序列，条件概率 $P(\boldsymbol{X}|\boldsymbol{W})$ 表示模型生成观测序列的概率，对应语音识别系统的声学模型（Acoustic Model，AM）。而 $P(\boldsymbol{W})$ 则表示观察到序列 $\boldsymbol{W}$ 的先验概率，称为语言模型（Language Model，LM）。而根据以上公式，将声学模型和语言模型相结合，搜索得到最佳的输出序列的过程则称为解码过程。图 7-17 描绘了自动语音识别系统的结构示意图。它主要由预处理、声学模型、语言模型和解码器四大模块构成。预处理模块主要是对接受的波形信号进行降噪和特征提取，再结合训练后的声学模型和语言模型对观测的波形序列进行解码得到识别结果。

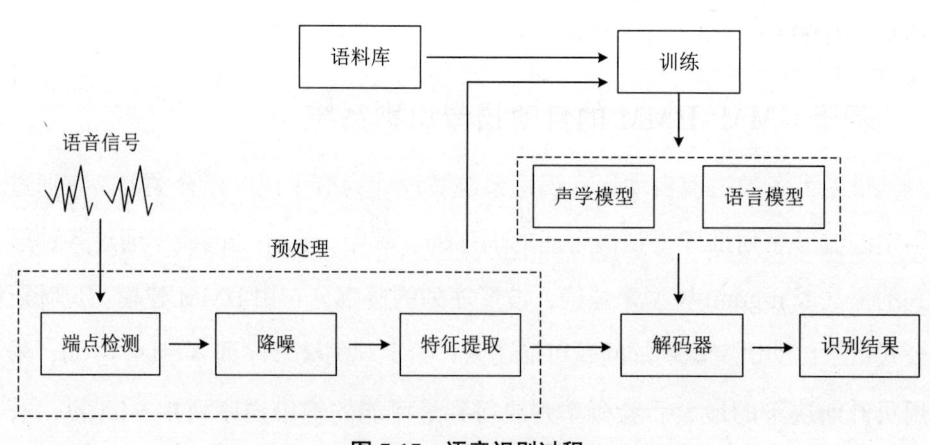

图 7-17　语音识别过程

通常，语音信号中携带的信息在时域波形中难以观测得到，需要突出其频域特征。最常用的频域特征是梅尔倒谱特征和感知线性预测倒谱特征。在这一过程中，语音信号经过分帧加窗操作被分割成帧长为 25ms、帧移为 10ms 的分析帧；再使用合适的声学特征提取算法从这些短时帧中提取相应的频谱特征。该声学特征既需要具有一定的区分性特性以表示不同音素间的差异，还应该对噪声环境具有一定的鲁棒性。提取得到的特征序列再经过声学模型和语言模型计算生成观测序列的条件概率和先验概率。

声学模型的作用就是计算上面公式中的 $P(\boldsymbol{X}|\boldsymbol{W})$，通常使用 GMM-HMM 对其进行建模，基于 GMM-HMM 的声学模型示意图如图 7-18 所示。理想情况下，上面公式中考虑的每个词序列的 HMM 必须从词序列的实例中学习，从而需要考虑的词序列数量非常大，以至于无法训练其中所有单词的 HMM。在这种情况下，单词反过来被建模为音素序列，并且 HMM 是为音素学习的。其优点是，音素的数量远远少于单词的数量，通常有足够的训练数据来训练所有音素的 HMM。

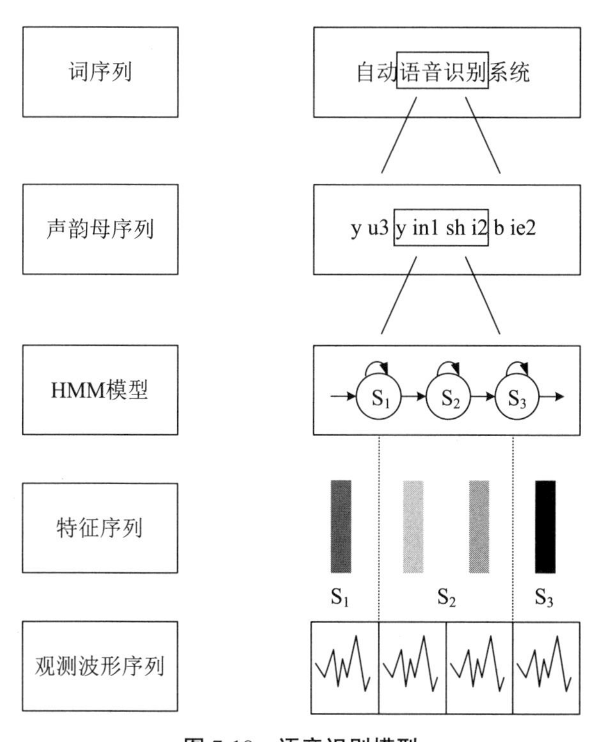

图 7-18 语音识别模型

然后，为了识别最可能的词序列，必须针对每个可能的词序列计算

$P(\boldsymbol{X}|\boldsymbol{W})$。通过上面公式计算 $P(\boldsymbol{X}|\boldsymbol{W})$ 的方法可简化为：

$$\hat{\boldsymbol{W}} = \mathop{\arg\max}_{\boldsymbol{W}=\{\omega_1,\omega_2,\ldots\}} \{\max_q P(\boldsymbol{X},q|\boldsymbol{W})P(\boldsymbol{W})\}$$

其中 $\boldsymbol{q}$ 表示观测 $\boldsymbol{W}$ 通过 HMM 后的一个状态序列。当计算一个词序列的概率时，这个简化公式只考虑对应于词序列的最可能的状态序列，而不是所有可能的状态序列，从而得到了一系列词序列集。

不难发现，由声学模型计算得到的有效词序列集是无限的，并且为了得到准确的识别结果，所有可能的词序列都必须视为候选词。在这种情况下，通常通过语言模型对词序列的先验概率进行建模，对候选词进行进一步的筛选。常用的语言模型是基于 n 阶马尔科夫假设的 n-gram 语言模型。它指定任何词产生的概率只取决于前面的 N-1 个单词，即：

$$P(\omega_m|\omega_1,\omega_2,\ldots,\omega_{m-1}) = P(\omega_m|\omega_{m-N+1},\omega_{m-N+2},\ldots,\omega_{m-1})$$

进一步，预测词序列 $\boldsymbol{W}$ 产生的先验概率 $P(\boldsymbol{W})$ 可表示为

$$P(\boldsymbol{W}) = P(\omega_1|b)P(\omega_2|b,\omega_1)\ldots P(\omega_{N-1}|b,\omega_1,\omega_2,\ldots,\omega_{N-2})\ldots$$
$$\prod_{k=N}^{K} P(\omega_k|b,\omega_{k-N+1},\omega_{k-N+2},\ldots,\omega_{k-1})P(e|b,\omega_{k-N+1},\omega_{k-N+2},\ldots,\omega_{K-1})$$

其中 b 和 e 分别表示词序列开始和结束的符号。语音模型性能的评价通常采用困惑度（Perplexity，PPL）指标来度量。PPL 的定义为序列概率几何平均数的倒数。PPL 的值越小，则表示在已知的历史条件下出现下一个预测词的概率越高。

声学模型和语言模型的训练是相对独立的，当训练好两个模型后，需要通过一个解码器将两者相结合，并通过搜索得到一个最佳的输出序列。目前常用的解码器多采用维特比算法（Viterbi Algorithm）。

基于 DNN-HMM 的自动语音识别系统

深度学习看似是一个全新的研究领域，但是实际上有关深度学习的历史

可以追溯到20世纪40年代。深度学习的概念来源于人工神经网络（Artificial Neural Network，ANN）。早期人工神经网络的提出主要是为了模拟大脑的工作机理。它从信息处理角度对人类大脑的神经元网络进行抽象，从而达到模拟人脑的认知和学习能力的目的。其实早在深度学习兴起之前就有大量研究人员尝试将神经网络应用于语音识别的声学建模。例如，韦贝尔（Waibel）提出使用时延神经网络（Time Delay Neural Networks，TDNN）用于音素识别的声学建模。[①] 罗宾逊（Robinson）则尝试使用循环神经网络（Recurrent Neural Networks，RNN）的声学模型，并取得了相较GMM-HMM更好的性能。[②] 随着深度学习的兴起，2009年全连接前馈深度神经网络首次被应用于语音的声学建模，在TIMIT数据库上基于DNN-HMM的声学模型相较传统的GMM-HMM声学模型取得了大幅的性能提升。[③]

然而，深度学习在自动语音识别上真正的突破要归功于俞栋、邓力等在2011年提出的基于上下文相关的深度神经网络和CD-DNN-HMM[④]。在大词汇量连续自动语音识别任务上，CD-DNN-HMM相较于传统的GMM-HMM系统获得了显著的性能提升。大量研究人员开始转向基于DNN-HMM的自动语音识别系统的研究。

基于DNN-HMM的自动语音识别系统与传统GMM-HMM系统之间的主要区别在于声学模型和语言模型的建模方式，前者利用了深度神经网络。基于DNN-HMM的声学模型如图7-19所示。在这个框架中，观测波形序列的动态模型采用HMM建模，而通过训练DNN的每个输出神经元去估计观测概率。

---

① Waibel A. *Modular construction of time-delay neural networks for speech recognition*. MIT Press，1989.

② Robinson A J. *An application of recurrent nets to phone probability estimation*. IEEE Trans on Neural Networks，1994，5（2）：298-305.

③ Mohamed A R，Dahl G，Hinton G. *Deep Belief Networks for phone recognition*. 2010，4.

④ Dahl G E，Yu D，Deng L，et al. *Large vocabulary continuous speech recognition with context-dependent DBN-HMMS*// IEEE International Conference on Acoustics，Speech and Signal Processing. IEEE，2011：4688-4691.

除了自身混合结构的特点外，DNN-HMM 可以使用嵌入的维特比算法进行数据训练，这使得解码非常高效。

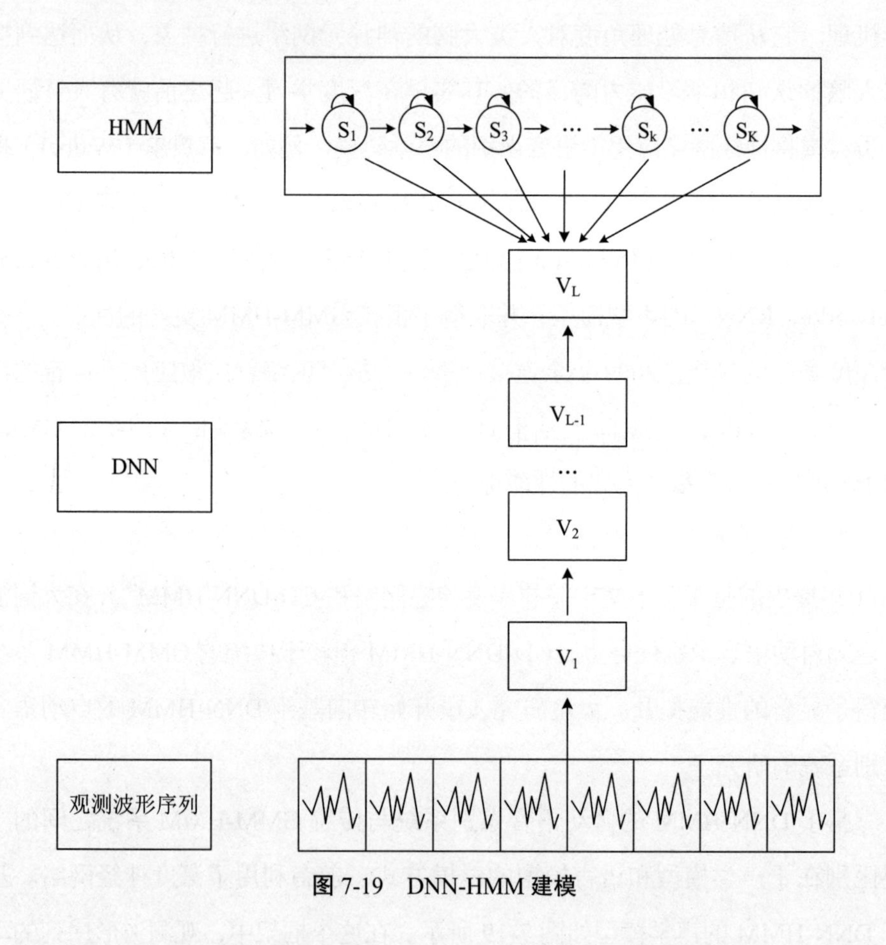

图 7-19　DNN-HMM 建模

这些类型的混合模型的提出，被认为是 20 世纪 90 年代中期一种有前途的技术，早期在文献中，它被称为人工神经网络 - 隐马尔科夫混合模型[①]。大多数关于混合方法的早期工作都使用上下文无关的音素状态作为人工神经网

① Deng L，Hinton G，Kingsbury B. *New types of deep neural network learning for speech recognition and related applications: an overview*// IEEE International Conference on Acoustics，Speech and Signal Processing. IEEE，2013：8599-8603.

络训练的标签，并考虑了小词汇量的任务。DNN-HMM 后来被扩展到利用模型中音素在上下文的相关性，[①] 并应用于中级词汇和一些大型词汇自动语音识别任务，[②] 它们也采用了循环神经网络架构。

相比早期的混合模型，CD-DNN-HMM 利用了更深的神经网络替代传统的浅层神经网络，并使用语音的三音素状态而不是单音素状态作为神经网络的输出单元。[③] 在 CD-DNN-HMM 中，观测波形序列使用 HMM 框架建模，每个状态的生成概率使用 DNN 替换原来的 GMM 进行估计，DNN 每个单元的输出表示状态的后验概率。该后验概率可建模为：

$$P(s_i,c_j\mid \boldsymbol{X}_t)=P(s_i\mid \boldsymbol{X}_t)P(c_i\mid s_j,\boldsymbol{X}_t)$$

其中 $\boldsymbol{X}_t$ 表示 t 时刻的观测序列，c_j 表示上下文集合 $\{c_1,c_2,\ldots,c_j\}$ 中的某一音素，s_i 表示一个上下文无关的音素。其中，$P(s_i\mid \boldsymbol{X}_t)$ 和 $P(c_i\mid s_j,\boldsymbol{X}_t)$ 都需要经过神经网络计算得到。CD-DNN-HMM 使用隐层的个数越多，其函数拟合能力越强，效果越好，但超过 9 层基本就达到饱和了。同时，它将左右相邻的特征拼接起来作为 DNN 的输入，输入值一般为 9~13 帧。

CD-DNN-HMM 的解码模块与 GMM-HMM 相似。它通常使用似然概率，而不是后验概率，所以需要将后验概率转换似然概率。即：

$$P(\boldsymbol{W}_t\mid s_i)=P(s_i\mid \boldsymbol{W}_t)P(\boldsymbol{W}_t)/P(s_i)$$

进一步，解码后得到与最初公式相同的识别结果，如下所示：

$$\hat{\boldsymbol{W}}=\underset{\boldsymbol{W}=\{\omega_1,\omega_2,\ldots\}}{\arg\max}\ P(\boldsymbol{X}\mid \boldsymbol{W})P(\boldsymbol{W})$$

---

① Abdel-Hamid O，Mohamed A R，Jiang H，et al. *Applying Convolutional Neural Networks concepts to hybrid NN-HMM model for speech recognition*// IEEE International Conference on Acoustics，Speech and Signal Processing. IEEE，2012：4277-4280.

② Li D，Dong Y. *Deep Convex Network: A Scalable Architecture for Speech Pattern Classification*. Inproceedings，2011.

③ Bengio Y，Léonard N，Courville A. *Estimating or Propagating Gradients Through Stochastic Neurons for Conditional Computation*. Computer Science，2013.

其中 $P(\boldsymbol{W})$ 是语言模型，且声学模型可表示为：

$$P(\boldsymbol{X}|\boldsymbol{W})=\sum_{q}P(\boldsymbol{X}|q,\boldsymbol{W})P(q|\boldsymbol{W})$$

$$\approx \max \pi(q_0)\prod_{t=1}^{T}a_{q_{t-1}q_t}\prod_{t=1}^{T}p(q_t|\boldsymbol{X}_t)/p(q_t)$$

其中 $p(q_t|\boldsymbol{X}_t)$ 由 DNN 计算得到，$p(q_t)$ 表示当前状态的先验概率，且 $\pi(q_0)$ 为其初始化值。$a_{q_{t-1}q_t}$ 为初始化的状态转移概率，由 HMM 计算得到。与 GMM-HMM 类似，该解码器引入权重 λ 对声学模型和语言模型的影响进行折中处理。最后 CD-DNN-HMM 的解码结果可表示为：

$$\hat{\boldsymbol{W}}=\underset{\boldsymbol{W}=\{\omega_1,\omega_2,\dots\}}{\arg\max}\{\log P(\boldsymbol{X}|\boldsymbol{W})+\lambda\log P(\boldsymbol{W})\}$$

早在 2003 年，本希奥（Bengio）等人提出将前馈神经网络（Forward Neural Network，FNN）用于语言模型建模，得到基于 FNN 的语言模型（FNNLM）。[①]在FNNLM中，输入是每个词的向量，采用一个词向量矩阵将高维的词向量映射到低维度的词向量空间，然后采用一个单隐层的 FNN 进行建模。FNNLM 基于 n 阶马尔科夫假设，所以其本质上还是一个 n-gram 语言模型。但是不同之处在于，传统的 n-gram 语言模型是对离散分布进行建模，而 FNNLM 则在一个连续的空间进行建模，可以起到平滑作用。这样的模型对于那些训练语料很少或者训练集里并未出现过的词具有更好的泛化能力，因此 FNNLM 可以获得比 n-gram 更好的性能。

另外，基于深度学习的模型亦可采用 CNN 和 RNN。在最近的一些研究中，CNN 在语音识别上得到了新的应用。相比之前的工作，最大的不同是使用了非常深层的 CNN 结构，它包含 10 层甚至更多的卷积层。[②]研究结果也

① Bengio，Yoshua，et al. *A neural probabilistic language model*. Journal of machine learning research 3.Feb（2003）：1137-1155.

② Yu D，Xiong W，Droppo J，et al. *Deep Convolutional Neural Networks with Layer-Wise Context Expansion and Attention*// INTERSPEECH. 2016：17-21.

表明，深层的CNN往往可以获得更好的性能。而RNN通过在隐层添加一些反馈连接，使得模型具有一定的动态记忆能力，对长时的时序动态相关性具有较好的建模能力。格雷夫斯（Graves）等人最早尝试将RNN用于语音识别的声学建模，在TIMIT语料库上取得了当时最好的识别性能。[①] 由于简单的RNN会存在梯度消失问题，一个改进的模型是基于长短时记忆单元（Long-Short Term Memory，LSTM）的递归结构。萨克（Sak）等人使用LSTM-HMM在大数据库上获得了成功。[②] 此后大量的研究人员转移到基于LSTM的语音声学建模的研究中。基于双向LSTM的语音声学模型系统的性能可比基于DNN的系统的性能至少提升20%。

自动语音识别研究展望

事实上，在许多商业系统中，例如短信读写和语音搜索等应用的词错误率低于10%。从实际使用的角度来看，深度学习在很大程度上解决了近距离讲话者自动语音识别问题。然而，在远场和非常嘈杂的环境下进行自动语音识别时，系统的识别却表现不佳。对于这些场景，当前最好的识别系统的WER（词错误率）通常在20%左右，我们需要新的技术来进一步降低识别误差。例如，使用更先进的麦克风阵列技术（它可以有效地降低噪声），从而提高复杂环境下的识别精度。同时，还可以收集更多训练数据，从而提升识别性能。

然而，为了最终解决自动语音识别问题，以使自动语音识别系统的性能可以匹配，甚至超过人类所在条件下的性能，新的声学建模技术亟待开发。可以想象，下一代自动语音识别系统能够被描述为一个动态系统。它涉及许

① Graves，Alex. *Generating sequences with recurrent neural networks*.arXiv preprint arXiv：1308.0850（2013）.

② Sak H，Senior A，Beaufays F. *Long short-term memory recurrent neural network architectures for large scale acoustic modeling*. Computer Science，2014：338-342.

多连接模块和反馈，并且可以不断进行预测、修正和自适应。例如，该系统能够自动识别混合语音中的多个讲话人，或者解决嘈杂语音中的语音识别问题。同时，系统能够通过忽略其他说话者和噪声去追踪特定的说话人。为了实现上述功能，对于自动语音识别系统的研究仍需投入大量的研究精力。

从长远来看，自动语音识别研究可通过对人脑、表征编码和学习领域的研究，以及具有长期依赖性和条件状态切换的循环网络、多任务和无监督学习以及基于预测时间 / 顺序信息处理等技术，提升性能。例如，人类听觉系统的皮质区域中注意力和语音特征编码的有效计算模型研究，将有助于弥补人类和计算机自动语音识别之间的性能差距。[①] 建模人员和听众之间的感知控制和交互模型也有助于提高自动语音识别和口语处理的性能。[②] 到目前为止，这些功能无法通过深度学习技术获得。基于深度神经网络的自动语音识别技术仍然有一段很长的路要走，并且需要结合认知科学、计算语言学、人工智能、神经科学和生物学等其他领域。

用于自动语音识别的语音增强

在人际和人机语音交互过程中，不可避免地受到来自周围环境噪声的影响，如房间混响、干扰声源和其他说话人干扰等。这些噪声和干扰不仅影响人的听觉，而且会严重影响语音处理系统的性能，给通畅的语音交互带来极大的挑战。目前，提高语音识别准确率的技术研究在安静的环境中已经取得重大进展，但是在有噪声的环境尤其是强噪声环境下，语音识别系统的性能将会急剧下降。[③]

---

① Mesgarani N，Cheung C，Johnson K，et al. *Phonetic feature encoding in human superior temporal gyrus.* Science，2014，343（6174）：1006.

② Moore R K. *Spoken Language Processing: Time to Look Outside*. 2014.

③ Gannot S，Vincent E，Markovich-Golan S，et al. *A consolidated perspective on multi-microphone speech enhancement and source separation.* IEEE/ACM Transactions on Audio，Speech and Language Processing，2016.

为了获得更高的语音识别率，通常会对采集的语音信号进行增强处理。如基础知识一节中的自动语音识别系统，先对观测语音信号降噪，再进行特征提取。过去的几十年中，基于信号处理的语音增强方法已经发展得相对成熟，且广泛应用于个人语音助理、智能电视和医疗听写设施等日常生活场景中，同时为后续的语音识别交互系统提供了便利。① 这些语音增强方法可大致分为基于单通道和多通道语音增强算法。传统的单通道语音增强方法利用了语音信号的时频域特性，具有算法简洁、运算速度快和方便实施等优势。但是在频域的处理中，由于期望信号与噪声信号的频谱相互重叠，这些单通道算法在降噪的同时往往带来了信号的失真。不仅如此，说话人小范围的移动、室内各种其他声源的多径反射和混响等因素都会导致语音增强性能下降。② 针对单通道语音增强技术的不足，研究者们开始考虑采用多通道语音增强技术改善语音增强的性能。麦克风阵列是一种常用的多通道语音增强技术。与传统单个麦克风相比，麦克风阵列信号处理不仅能利用语音信号的时频域信息，还能利用空间信息。这种空间特性使得麦克风阵列具有灵活的波束控制和极强的干扰抑制能力，而且在声源定位跟踪和盲源分离等领域也得到了广泛应用。③

然而，由于噪声的随机性和突变性，语音增强算法难以对噪声进行准确的跟踪和估计。同时考虑到噪声和语音间复杂的相互作用关系，传统的语音增强方法通常需要对信号进行独立性假设或对其特征分布进行高斯性假设，而这些假设在实际环境中是不合理的。首先，传统的语音增强方法会残留很多噪声，尤其是音乐噪声；其次，当信噪比较低时，语音信号容易产生失真；再次，由于非平稳噪声的突发性，增强算法对非平稳噪声的估计容易造成欠

---

① Li J，Deng L，Gong Y，et al. *An overview of noise-robust automatic speech recognition*. IEEE/ACM Transactions on Audio，Speech，and Language Processing，2014，22（4）：745-777.

② Loizou P C. *Speech enhancement: theory and practice*. CRC press，2013.

③ Dahl G E，Yu D，Deng L，et al. *Large vocabulary continuous speech recognition with context-dependent DBN-HMMS*// IEEE International Conference on Acoustics，Speech and Signal Processing. IEEE，2011：4688-4691.

估计，而各种非平稳噪声大量存在于实际环境中；最后，传统的语音增强方法容易引入一些非线性失真，这使得其对后端的语音识别或语音编码产生不良影响。近年来，随着 DNN 在语音识别领域的成功应用，给了语音增强研究领域很多启发。DNN 的深度非线性结构可以被设计成一个精细的降噪滤波器。同时基于大数据训练，DNN 可以充分学习带噪语音和纯净语音之间复杂的非线性关系，另外，DNN 的训练是离线学习型的，如同人一样，它能记住一些噪声的模式，从而有效地抑制一些非平稳噪声。

接下来将简要介绍声学回声消除、去混响和麦克风阵列等传统的语音增强技术，以及基于深度神经网络的语音增强技术。

传统语音增强技术

声学回声消除

声学回声消除（Acoustic Echo Canceller，AEC）广泛应用在免提语音通话和远程会议系统等场合中。图 7-20 给出了几个典型应用。单通道 AEC 经过了多年的研究发展，基本技术路线已趋固定。[①] 图中在应用场景后还列出了原理示意图。从采用的自适应滤波算法分类来看，主流的算法有基于最基本的归一化最小均方算法（Normalized Least Mean Square，NLMS）、[②] 变换域 NLMS（TD-NLMS）算法、[③] 仿射投影算法（Affine Projection Algorithm，APA），[④] 以及基于滤波器组的子带自适应算法，[⑤] 等等。按采用的双端讲话

① J. Benesty，T. Gansler，D. R. Morgan，M. M. Sondhi and S. L. Gay，*Advances in Network and Acoustic Echo Cancellation, Springer Press*，2001 和 Eberhard Hansler，G. Schmidt，Acoustic Echo，Noise Control，*A Practical Approach*，John Wiley & Sons，2004.

② S. Haykin，*Adaptive Filter Theory*，3rd ed.，Prentice Hall，1996.

③ F-Boroujeny，Adaptive Filters，*Theory and Applications*，John Wiley & Sons，1998.

④ P. S. R. Diniz，*Adaptive Filtering Algorithms and Practical Implementation*，3rd Ed.，NY，Springer，2008.

⑤ K. A. Lee，W. S. Gan，& S. M. Kuo，Subband Adaptive Filtering，*Theory and Implementation*，John Wiley & Sons，2009.

检测（Double Talk Detection，DTD）关键技术分类，有基于归一化互相关（Normalized Cross-Correlation，NCC）算法[①]、频域互相干检测法[②]，以及语音倒谱分析[③]和包络检测[④]等方案。作为进一步提高回波消除量不可或缺的技术，后处理（Post-processing）是AEC的重要组成部分，典型的应用是基于频域的AEC-NR混合算法[⑤]。完整的AEC系统，是以上各项技术进一步结合非线性处理（Nonlinear Processing，NLP）、单工控制技术、自动增益控制（Automatic Gain Control，AGC）和舒适噪声植入等多种辅助技术的统一体。因此，实现综合环境的良好的回波消除效果，是一个全面考虑均衡的复杂的系统工程。

桌面免提通话装置

车载免提通话设备

远程呈现及会议系统

图 7-20　声学回声消除典型应用

和单通道系统（图 7-21）类似，多通道回波消除（Multi-Channel AEC）也主要采用上述关键技术，其示意图如图 7-22 所示。但是，因为多路输入信号之间的强相关性，多通道 AEC 与单通道情况有很大不同。此外，由于回波

① J. Benesty，D. R. Morgan，& J. H. Cho，*A new class of doubletalk detectors based on cross-correlation*，IEEE Trans. Speech Audio Processing，vol. 8，no. 2，pp. 168-172，Mar. 2000.

② T. Gansler，M. Hansson，C. Ivarsson，& G. Salomonsson，*A double-talk detector based on coherence*，IEEE Trans. Communications，vol. 44，no. 11，pp. 1421-1427，Nov. 1996.

③ A. H. Gray and J. D. Markel，*Distance measures for speech processing*，IEEE Trans. Acoust. Speech Signal Process.，vol. 24，no. 5，pp.380-391，1976.

④ G. Szwoch，A. Czyzewski，& M. Kulesza，*A low complexity double-talk detector based on the signal envelope*，Signal Processing，vol. 88，pp. 2856-2862，May，2008.

⑤ W. L. B. Jeannes，P. Scalart，G. Faucon，& C. Beaugeant，*Combined noise and echo reduction in hands-free systems: A survey*，IEEE Trans. Speech and Audio Processing，vol. 9，no. 8，pp. 808-820，Nov. 2001.

随声道数目的增加而增加，随扬声器和麦克风的位置不同而不同，多路 AEC 存在与单路 AEC 不同的问题，如解不唯一、失调大和由于信号数目的增多导致的自适应算法收敛慢等。颂提（Sondhi）①、贝内斯特（Benesty）②和甘斯勒（Gansler）③三人分别对多路回波消除存在的问题进行了分析和讨论。针对多路回波消除中的问题，研究人员提出了对多路输入信号去相关的一些方法，即对多路输入信号做预处理。④ 在采用多路回波预处理的同时，研究人员还提出了一些改进的多路回波消除自适应算法。

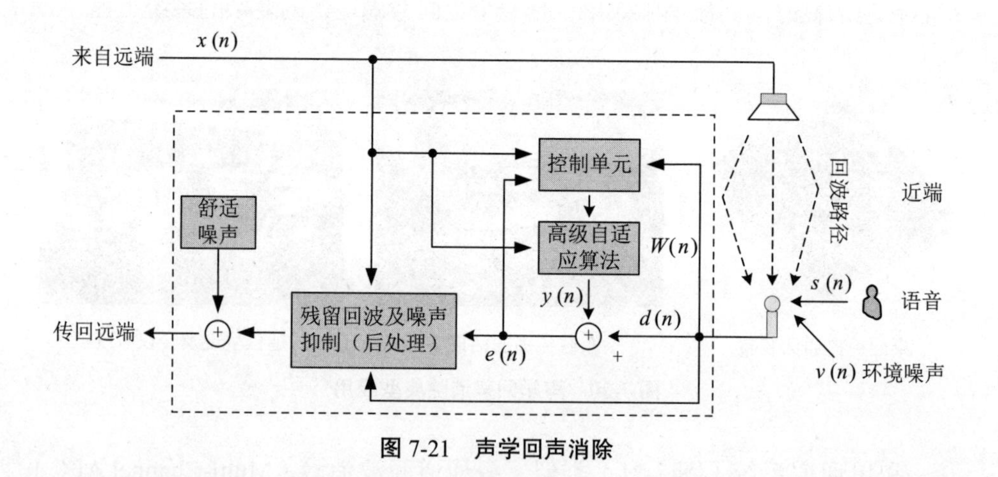

图 7-21　声学回声消除

① J. Benesty，D. R. Morgan，& M. M. Sondhi，*A better understanding and an improved solution to the specific problems of stereophonic acoustic echo cancellation*，IEEE Trans. Speech and Language Processing，vol. 6，no. 2，pp. 156-165，Mar. 1998.

② P. Eneroth，S. L. Gay，T. Gansler，& J. Benesty，*A real-time implementation of a stereophonic acoustic echo canceler*，IEEE Trans. Speech and Language Processing，vol. 9，no. 5，pp. 513-523，2001.

③ P. Eneroth，S. L. Gay，T. Gaensler，& J. Benesty，*A hybrid FRLS/NLMS stereo acoustic echo canceler, in Proc. 6th IEEE International Workshop* on Acoustic Echo and Noise Control，1999.

④ A. Gilloire & v. Turbin，*Using auditory properties to improve the behavior of stereophonic acoustic echo cancellers*，IEEE ICASSP 1998.

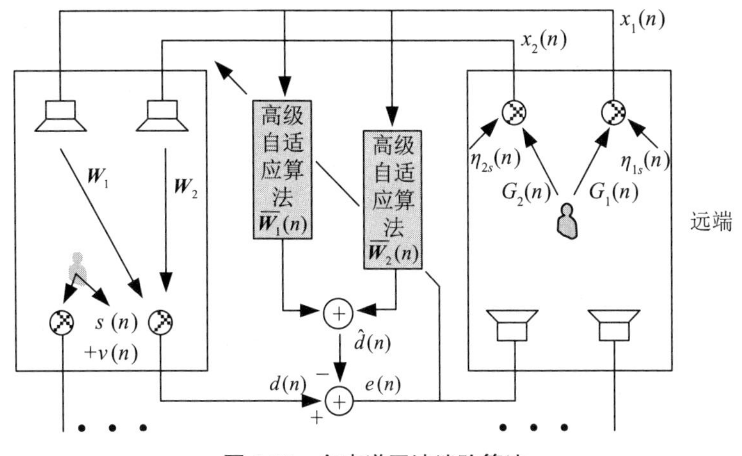

图 7-22　多声道回波消除算法

去混响

声波在室内传播并经过墙壁、天花板和地板等障碍物反射，形成直达声和反射声的叠加声，这种现象称为混响。过短的混响使声音发干，枯燥无味、不亲切、不自然。而过长的混响时间使声音含糊不清，带来音素的交叠掩蔽现象，严重影响语音识别结果。因此，在实际应用场景中通常需要加入去混响技术，从而提升语音识别的效果。

当前主流的混响消除方法主要包括以下四类：基于波束形成方法、基于逆滤波方法、基于语音增强方法和基于深度学习方法。基于波束形成的混响消除方法是假设干扰信号与直达信号之间是独立的，它对于抑制加性噪声非常有效，但并不适用于混响环境。理论上，逆滤波算法可以获得较好的混响消除性能，但是缺少能够在实际环境中对混响等效滤波器进行盲估计的有效算法，因此很难实际应用。而语音强算法根据预先定义好的语音信号的波形或频谱模型，对混响信号进行处理，但是该方法难以提取出纯净语音，从而难以有效实现混响消除。针对上述问题，一些学者开始尝试基于深度学习的语音混响消除方法。这种方法的劣势是当训练集和测试集不匹配时，算法性能会下降。

基于加权预测误差（Weighted Prediction Error，WPE）的算法是一种常用的去混响算法。它是由日本京都大学和 NTT 公司提出并进一步改进后得到的，能够适用于单通道和多通道的混响消除。这种方法的思想同语音编码中的线性预测系数有些相似，其算法原理图如图 7-23 所示。混响语音信号 Y 可以分解为安静语音成分 D 和混响成分 L。L 可以通过先前若干点的观测语音信号加权确定，G 表示权重系数。WPE 算法的核心问题是确定 G，然后估计出混响消除后的语音。

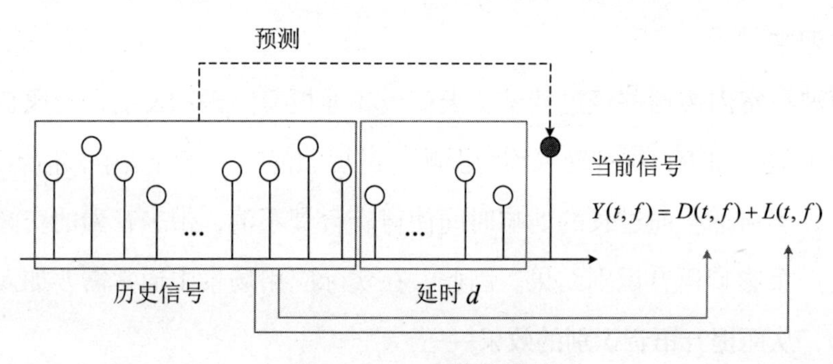

图 7-23　WPE 算法原理

在此基础上将 WPE 方法扩展到多通道混响消除模式，此时某一通道的后期混响成分 L 可以通过各个通道先前若干点的 Y 加权确定，通过估计最优的权重系数 G，消除晚期混响成分的干扰。基于 WPE 的多通道混响消除的流程，如图所示需要经过多次迭代确定出滤波器系数 g，生成出混响消除后的语音。输出的去混响后的各通道语音可以作为波束形成算法的输入。

麦克风阵列

自从 20 世纪 70 年代，比林斯利（Billingsley）将麦克风阵列首次引入声学信号处理领域以来，[①] 麦克风阵列信号处理技术已经在声源定位、语音增强和语音识别等方面取得了长足进展。所谓麦克风阵列就是用多个麦克风按照一定的几何结构摆放组成一个阵列，在时域和频域的基础上增加一个空间域，对来自空间不同方位的信号进行空时频联合处理。[②] 与传统单个孤立麦克风相比，麦克风阵列具有灵活的波束控制、高信号增益、极强的干扰抑制能力和高空间分辨能力等优点。麦克风阵列系统还可以采用电子聚焦的方式对我们感兴趣的信号进行声源定位，利用多路融合技术抑制在其他方向上我们不感兴趣的环境噪声，以提高语音的质量和可懂度。[③] 总之，麦克风阵列可以弥补单个孤立的麦克风在噪声处理、声源定位跟踪、语音提取分离等方面的不足，能够在各种具有嘈杂背景的语音通信环境中提高语音通信质量。[④]

麦克风阵列信号处理中的波束形成技术包括固定波束形成和自适应波束形成两类。为了更好地跟踪环境的变化，实际应用中通常采用自适应的方式实现。常用的自适应波束形成算法包括最小方差无失真响应（Minimum Variance Distortionless Response，MVDR）、线性约束最小方差（Linearly Constrained Minimum Variance，LCMV）和广义旁瓣消除器（Generalized Sidelobe Canceller，GSC）。自适应波束形成的滤波器系数随输入信号的统计特性变化而做相应的改变（如图 7-24 所示）。通过调整滤波器系数使得阵列的主瓣指向期望方向，零陷指向干扰噪声的方向，从而提高阵列对环境变化的适应能力。

---

① Billingsley J，Kinns R. *The acoustic telescope*. Journal of Sound and Vibration，1976，48（4）：485-510.

② Benesty J，Chen J，Huang Y. *Microphone array signal processing*. Springer Science & Business Media，2008.

③ Brandstein M，Ward D. *Microphone arrays: signal processing techniques and applications*. Springer Science & Business Media，2013.

④ Mowlaee P，Saeidi R. *Target speaker separation in a multisource environment using speaker-dependent postfilter and noise estimation*//Acoustics，Speech and Signal Processing（ICASSP），2013 IEEE International Conference on. IEEE，2013：7254-7258.

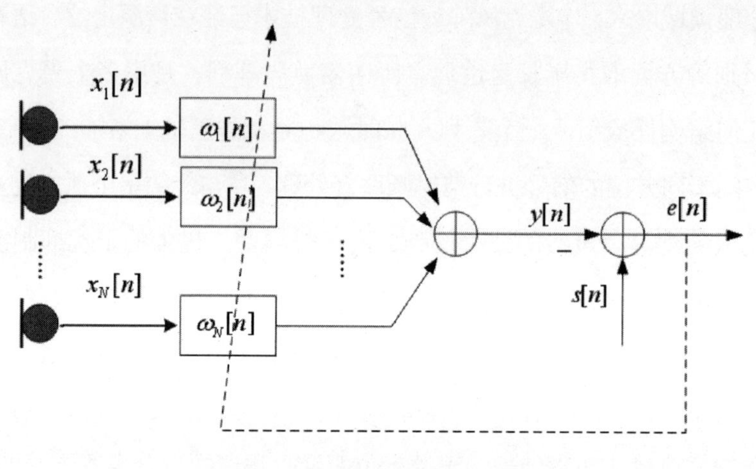

图 7-24 自适应波束形成算法

基于深度神经网络的语音增强技术

反向传播算法

在神经网络中，更新参数主要依赖误差反向传播（Back Propagation，BP）算法。BP 算法原理以简单的三层的神经网络为例（如图 7-25 所示）。

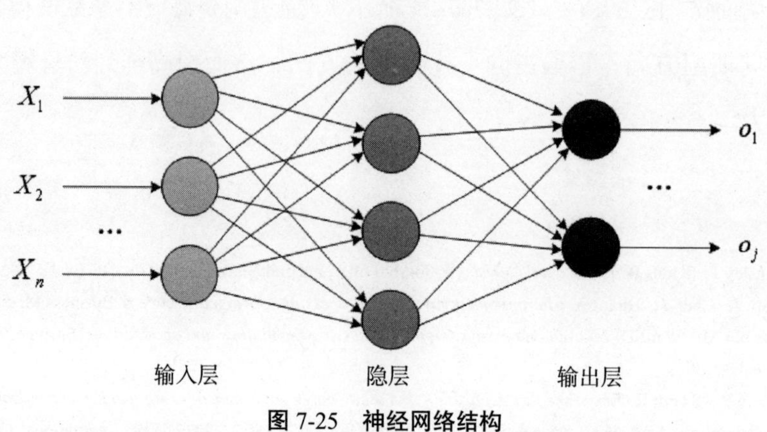

图 7-25 神经网络结构

算法主要是利用梯度下降算法最小化代价函数的过程，而代价函数由我们自己来设定。以语音增强为例，由于要估计最后预测的具体数值，所以一般我们使用经典的均方误差（Mean Square Error，MSE）为代价函数。我们是通过最小化 MSE 这个代价函数来更新神经网络的参数的，如下所示：

$$Er = \frac{1}{2} \sum_{k \in outputs} (t - o)^2$$

其中 t 为训练的标签，o 为神经网络的输出。

通过最小化这个代价函数，我们可以得到网络参数的更新公式。再通过不断更新网络参数，代价函数会逐渐收敛，其最小值处对应的就是神经网络输出最接近于训练的标签值。而在实际训练中，神经网络的输入数据往往比较多，例如通常将语音分成许多帧。如果将所有输入都实施梯度下降算法，运算量将会十分巨大。故实际中，我们一般采取随机梯度下降算法（Stochastic Gradient Descend，SGD），即每次抽取一部分作为输入，这部分亦称之为一批（batch）。上面公式中随机梯度下降算法修改如下（其中 N 为 batch 的大小）：

$$Er = \frac{1}{2} \sum_{k=1}^{N} (t - o)^2$$

基于深度神经网络的语音增强

从上述 BP 算法可知，通过给出一个标签作为训练目标并同时给定神经网络的输入，再通过深度神经网络训练，我们可以得到最接近标签的一个估计值。语音增强 DNN 的结构如图 7-26 所示，其中输入为带噪语音的特征，输出为纯净语音的特征，通过不断训练，我们可以得到增强语音的特征。

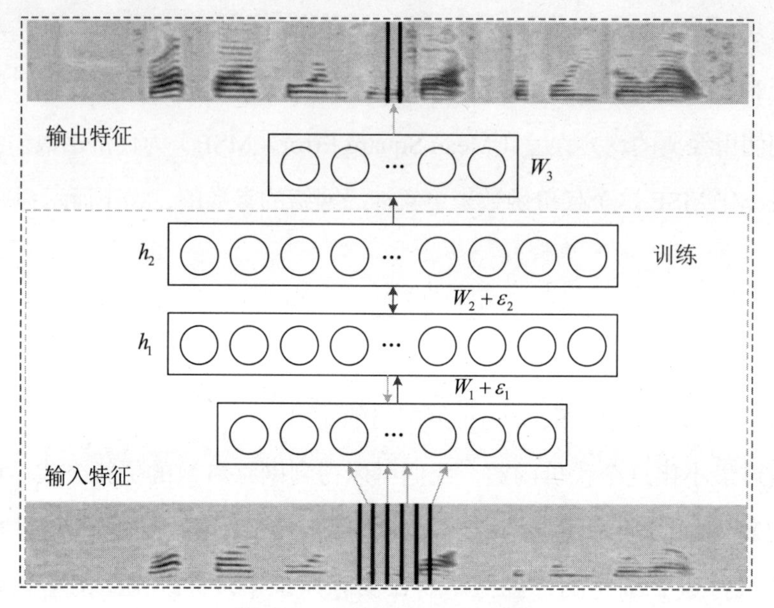

图 7-26 语音增强 DNN 结构

这里我们再以一个典型的语音增强系统为例，如图 7-27 所示。该示例选择带噪语音的对数谱作为系统的输入，纯净语音的对数谱作为输出，通过训练我们可以得到估计的对数谱（即增强语音的对数谱）。由于人耳对相位的不敏感性，可直接采用带噪语音的相位作为增强后语音的相位。这样通过将对数谱转换为幅度谱，再结合相位进行反傅里叶变换，即可恢复出最终的增强语音信号。框图中灰色模块均可以帮助网络更好地训练。

除了 DNN 模型以外，CNN 和基于长短时记忆单元 LSTM 等模型也常常作为语音增强的网络结构模型。而且除了对数谱以外，也可以利用许多其他的标签，例如 IRM（Ideal Ratio Mask）标签，其定义如下：

$$IRM(t,f)=\frac{S(t,f)}{S(t,f)+N(t,f)}$$

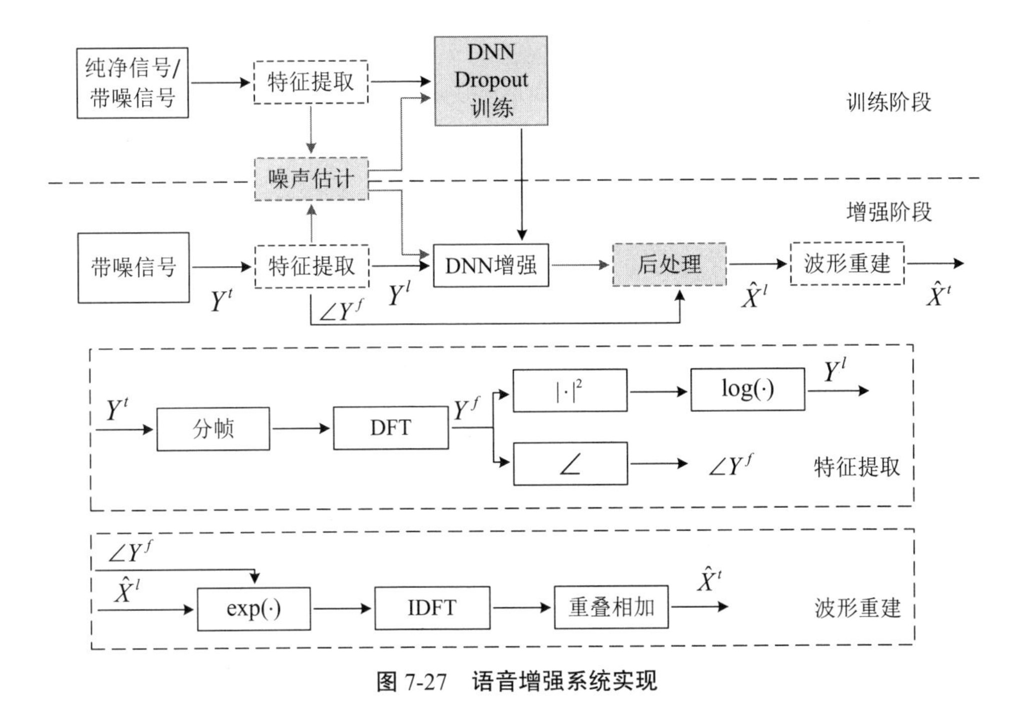

图 7-27　语音增强系统实现

其中 $S(t,f)$ 为纯语音谱信息，$N(t,f)$ 为噪声谱信息。IRM 应用于语音增强也具有显著效果，从上式可以观察到 IRM 范围在 [0,1]，这个小范围有利于网络训练。

大量的实验表明，对于基于深度学习的语音增强技术，如果训练集足够大且训练的噪声足够多，对其整个模型的泛化性和去噪能力有很大的提升，而且其输出结果比传统的算法具有更好的语音质量和更高的客观评价指标值。此外，基于深度学习的语音增强技术也能够很好地处理非平稳噪声，而且随着芯片的性能越来越强大，其优势也会越来越明显。深度学习应用于语音增强领域必定是未来的研究趋势。

大数据和博弈

人工智能博弈是人工智能的一个重要的研究领域。人工智能博弈的研究由来已久，下棋一直被认为是人类的高智商游戏，因此以棋类比赛为基础的博弈研究便成为这一领域的主流。伴随着研究的发展和深入，人工智能与人类的对抗也一直存在。人工智能博弈具有很强的对抗性，便于不同的算法进行比较，因此也被认为是人工智能领域最具有挑战的研究方向之一。

IBM 公司具有研究人工智能博弈的传统，早在 1962 年就曾在西洋跳棋上有所突破，电脑战胜过美国的一位州冠军。1996 年，美国 IBM 公司研发的超级电脑“深蓝”首次挑战国际象棋世界冠军卡斯帕罗夫，以 2∶4 落败。赛后，研发团队进一步改进了“深蓝”，并于次年再次挑战卡斯帕罗夫，最终以 3.5∶2.5（1 胜 2 负 3 平）获胜，成为人工智能发展史上的里程碑事件。

从信息完备性的角度看，博弈可分为完全信息博弈和不完全信息博弈。完全信息博弈中，对局双方都掌握完整的博弈信息，西洋跳棋、国际象棋、中国象棋、围棋等都属于此类。用人工智能来解决完全信息博弈，常常要面对海量的搜索空间，例如围棋的状态空间约为 10^{172}，象棋的状态空间也有 10^{46} 之多，这些都远远超出了计算机能穷尽的范围。因此，要求解这些问题，不能依靠暴力计算，一定要找到高效率的搜索算法。

“深蓝”使用的主要技术是 α-β 剪枝算法。α-β 剪枝算法由人工智能专家、图灵奖获得者约翰·麦卡锡提出，并被广泛应用于包括国际象棋、西洋跳棋、中国象棋等棋类游戏中。要理解 α-β 剪枝算法，要先理解极小极大（MiniMax）算法。极小极大算法主要适用于双方轮流行动的棋类游戏中，算法先将博弈可能的过程表示为一颗博弈树，奇数层和偶数层分别为甲方和乙方选择行动，导向不同的分支。每一个节点上存有分数估值，代表对这个节点状态形势的判断。算法的目标是通过展开博弈树对最下层节点分值的估算，来反推上层节点的分数值，从而评判上层节点不同走法的优劣。例如游戏中的两个玩家，分数越小对玩家 A 越有利；反之，分数越大对玩家 B 越有利。那么如果某个节点轮到 A 行动，则该节点的分值为所有子节点的分值的最小值；反之，轮到 B 行动时，则为最大值。如果对最下层节点有准确的评估值，那么通过从下向上递归计算，可以推算出最上层节点的分数值。

α-β 剪枝算法是对极小极大算法的优化，差别在于极小极大算法并不考虑左右分支之间的关联性，直接做完整的计算，求出整个博弈树每个节点的分值。而 α-β 剪枝算法则不同，它在计算的过程中不断修正每个节点的上下界，一旦判定计算某个分支不影响博弈树的最终结果，则略去该分支的计算，故称为剪枝。当博弈树非常大的时候，剪枝可以极大地减少整颗博弈树的计算量，大大提升搜索效率。图 7-28 是剪枝算法的示例图。

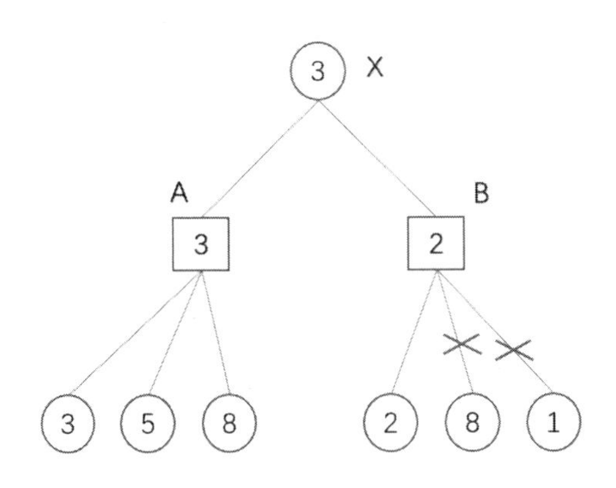

图 7-28 剪枝算法

以图 7-28 为例，X 的分值为 A 和 B 的最大值。先计算 A 节点的值，为 3、5、8 的最小值，也就是 3。B 节点理论上也要取 2、8、1 的最小值，应为 1。然而，当搜索到 B 的第一个子节点 2 时，可以知道 B 节点的值不会超过 2。事实上，我们其实并不关心 B 节点的准确数值，计算 B 节点的值只是为了和 A 节点求最大值，此时，B 节点的后两个子节点的值已经不重要了，也就是被剪枝了。最后我们得到 X 的值为 3。

在“深蓝”中与 α-β 剪枝算法相配合的是对局面的静态评估方法，该方法用于生成博弈树叶子节点的分值，以便 α-β 剪枝算法作为计算的基础。由于需要在短时间内对大量盘面进行评估，评估方法必须快速高效，且不能借助搜索等手段。基于国际象棋的特点，对一个局面做静态评估大致分解为两个部分：第一个部分是子力的静态价值，用来区分和衡量不同子力之间价值的差异。例如，国际象棋中，可以粗略地认为后 9 分，车 5 分，马、象约为 3 分；另一个部分则为子力的动态价值，用来衡量子力的活跃程度，一般可以用子力控制的范围或可达的范围来描述。以上两部分加总估算出一个静态局面的总分。

“深蓝”击败卡斯帕罗夫以后，基于静态局面的评估与 α-β 剪枝算法成了黄金搭档。研究人员对这套方法进行了进一步优化和广泛尝试，该方法也在中国象棋等其他棋类中获得了广泛的成功。几年之间，运行在普通家用电脑上的国际象棋程序、中国象棋程序以及更简单的黑白棋、跳棋等程序，纷纷战胜了人类世界冠军。

然而，这一套方法对围棋完全不适用。这并不是因为围棋状态空间大，盘面复杂子数多，而是因为围棋涉及很多对死活、虚实、厚薄等概念的判断。人类高手熟练掌握这些方法通常经历了长期大量的专业训练，即便如此，对于同一个局面，不同高手的判断仍可能存在较大偏差，可谓仁者见仁、智者见智。因此，对于围棋来说，难以通过简单的方法给出静态局面评估函数，α-β 剪枝也就没有了基础。长期以来，围棋作为人类智力项目最闪耀的明珠，让人工智能博弈专家垂涎欲滴，又遥不可及。

2016 年 3 月，谷歌人工智能系统 AlphaGo 以 4∶1 的总比分战胜了世界冠军李世石九段，成为人工智能博弈史上又一个里程碑事件。真正给 AlphaGo 带来突破的是深度学习。深度学习源自人工神经网络的研究，可以完成需要高度抽象特征的人工智能任务，如语音识别、图像识别和检索、自然语言理解等。深层模型是包含多个隐藏层的人工神经网络，多层非线性结构使其具备强大的特征表达能力和对复杂任务的建模能力。在需要建模复杂关系的场景中，深度学习往往会表现出超越人类的水平，这一点在语音识别、图像识别和自然语言处理等任务中都得到了验证。

AlphaGo 采用深度卷积神经网络（Deep Convolutional Neural Network），训练了一个策略网络（Policy Network）和一个价值网络（Value Network）。其中，策略网络负责预测下一步的候选走子点的概率；价值网络则能判定给定当前局面下黑方或白方获胜的概率。事实上，神经网络与人类高手的思维方式不谋而合。无论是下一步棋该在哪里落子，还是一个给定局面的优劣判断，人类高手都可以通过直觉快速判断，进而作为后续计算搜索的优先点。AlphaGo 采用蒙特卡洛树搜索算法，将策略网络和价值网络联系在一起，合成一个有机的整体，完成复杂深入的计算（如图 7-29 所示）。

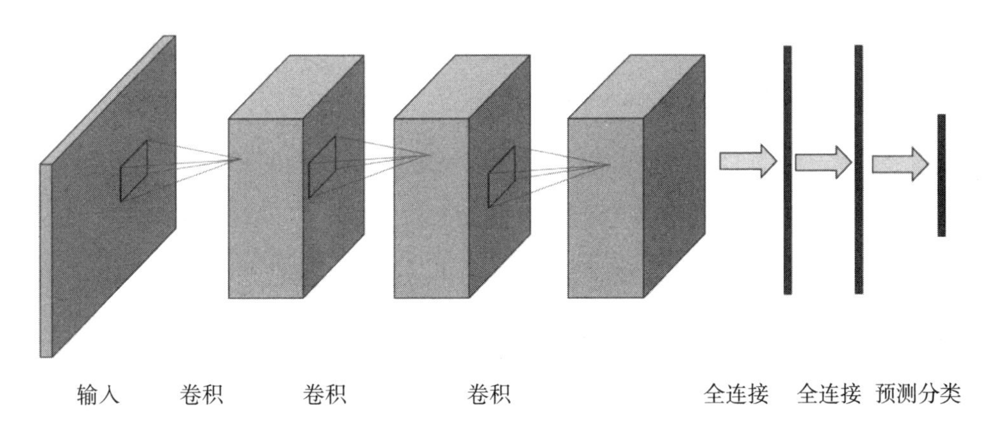

图 7-29　卷积神经网络的示意图

图 7-30 是策略网络示例，图 7-31 是引用 AlphaGo 论文中的价值网络示例。

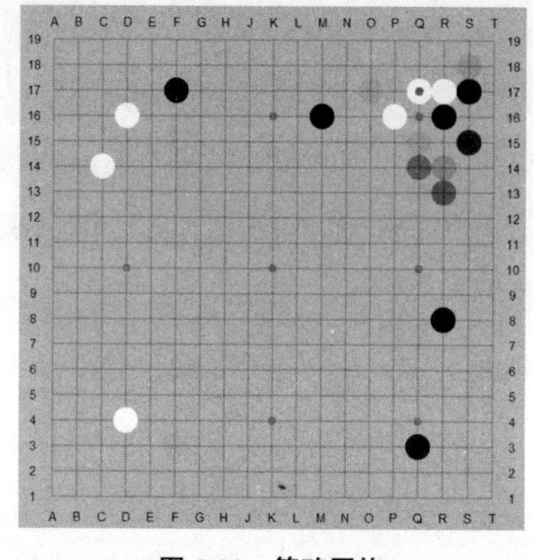

图 7-30　策略网络

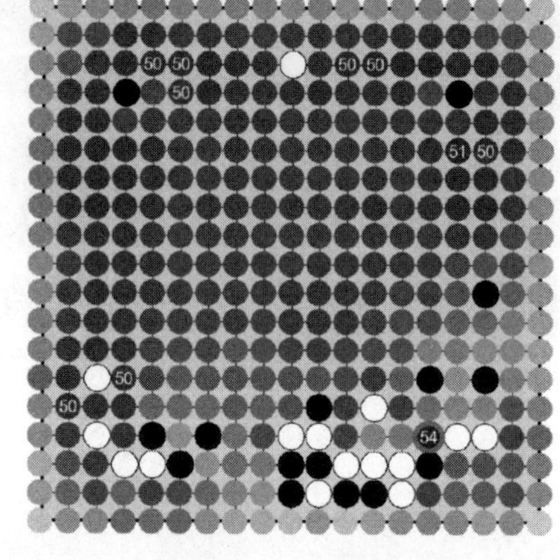

图 7-31　价值网络

2017 年 5 月，新版 AlphaGo（Master）棋力大幅提升，并以 3∶0 的比分战胜了世界冠军柯洁九段。新版 AlphaGo 的关键技术是强化学习。强化学习通过大量自我对弈，再将自我对弈棋谱作为模型的训练数据，不断迭代优化。相比前一版本，这套方法更加简洁，架构更加优雅，实现更加容易，提升棋力的效果更加显著。然而，这套方法有一个缺点，就是自对弈消耗的计算资源空前巨大，谷歌团队为了打造 AlphaGoZero，使用了 2 000 个 TPU 进行自对弈，耗资近亿元。这样的算力消耗令中小团队望而却步，有些团队因此终止了围棋人工智能的研发。同时也出现了 LeelaZero 这样的开源项目，征集全世界志愿者的算力，希望能共同完成自对弈。

笔者也有幸进入人工智能围棋领域，并开发了星阵围棋。星阵力争用更少的计算资源和更少的训练样本完成模型学习，走一条与 AlphaGo 不同的技术路线，赶超人工智能围棋的最高水平。星阵力图下出优势下不退让的围棋。它可以进行任意棋盘路数的对局，也可以进行任意贴目数的对局。2018 年，第一届吴清源杯世界女子围棋赛暨贝瑞基因杯 2018 世界人工智能围棋大赛上，星阵围棋战胜世界冠军中国等级分第一人柯洁九段。之后，星阵围棋让先对阵人类围棋顶尖高手，取得41战40胜的战绩，2018年8月，星阵围棋战胜来自中、美、日、韩等国的围棋AI程序，夺得“中信证券杯”世界智能围棋公开赛冠军。

鉴于问题可清晰描述，容易通过对抗比较算法结果，数据公开且方便获取，同时问题复杂难以彻底攻克，包括围棋在内的博弈问题，仍然是人工智能领域的热点，吸引了大量的研究者参与。

术语表

文中提到的公司如下（排名不分先后）：

腾讯、阿里巴巴、百度、京东、海尔、新浪、Amazon、Apple、AT&T、Business Objects、CA、Cloudera、Cognos、DEC、EMC、Facebook、Gartner、Google、IBM、Informatica、Linkedin、MathWorks、Microsoft、Netflix、Netscape、OAG、Oracle、Pivotal、Red Hat、Spool、SUN、Sybase、Teradata、Twitter。其中部分公司，如 SUN、Spool、Netscape 已经被收购或者不再运营。

微博是类似于 Twitter 的短信息业务，也由新浪旗下独立公司运营。

今日头条是字节跳动公司旗下的应用，也往往被指代该公司。

以下列出的技术词汇（以英文字母顺序排序）在文中仅仅提到一个名称（特别是系统名称），没有给出详细解释。已在文中给出详细解释的技术词汇如算法等，在此并未列出。

BigTable、**Dremel**、**GFS**、**Pregel** 是 Google 公司内部使用的系统或对外服务系统的名称。

MD5 和 **SHA** 是用于密码学级别的散列函数，SHA 有一系列变体，例如 SHA-1、SHA256 等。

DJB、**FNV1a**、**Jenkins**、**Murmurhash** 是一些字符串快速散列的算法名称。

Jieba、**Hanlp** 是中文分词模型，分别由孙俊逸（音，他的 Github ID 是 Sun

Junyi）和何晗设计并提供相关系统。

ODI 和 OWB 是 Oracle 的 ETL 工具，两者是不同的功能，通常配合使用。

ActiveMQ 是 Apache 开发的消息系统。

Adwords 是 Google 的广告投放工具。

Aerospike 是一个基于键值对的、可以基于内存也可以基于固态硬盘的的缓存系统。

Akka 是用 Scala 编写的消息处理系统。

AlphaGo 是 Google 旗下的 DeepMind 团队的围棋智能系统。

ANTLR 是开源可视化的语法分析器。

Apache 是 Apache 基金会的简称。

Automation 是 Teradata 公司开发的 ETL 产品。

AWS 是 Amazon 公司提供的云服务。

Azure 是微软的云平台。

Business Objects 是 Business Objects 公司的商务智能产品套件。

C 是 AT&T 贝尔实验室（Bell Lab）的肯·汤普森（Ken Thompson）和丹尼斯·M. 里奇（Dennis M.Ritchie）在 1972 年开发的过程性程序语言，也是目前大部分主流程序语言的风格模板来源。

C++ 是 AT&T 的贝尔实验室的本贾尼·斯特劳斯特鲁普（Bjarne Stroustrup）在 1979 年根据 C 语言的语法扩展的面向对象的程序语言。

CCSA 是中国通信标准化协会的缩写。

Chubby 是 Google 的分布式锁服务。

Chukwa 是构建在 Hadoop 之上的分布式数据采集系统。

CMMI 是软件能力成熟度模型（Capability Maturity Model Integration）的缩写，也是软件企业开发规范性的一个程度级别。

Cognos 是 Cognos 的商务智能解决方案，后被 IBM 收购。

ColumnStore 是 MariaDB 利用 InfiniDB 的相关技术开发的列式存储数据库。

CSV 是一种用逗号或者其他分隔符、分隔字段的表格文件表示方式。

Crystal Reports 是 SAP 公司的图表展示产品。

DAMA 是国际数据管理协会的缩写。

DataStage 是 IBM 的数据变换和清理、加载框架。

DB2 是 IBM 的数据库产品。

DCAM 是数据管理能力模型的缩写。

Dropwizard 是一款开源的、基于 Java 的 Web 框架。

Druid 是在 Github 上开源的数据查询引擎。

EDM 是企业数据管理委员会的缩写。

Elasticsearch 是一款基于 Lucene 的搜索引擎。

ERWin 是 CA 公司的数据建模工具。

Exadata 是 Oracle 的数据库服务器。

Excel 是微软 Office 套件内的表格管理工具。

FAA 是美国联邦航空管理局的缩写。

Flink 是 Apache 支持 Java 和 Scala 的流式计算框架。

Flume 是 Cloudera 提供的分布式数据采集系统、传输系统，现由 Apache 基金会维护。

Gartner 是 Gartner 公司的报告。

GlasterFS 是 Red Hat 提供的基于 Linux 的 NAS 服务。

Grafana 是一款开源的时间序列分析的可视化工具。

Graphite 是一款企业级监控工具。

GreenPlum 是 GreenPlum 公司的数据仓库和商业智能软件。GreenPlum 公司被 EMC 收购后，该系统为 Pivatol 公司所有。该系统于 2015 开源。

Hadoop 是 Apache 基金会支持 MapReduce 的开源系统。

hao123 是一个导航网站，后被百度收购。

HBASE 是基于 Hadoop 的列式存储的分布式开源数据库，仿照了 Google 的 BigTable。

HDFS 是 Hadoop 的分布式存储文件系统。

HTML 是超文本标记语言（Hypertext Markup Language）的缩写，被广泛用于网页开发。

IATA 是国际航空运输协会的缩写。

IEC，ISO/IEC 是国际标准化组织中的国际电工委员会的缩写。

IEEE 是电气和电子工程师协会的缩写。

InfiniDB 是一个商业化的列存储数据库，后因为公司破产被 MariaDB 接收。

InfluxDB 是一款开源的分布式时序数据库。

ISO 是国际标准化组织的缩写。

ITU–T 是国际电信联盟电信标准分局的缩写。

Java 是 Oracle 公司的编程语言，最早由 Sun 公司开发。

JavaScript 是 Netscape 公司在 1995 年和 Sun 公司合作，利用 Java 语法支持浏览器内操作的脚本语言，是事实上的浏览器脚本语言的标准。

JTC 是国际标准技术联合会的简称。

JVM 是 Java 虚拟机（Java Virtual Machine）的简称。

Kafka 是 Linkedin 公司开发的发布、订阅类（Pub-Sub）的日志处理系统，已经移交 Apache 基金会维护。

Kamon 是一款监控 JVM 上运行情况的工具。

Kettle 是 Pentaho 的组成部分，是其中的 ETL 工具。

Kibana 是一款开源的分析和可视化平台。

LeelaZero 是一款开源的人工智能围棋系统。

Lucene 是一款开源的搜索引擎。

Logstash 是一款开源的日志传输管道。

Lua 是由巴西里约热内卢天主教大学（Pontifical Catholic University of Rio de Janeiro）里的一个研究小组于 1993 年开发的类 C 语言语法的黏合型解释性程序语言。

MapReduce 是 Google 公司研发的计算模型。

MariaDB 是 MYSQL 的开发者在 MYSQL 被 Oracle 收购后所开发的，和 MYSQL 兼容的 MYSQL 分支数据库。

MATLAB 是 MathWorks 公司出品的数学软件。该软件有自己的语法。

Memcached 是一个内存缓存系统。

Metrics 是 Java 的性能监控工具。

MLlib 是 Spark 的机器学习库。

MPEG 是视频图像专家组的缩写，也是一系列视频标准的名称。

MYSQL 是开源的数据库软件，后来先后被 Sun 和 Oracle 收购。

New Relic 是 New Relic 公司的监控产品。

N-gram 是一种利用前 N 个词进行语言分析的模型，可以用于各种语言。

NIST 是美国国家标准技术研究所的缩写。

NoSQL 表示不使用 SQL 语言的数据查询。

PCI-E 是 PCI 接口总线的扩展形态。

Pentaho 是开源的商业智能软件。

Perl 是一种解释型脚本语言。最初由拉里·沃尔（Larry Wall）在 1987 年发布。

Pig 是一个 Apache 项目，用于和 Hadoop 配合用 SQL 进行大数据日志查询。

PowerDesigner 是 Sybase 的企业建模解决方案。

Pregel 是 Google 提出的分布式图计算系统的名称。

Presto 是 Facebook 的基于 SQL 查询的数据查询引擎。

ProgrammableWeb 是一个基于 Web 的 API 平台。

Protocol Buffer 是 Google 使用并推广的一种网络数据编码方式和配套的 SDK，简称 protobuf，也广泛用于灵活的格式化数据表示。

PowerCenter 是 Informatica 公司的 ETL 工具。

Python 是由荷兰人吉多·范·罗苏姆（Guido van Rossum）于 1989 年开发的解释性程序语言。

Quandl 是一个金融数据交易平台。

R 是新西兰奥克兰大学的罗伯特·金特尔曼（Robert Gentleman）和格罗斯·伊哈卡（Ross Ihaka）基于 AT&T 的贝尔实验室的 S 语言实现的一种数学计算语言。

RabbitMQ 最初是 Rabbit 技术公司开发的开源消息系统，后由 Pivotal 公司维护。

RAID（Redundant Arrays of Independent Disks）是加州大学伯克利分校定

义的磁盘冗余存储的级别。目前也表现为一组磁盘冗余存储规范。

Redis 是一个基于名值对的内存缓存系统。

RIPEMD160 是一个散列到 160 比特的散列算法。

RocketMQ 是阿里巴巴公司开发的信息传输系统。

S3 是 Amazon 的 AWS 所提供的存储服务。

Scala 是和 Java 使用相同二进制代码的通用开发语言，和 Java 有很好的交互性，在 JVM 上运行，在 Spark 开发中被广泛使用。

Scribe 是 Facebook 开源的日志采集系统。

Siri 是 Apple 公司的系统中使用的语音自动应答系统。

Spark 是 Apache 基金会的快速通用大数据处理引擎。

Spark Streaming 是 Spark 中实现流式分析计算的调度能力，通常用于流计算。

SQL 是结构化查询语言（Structured Query Language）的缩写，也是数据库查询的标准，不同的数据库使用的 SQL 也不同。

SQL Server 是微软的数据库产品。

SSD 是固态硬盘（Solid State Drive）的缩写。

Storm 是 Twitter 公司购买的一个团队开发的流式计算框架，后被交由 Apache 基金会维护。

Sybase 是 Sybase 公司的关系型数据库。在 21 世纪早期被广泛使用，大量的传统遗留数据保存在 Sybase 中。

UTF-8 是一个标准的字符编码规范，可以对全世界各种标识和文字进行编码。其中 UTF 是 Unicode Transformation Format 的缩写。

URL 是全局资源定位信息（Universal Resource Location）的缩写，用于在互联网上定位资源。

Yarn 是 Hadoop 使用的资源管理器。

ZooKeeper 是 Apache 基金会的层级式键值存储服务，通常为 Hadoop 等大型分布式系统提供名寻址服务。

作者介绍

陆晟

男，1974年9月生于杭州，东南大学工学博士，美数信息科技公司首席技术官

曾经在博士研究生期间参与创立烽火安网公司（烽火科技安全产品事业部，后改名烽火星空），任首席技术官和烽火科技地区高级经理。博士毕业后加入IBM中国研究院任研究员。于2009年自主创业，创立了北京敏思创想软件技术有限公司，独立开发了适合各种平台的三维游戏渲染引擎和体感识别引擎。后加入VMware任主任工程师，负责VMware中国区的专利和创新工作，一年内，VMware中国区的专利数量提升了四倍多。之后，于2015年加入国内最大的互联网广告大数据DSP公司——品友互动，任技术工程副总裁，负责工程研发管理工作。2017年加入猪八戒网任商业基础设施中心高级总监、大数据事业部总经理（该事业部被提升为一级事业部后任副总经理），同时兼猪八戒网子公司河南中原众包大数据总经理。现任美数信息科技公司首席技术官。

曾以第六完成人身份参与“江苏省教育和科研网”的建设并获得江苏省科技进步二等奖；专著《计算机网络安全导论》（第二作者）获得教育部优秀教材二等奖。先后申请国内外专利近20项，获授权15项。获多项IBM和VMware发明相关奖项。

刘振川

男，1986年9月出生于南阳，广告技术专家，长期担任品友互动首席研究员

从事广告行业十余年，经历了国内数字广告从0到1的诞生及发展过程。熟悉广告行业的各个技术模块，主导设计开发广告投放、数据分析、人群画像、算法支撑等系统。对技术，喜欢穷极物理；对技术运用，主张随其性而为。目前的研究专注于数字营销的智能决策方向。

汪关盛

男，毕业于浙江大学及美国特拉华大学。MBA，1990年赴美留学

曾先后供职于美国银行（Bank of America）、通用电气金控（GE Financial）、毕马威（KPMG）、美国在线（AOL）、谷歌（Google）和SITA等公司，担任资深咨询员、首席构架师、技术总监等。1999年成立美国Maxaur集团公司。拥有中美两地20多年IT从业经验，专注数据科学，对传统的数据库和最新的大数据技术拥有专家级的知识和经验。服务过的客户包括JP Morgan（系统构架和商务智能方面）、Citi（反洗钱方面）、Wells Fargo（大数据和系统集成方面）、Capital One（征信方面）、Fannie Mae（风控建模方面）、Target（大数据精准营销方面）、Verizon（移动信息集成和挖掘方面）、Yahoo（趋势和网络行为分析方面）、West Field（室内定位和服务方面）。在航空业的客户包括：美国联邦航空管理局、迈阿密国际机场、东方航空、首都机场、上海机场集团等。汪关盛先生还为大学、科研机构和美国政府部门提供培训，客户包括布朗大学（常青藤大学之一）、约翰霍普金斯大学、马里兰大学、北卡大学、斯特雷耶大学、乔治梅森大学、ITT Tech、美国全国标准化和质量管理委员会、美国交通部、美国劳工部、美国国防部、美国科学院等。曾因对美国交通部在公车管理方面的贡献，获“白宫成就奖”。汪关

盛先生同时还兼任马里兰州亚太商会董事、旅美商务研究和开发协会董事、美国大专院校联合会（DC）首席科学家、国际数据管理协会（DAMA）中国分会资深顾问、上海机场集团信息化专家小组外聘专家、广州越秀集团信息化专家委员会特聘委员。

在国内，汪关盛先生创立了美数信息科技。他从2012年起担任北京交通大学大数据教授，讲授大数据相关的硕士和博士教授全英文课程。2013年获得“北京交通大学最受欢迎的十大外教”称号。他为包括腾讯、阿里巴巴、复旦大学在内的多家国内知名企业和高校做过主题演讲。

周翊

男，教授，博导，1974年7月生于成都，哈尔滨工业大学工学学士及工学硕士，香港大学工学博士，香港大学博士后，美国俄勒冈大学访问学者

2009—2012年在中国科学院声学研究所通信声学研究室从事科研工作。2012年8月至今，在重庆邮电大学通信与信息工程学院多媒体通信研究室从事科研和教学工作，重庆邮电大学信号、音频类课程全英文教学骨干教师。作为主持人及团队主研主持参与国家自然科学基金3项、中国科技部研究项目2项、重庆市科委及重庆市教委自然科学基金3项、中科院及企业横向项目10项。先后在IEEE *Trans. Signal Processing* 等系列重要期刊和ICASSP、ISCAS、IWAENC、EUSIPCO等重要学术会议上发表学术论文五十余篇，获IEEE SSP、DSP会议最佳论文奖。与国内外多所知名高校及研究机构，包括香港大学、中科院声学所、中科院自动化所、哈尔滨工业大学、中山大学等保持紧密合作关系。研究领域涉及：语音信号处理、智能音频分析、机器听觉等。培养的研究生毕业后供职于百度、小米科技、思必驰、YY语音等知名IT公司。

甘智峰

男，1980 年 9 月生于湖北，华中科技大学工学学士及工学硕士，香港大学工学博士，香港大学博士后

2008 年，甘智峰博士入选江苏省引进高层次创新创业人才计划（“双创计划”），创建了南京新奕天科技有限公司，担任公司首席技术官。甘智峰博士多年来一直从事人工智能、模式识别、图像 / 视频处理领域的研发工作，带领研发团队研制出了警用图片分析仪、高清智能交通一体机、高清电子警察、智能视频分析仪、ATM 守护神等一系列具有自主知识产权的嵌入式智能视频分析产品，且在国内多个城市的智能交通、平安城市等监控项目中大规模部署，得到了客户的广泛好评并取得了良好的社会和经济效益。先后有多篇论文在 IEEE Trans. on CSVT、ICASSP、ISCAS 等 IEEE 重要期刊和会议发表，同时拥有多项专利和软件著作权。甘智峰博士还主持了国家科技部创新基金、江苏省博士集聚计划基金、南京市科技计划基金等多个项目。

母润坤

男，1982 年 10 月生于石家庄，吉林大学计算机科学与技术专业学士，美数信息科技公司金融事业部总经理

2005—2011 年在东南融通从事商业智能系统开发工作，主要从事银行数据交换、数据仓库、数据集市等项目的数据平台建设和架构、模型设计。2011 年至 2018 年年初，在东软金融事业部担任大数据应用部部门经理，主要在银行、证券、保险行业领域为客户提供大数据平台的行业解决方案。从业 13 年，从传统数据仓库建设到大数据平台的建设，积累了大量项目实施领域经验。现任美数信息科技公司金融事业部总经理。

金涛

男，1980 年 11 月生于山西，2005 年于清华大学计算机系获得博士学位。深客科技创始人兼 CEO，星阵围棋文化传播公司董事长

从事大数据、深度学习、人工智能领域的创新工作。曾先后在 IBM、阿里巴巴、腾讯担任高级技术岗位。虚拟化解决方案的全生命周期管理获得 IBM 研究杰出贡献奖。曾将深度学习算法应用于腾讯广点通精准广告推荐系统，大幅提升点击率和收入。合著有《虚拟化与云计算》《云计算实践之道》等多部专著，申请国际专利十余项。

深客科技的星阵围棋（Golaxy）在“贝瑞基因杯”2018 世界人工智能围棋大赛中击败了柯洁九段。金涛博士是星阵围棋的首席开发者并在比赛时担任人肉机械臂。2018 年 8 月，星阵围棋夺得“中信证券杯”世界智能围棋公开赛冠军。

先人一步，制胜未来

通过《人工智能大冒险》，开启青少年AI启蒙之旅

微软人工智能工程师携手中科院人工智能博士倾情奉献

作者：智AI兄弟　ISBN：978-7-115-49638-6　定价：69.00元

2022年，智博士的好朋友AI侠突然毫无预兆地失踪了，智博士尝试了各种方式都联系不上。直到有一天，他收到一个快递，里面是一封信和一个按钮，好奇的智博士按下按钮，一阵儿茉莉花的香味袭来，他晕了过去……

以《大数据理论与工程实践》创造更好大数据应用

国际数据管理协会中国主席、世界银行前首席技术官胡本立作序推荐

作者：陆晟 刘振川 汪关盛 等　ISBN：978-7-115-49683-6　定价：59.00元

- 你将从书中学到以下方面的知识：
  - 数据存储
  - 计算资源
  - 计算模型
  - 大数据应用
  - 数据治理
  - 大数据与人工智能

用《金融科技》定义未来商业价值

光大证券执行总裁周健男、清华大学私募股权研究院副院长张扬推荐阅读

作者：[美] 小杰伊·D. 威尔逊　译者：王勇 段炼 等　ISBN：978-7-115-48341-6　定价：88.00元

- 了解特定金融科技领域的新趋势
- 利用金融科技为企业创造价值，提高机构的经营盈利能力
- 改进客户和产品的体验，并最终创造战略价值
- 对金融科技的角色进行合适的定位
- 寻求外部金融科技合作，挖掘有利可图的商业模式